深远海工程装备与高技术丛书

海洋装备与船舶安全保障系统技术

任慧龙　高志龙　郭　宇　著

上海科学技术出版社

图书在版编目（CIP）数据

海洋装备与船舶安全保障系统技术 / 任慧龙，高志龙，郭宇著. -- 上海 : 上海科学技术出版社，2020.12
（深远海工程装备与高技术丛书）
ISBN 978-7-5478-5103-6

Ⅰ. ①海… Ⅱ. ①任… ②高… ③郭… Ⅲ. ①海洋工程－工程设备②船舶安全－安全技术 Ⅳ. ①P75②U698

中国版本图书馆CIP数据核字(2020)第189777号

海洋装备与船舶安全保障系统技术
任慧龙　高志龙　郭　宇　著

上海世纪出版(集团)有限公司
上海科学技术出版社 出版、发行
(上海钦州南路71号　邮政编码 200235　www.sstp.cn)
上海雅昌艺术印刷有限公司印刷
开本 787×1092　1/16　印张 15.75
字数 350 千字
2020年12月第1版　2020年12月第1次印刷
ISBN 978-7-5478-5103-6/P·42
定价：128.00元

内 容 提 要

本书旨在对海洋装备与船舶安全保障系统技术的各个有机组成部分做全面系统的介绍。

本书共分为8章：第1章对海洋装备与船舶安全保障系统技术的研究现状和发展趋势进行介绍；第2章对构成海洋装备与船舶安全保障系统技术的基础结构、支撑环境技术和岸基系统进行详述；第3章主要介绍海洋环境实时预报技术的研究现状、主要设备及其应用；第4章从研究国外装备维修与保障的策略和方法对我国海洋装备与船舶物资保障系统建设的启示开始，详细介绍了我国在装备物资保障管理中可采用的保障系统建设方案；第5章重点阐述海洋装备与船舶安全保障系统中人员健康和安全的综合保障问题，并介绍了可采用的综合保障系统架构和组成模块；第6章介绍海洋装备与船舶上设备和缆线的安全保障技术和方法；第7章完整介绍了海洋装备与船舶结构本体安全监测的系统解决方案；第8章对水下部分监控和检测系统进行了介绍。

本书可供船舶与海洋工程领域的科研人员、航运公司的技术人员和管理人员参考。

学 术 顾 问

丛书编委会

前　言

经略海洋，装备当先。无论是认知海洋、利用海洋，还是保护海洋，必须以海洋装备和船舶作为物质和技术支撑，其安全保障系统均是各国重点开发应用的系统技术。安全保障系统能使每一个装备及其所有装置从服役到退役的全过程都处于监控之中，能科学评估、充分保障装备的安全性。这一安全保障系统技术包含海洋环境实时预警、海洋装备与船舶上的设备运维安全、装备本体结构实时安全监控、装备上的物资管理、作业人员的安全保障、水下部分的安全监控等。这一安全保障系统是基于物联网、云计算和大数据技术系统的综合集成，更直接地说就是把海洋装备与船舶上所有的物体、环境与人员连接起来形成的网络。通过将海洋装备与船舶所有元素接入互联网，信息可以充分共享，并对任何物体的发展轨迹实现跟踪、刻画和分析，进而实现海洋装备与船舶上所有物体，包括人类自己的安全，都能依靠互联网智能化技术而得到保障。

作者从事海洋装备与船舶安全保障系统技术领域的研究已近 25 年，出版本书旨在对海洋装备与船舶安全保障系统技术做一个系统的介绍，也期待本书的成果在未来我国海洋装备(船舶)设计和运行中发挥作用，书中部分前瞻性创新成果将为本领域技术的进一步发展奠定基础和提供支持。

本书涉及的内容比较广泛，有些技术国内还没有实施，有些技术外国对我国实施了封锁，资料尚不充裕。作者对编写这样的专著实感忐忑，唯恐有负众望。

感谢潘镜芙院士的支持，感谢出版社、组织单位的热情鼓励和帮助，更有众多学者、朋友的帮助，因此倍感欣慰，促使我们努力地完成写作。

希望本书对我国海洋工程事业的发展有所帮助，如有不妥之处，望能得到业内同仁的批评与指正。

作　者

2020 年 10 月

目　录

第1章　绪　　论

什么是海洋装备与船舶安全保障系统技术呢？目前国内外科研人员和技术人员在此方面都做了哪些工作？本章将对海洋装备与船舶安全保障系统技术的定义和完整性的三个维度进行阐述，并明确其重要性，同时详细介绍世界各国在该系统技术研究上所取得的成果及其未来的发展趋势。

1.1 海洋装备与船舶安全保障系统技术概述

海洋装备与船舶安全保障系统技术本质上是一个用于海洋装备与船舶安全保护的岸基-海洋装备（船舶）联网的信息管理和智能化决策支持的整体集成系统技术。为保证完整性，该系统需包含以下三个维度：

（1）内容的完整性。通过海洋装备与船舶上的主干网络与管理系统、岸基决策中心的软硬件系统来实现包括海洋环境实时预警、装备上的物资管理、作业人员的安全保障、海洋装备与船舶上的设备运维安全、装备本体结构安全实时监控、海洋装备作业时水下部分的安全监控等六个方面的功能。

（2）事件的完整性。在应用该系统技术时不仅仅进行检测和监控，还要在重要事件发生后，对本体及该事件进行分析、处理、决策，并进行该事件对装备本体生命力影响的评估，从而得出该事件的完整结果，形成事件的闭环。

（3）系统的完整性。该系统包含软硬件、近体与远程、视频与指挥系统、存储与传输、自然语言的报告、完整的数据库结构、装备上的主干网络及控制中心、岸基智能决策支持中心。

通过物联网将各种感知技术、现代网络技术、人工智能与自动化技术聚合与集成应用，进行“物与人”及“人与人”对话，实现对整个装备物体与周边环境的监控、预测、预警以及预防性和计划性的安全管理，使海洋装备（船舶）及其附载设备保持高度安全的可运转状态，使人员保持健康安全。当发生突发事故时能适时提出排除事故的解决方案和全优化决策，以保障装备的安全运行。

因此，通过标准化接口，经网络通信把前期有关的产品设计、制造、维护、质量保证、可靠性及应用等都集成，实现集成完整性的数字化环境和保障基础条件，并对该系统进行扩展，将有关海洋装备（船舶）及其各个子系统装置、武备和设备的各类信息，使用状况及维护记录，周边环境信息，预先设计的各种解决问题的专家方案及智能化决策的技术条件一并集成到该系统中。通过该系统的运行，岸基和海洋装备（船舶）上的指挥与作业人员能随时了解海洋装备（船舶）上设备、武备、本体、环境、物资与人员的状况，及时发现问题并解决问题。在遇到特殊问题或紧急情况时，海洋装备（船舶）上的指挥人员能通过该系统自动诊断问题或通过该系统从基地得到处理问题的应对措施或指令。因此，海洋装备及船舶安全保障系统将使每一个海洋装备(船舶)上的设备装置及人员从装备投入运行到退役的全过程都处于监控之中,它是集信息、运行管理、维护保障于一体的高新技术,能科学地评估装备的能力、舰船的战斗力和人员的生命健康,保障其安全性及可靠性。

1.2 国外海洋装备与船舶安全保障系统技术发展现状

海洋装备与船舶是一项复杂的系统工程,保证海洋装备与船舶时刻处于良好的状态取决于各子系统、部件甚至零件的正常运行,以及对其进行的维护保养和有效管理。随着科学技术的发展,海洋装备与船舶上的设备装置也越来越先进、复杂。近年来,美国、澳大利亚、日本、马来西亚及韩国等都在研发安全保障系统技术,并将其作为海洋装备及船舶发展新战略的重要内容。

1.2.1 美国

美国海军研究委员会(NSB)在一份题为《网络中心的海上力量》的报告中将网络中心行动(network - centric operations,NCO)定义为一种军事行动,即“利用现代信息和网络技术把很分散的决策者、态势感知和瞄准传感器以及部队和武器集成为一个高度自适应的综合系统,以实现从未有过的任务效率”。该报告认为,美国海军要合理实施 NCO 新战略,需对海军各项活动进行根本性的调整。NCO 是指基于信息优势而非平台火力的新战略。在此概念下,海军所有装备从海上舰船到岸上军事设施之间都将由高速数据链路网连接,进而使指挥官能基于更全面的战场信息迅速做出决策。

美国海军在提出 NCO、建立网络中心部队、开发海军网和智能化舰船的名义下,开发了各类计算机集成系统,并已装备舰船,取得了良好的效果。在海军网和智能化舰船的开发中,他们提出了 C^3I 和 C^4I^2 的概念,如图 1.1 所示。

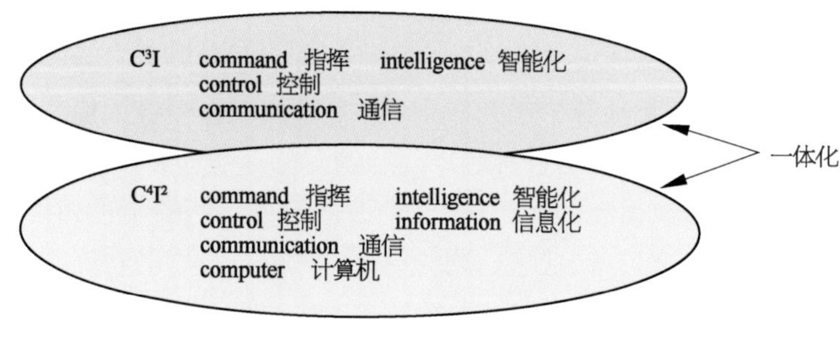

图 1.1 C^3I 和 C^4I^2 的概念

C^4I^2 的具体结构如图 1.2 所示，包括指挥设备、控制设备、通信设备和计算机。四大部分在网络和平台结构的联系和支撑下，形成了智能化和信息化。

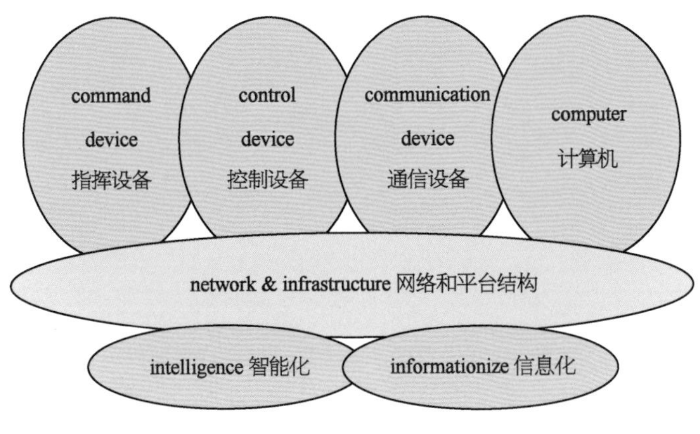

图 1.2 C^4I^2 结构

C^4I^2 各组成部分所管理的舰船装置和信息情况如下：

(1) 指挥设备管理的信息：雷达信息(radar information)、GPS 信息(GPS information)、报警(alerts/warnings)、卫星信息(satellite information)、指挥部门信息(command unit information)、分析部门信息(analysis unit information)、作战部门信息(combat unit information)。

(2) 控制设备管理的装置和信息：主机航速(engine speed)；航向(direction)；平衡装载(balance loading)；火炮、导弹发射控制(fire control guns, missiles)；主动导航雷达(active radar-guided)；被动导航雷达(passive radar-guided)；图像信号(video)。

(3) 通信设备管理的装置和信息：无线电长波、高频、短波(radio LW, HF, SW)；灯光信号系统(light signal system)；卫星定位(satellite-GPS)系统；舰队微波通信(micro wave-fleet)；舰队通信(fleet communication)；系统对系统(system to systems)；指挥-控制-通信(command-control-communication)。

(4) 计算机：计算(computing)、分析(analysis)、跟踪(tracking)、数据库(database)、地图(maps)、气象(weather)。

作为 C^4I^2 的重要内容，美国早在 1985 年就提出了计算机辅助保障支持(computers aided logistic support，CALS)的概念和计划。这是美国国防部使用数字化、DOD 标准化交换来建立全舰武备系统，使其有效提升武备的可靠性和后勤保障支持效率。20 世纪 90 年代 CALS 内涵得到扩展，1993 年 CALS 变成持续采办和全寿命支持(continuous acquisition and life-cycle support, CALS)——结合网络技术和 4C 技术的发展，成为武备系统军方采办、研制、设计、建造、验收、使用、维护的装备全寿命期保障系统。它使得舰与舰队、舰与基地、舰与司令部实现了信息快速交换、智能化决策，不但有效解决了美国海军每年对 20 万种技术手册中 500 万页内容的修改任务，还降低了 9%与维护文档存在错误有关的致命军事事故，大大提高了美国海军的综合作战能力。

美国海军应用 C^4I^2 在“约克城”号巡洋舰上进行试验，其效果也十分明显，包括减少舰上 10%～15%的乘员，减少维修工作量的 25%，使用周期成本可节省 0.52 亿美元，550 万美元的信息化设备改装费 3 年就可收回，增强了舰船的应变能力和战斗力。又如，Martin Marietta 公司对蒸汽轮机采用一体化安全保障技术后，可使维修时间节省 18%～44%，训练课程节省 50%，训练天数减少 43%。

现阶段，美国海军的远程技术保障系统已经相当成熟和完善，成为海军装备保障体系中的重要环节，可为部署在世界各地的美国舰艇提供及时、高效的远程技术维修和后勤供应保障服务，大大提高了舰艇的自我保障能力和战备完好性，对实现美军的“前沿存在”战略和全球兵力投送均有着重要的意义。从美国海军发展和建设远程技术保障系统的历程和现状来看，确实存在一些先进的做法和经验值得借鉴和学习。

从 20 世纪末开始，美国海军开展建设硬件设施、开发应用软件、建设数据环境、培训相关人员等，在这些方面投入了大量的人力和物力。通过上述努力，美国海军在 21 世纪初就搭建好了海军信息网络的基础设施，这些基础设施为美国海军的信息化、科技化提供了有力保障。在这些基础设施中，一个关键项目就是“智能链接”，这是美国海军主要的设施和广域网络，也是其获得信息优势、增强作战能力的重要支柱。目前，这个项目可向全球 300 个站点提供链接功能，供应音频、视频和数据等资源。与此同时，美国海军还在主战舰艇上配置了先进的 C4ISR 开放式网络体系。在此背景下，美国海军的远程技术保障系统逐渐发展起来并被纳入海军装备保障体系中，基于智能链接的外部广域网络和舰载 C4ISR 局域网络无疑为海军开展远程技术保障服务提供了良好的平台，可使舰员方便地利用舰上的远程技术保障终端从岸上获取维修和后勤数据以及音频、视频等资源，进而获得维修技术帮助和后勤支援。

远程技术保障系统由舰队及海军海上系统司令部（NAVSEA）等五大系统司令部共同创办、管理和维护。作为舰队的宝贵资产，远程技术保障系统（图 1.3）通过在舰艇和岸基保障部门之间建立起实时高效的通信连接，使舰艇在发出远程服务请求后，能够及时地得到舰队和岸基部门的技术支援，这种协作方式可为舰艇提供全天候的技术维修和后勤保障服务，有助于舰艇保持较高的战备完好性。目前，远程保障已经融入了美国海军每艘航空母舰和远征打击群的作战任务需求中。

远程技术保障系统主要由以下三个部分构成，它们以舰上、舰外的信息网络基础设施为基础，为部署于世界各地的美国舰艇提供低成本的远程技术援助。

1）全球远程保障中心

全球远程保障中心（GDSC）是地理上分散但集中协调的综合联络中心，是海军舰员提出远程保障请求的唯一入口通道，通过将保障服务提供机构和海军学科技术专家纳入巨大的远程保障网络中，为舰员提供全天候的服务，帮助他们解决保障问题。舰员可以通过访问海军远程保障网、拨打免费电话、发送电子邮件或传真等渠道提交供应或维修请求。不管采用以上何种方式，GDSC 将一直保持开放状态，直至问题得到解决。

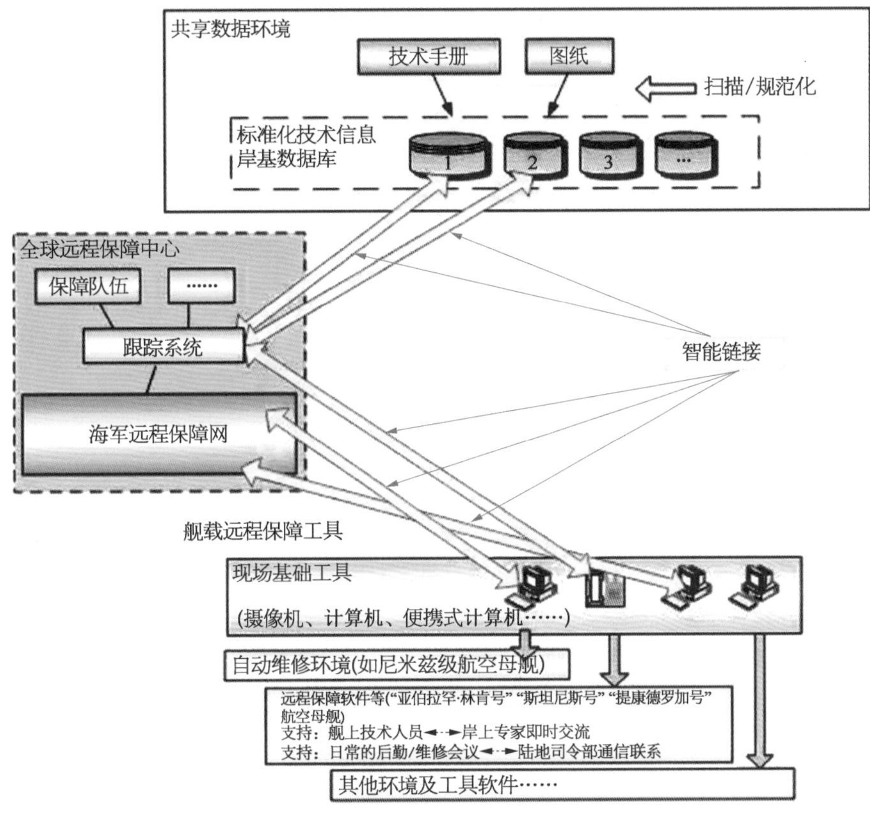

图 1.3　美国海军远程保障系统的结构体系

GDSC 的保障范围主要集中于两大方面：

(1) 技术保障。GDSC 是美国海军专门为舰队指派的远程技术和后勤保障联络点，提供单点访问功能，保障对象包括舰艇、飞机等，还提供个人或家庭服务，如牧师、医疗等。

(2) 供应保障。GDSC 是海军供应系统司令部开展的"一键式供应"项目的重要环节，提供与后勤保障中心(LSC)和"一键式供应"网站的直接交互功能。GDSC 作为海军远程技术保障的"一站式访问门户"，通过提供舰员与维修和供应保障部门之间的及时联络功能，帮助舰员快速地解决难题，满足他们的需求。GDSC 的这种资源集约、快速高效的优势离不开客户关系管理(CRM)体系、交互式语音应答(IVR)等先进理念和技术的支撑。

2) 共享数据环境

共享数据环境(SDE)旨在促进舰上、舰外的各种专业数据库和数据中心之间进行顺畅的技术信息交换。SDE 通过对技术手册、图纸进行扫描，将其制成"只读"型电子读物，然后将其规范化处理之后存储在岸基数据库中，并纳入远程保障系统和网络中，便于各方调用。SDE 创建的这种开放式共享数据环境，允许舰员、岸基维修和后勤供应部门、维修专家、项目管理者等机构和人员方便地访问和调用这些数据库中的数据信息。近年来，随着 CRM 理念在美国海军远程技术保障系统中的推广应用，SDE 的结构体系进一步扩大，除了继续提供传统的数字化技术信息之外，还进一步纳入了客户的保障请求等信息，使得远程保障网络框架内的所有组织机构均可以从数据库中访问，甚至是处理与保障请求有关的信息，这极大地促进了远程保障请求的分布式处理，有利于更加及时、高效地完成舰员的请求。

3) 舰载远程保障工具

当舰艇与岸基保障部门之间开展远程技术协作时，需要将安装在舰上的远程技术保障工具(如摄像机、便携式计算机、维修样机、硬盘、服务器及相关软件等)与舰载局域网相连接，再与面向全球 300 多个站点的“智能链接”相连，建立起舰、岸之间的实时联络渠道，从岸上为舰艇提供维修和后勤数据，舰艇也可以从各种数据库中获取图纸、交互式电子技术手册、诊断信息等，舰员甚至可以在岸基技术保障专家的直接指导下解决问题，处理一些复杂的故障。舰载远程保障工具的使用，大大减少了远程技术人员上舰的需求，缩短了故障维修周期，有助于舰艇保持良好的战备完好性。

近年来，舰载远程保障工具又有了新发展，种类样式和使用方法均发生了变化，不仅出现了远程保障硬盘、远程保障服务器和远程会议软件等新工具，还逐渐表现出与舰载诊断测试、状态监控、维修等系统相集成的趋势，自动化水平也得到了大幅提升。例如，美国海军将远程保障工具与舰上的综合状态评估系统(ICAS)相集成，利用安装在舰艇上的 2.0 版远程保障服务器，自动地将 ICAS 采集到的舰上设备状态信息和数据传输至岸上，使舰员能够及时获得远程技术专家的指导。不难发现，远程保障工具与这些舰载系统的相互集成实现了对舰艇及其系统和设备的远程监控、诊断和维护，使舰艇具备了深度维修能力。

1.2.2 澳大利亚

近年来，澳大利亚潜艇公司为海军潜艇部门开发了潜艇安全保障系统 AGILE，该系统由岸基舰船信息管理系统(SIMS)和舰载信息系统(SIS)组成，主要功能系统有船体和船用设备安全预报及维护系统、安全决策支持系统。

这两个系统在无线移动网络平台下组成舰船保障体系，对舰体及舰上设备进行监控、预报实时安全信息，并将舰船整个使用过程中的安全都处于监控之中。当发生意外操作故障时，基地和司令部的中心大屏幕视景数据决策支持系统将及时提供排除事故的有效仿真方案，保障了舰船的安全；舰艇受冲击破损后，智能化分析系统能及时做出处理决策。

澳大利亚 ASC 公司还为马来西亚皇家海军的 13 艘海岸巡逻艇开发安全保障系统，建立了决策支持中心和智能系统，在岸基和舰艇上配置了相应的软、硬件设施。该系统已成为马来西亚海军现代化的重要标志，并取得良好效果。

1.2.3 日本

1986 年，日本东京商船大学等实施了“高智能化船舶”研究项目。研究内容包括船舶操纵系统、新型生活保障和救生设施、自动近岸航行系统、自动生产系统、节能技术。研究工作在“汐路丸”号船舶上进行，这艘船舶装备有以船内局域计算机网络为基础的数据采集和控制系统，这套系统可实现船舶智能化靠离码头。

20 世纪 90 年代初，美国国防部首先提出和研发 CALS 战略计划。CALS 作为一个概念，已为全世界所认识，并且还在发展中，其应用范围也在不断演化和扩展。亚洲目前参与 CALS 计划的国家有日本、韩国、马来西亚等。1991 年，由日本通产省支持，日本电子工业振兴协会(JEIDA)成立 CALS 研究小组，并从这一年开始，每年都举办一次 CALS 国际研讨会和展览会，目前为亚洲推动 CALS 技术最积极的国家。日本推动 CALS 完全以商业及制造业应用为主，并研究构建 CALS 的运用架构，广泛地推广至各产业，期望借 CALS 的数字化与标准化促进产业信息化，且更具效率及竞争力。

2002 年，日本由日本船舶机械与设备协会(JSMEA)发起包括 27 家单位在内的“智能船舶应用平台”(SSAP)项目，该项目旨在使船岸获取和运用船舶导航系统、机械系统和其他船载设备产生的数据，以提高船舶的安全性和环保性。目前，该系统已经在轮渡“Sunflower Shiroko”号和原油运输船“Shinkyokuto Maru”号上完成了实船测试。测试船舶安装的智能化设备与陆地进行通信，指导船舶进行航线规划、船舶性能监测、主机维护、船舶设备使用优化等，能够赋予船舶“会思考”的能力。

此外，日本船级社与 IBM 合作，共同成立海事大数据中心，开发软件用来收集船舶机舱的实时数据并进行分析，提供船舶设备优化、维修的建议；日本船级社与 NAPA 公司合作开发航线优化支持系统，为船东提供航线优化支持，系统在船舶上得到广泛应用。

同时，日本重视智能船舶标准的制定。2015 年 8 月，日本在国际标准化组织船舶与海洋技术委员会上发起的两项国际标准《船载海上工况数据服务器》和《船载机械和设备标准数据》立项获得批准，这两项标准是 SSAP 项目的研究成果。

1.2.4 韩国

韩国为了应对全球经济发展的挑战，1994 年 4 月成立了 CALS 委员会，1995 年成立了韩国 CALS/EC 协会(KCALS)，有 120 家企业参加。自 1994 年起，每年举办一次 CALS 国际研讨会。

除了由工商能源部及资讯通信部推动两项先导计划外，主要由大企业自身推动 CALS，如韩国大宇造船与海洋工程公司(简称“大宇造船”)即以达到 21 世纪全球制造业的领先地位为目标，在企业内以 CALS 观念与技术推动 Virtual R&D System、Flexible Global Production System、Globe management Network 及 EDI/EC 四大计划。

2011 年，韩国知识经济部就宣布，韩国已研发出可对船舶发动机、电机等船舶内部设备和各种航海装置的状态进行综合管理的船舶通信技术——船域网(ship area network, SAN)，该项技术由韩国电子通信研究院(ETRI)和现代重工共同研发，已成功安装于丹麦 AP Moller 公司的 40 艘船上，并取得了很好的使用效果(图 1.4)。通过应用该项通信技术，船舶管理人员可对船上设施和设备进行实时的状态监控和综合管理，并且海运公司还可以在陆地上对船舶进行实时远程监控，以及进行软件升级等简单的设备维护，从而大幅减少航运管理的费用。海运船舶在航行的过程中一旦出现航海装置的异常报告，海运公司通过该项技术就可实现及时确认船只状态，并进行简单的修理维护。

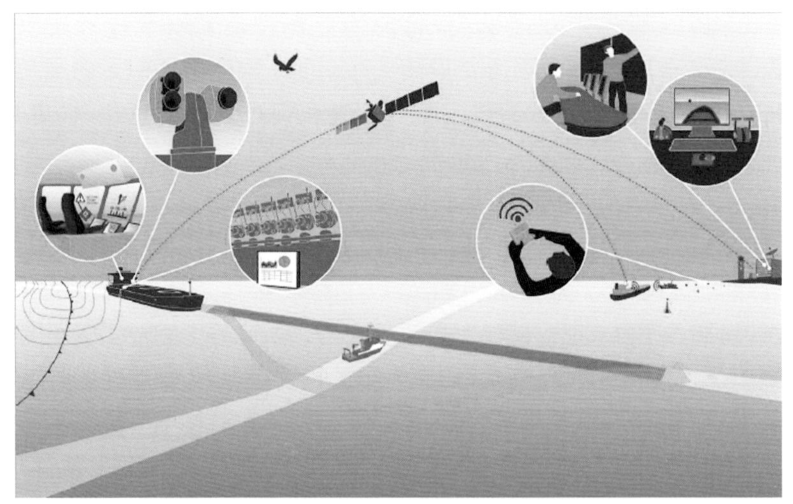

图 1.4 基于船域网技术的智能船舶概念图

从 2009 年开始，韩国政府就开始进行了“智能数字船舶综合管理系统”的研发。该管理系统具有最佳航线计算、危险监测应对、事故应急人员管理等功能，并将这些功能整合到标准平台上，以便于该系统的应用和推广，更希望该系统能为日后船舶核心设备的韩国化做出贡献。2014 年 5 月，大宇造船与移动运营商电讯(SKT)签署合作协议，将联手研发信息和通信技术(ICT)为基础的“智能船”。新一代智能船将配备全球电信网络的导航和监控系统，而所有船上的服务将被融合到一个单一网络，其主要任务是建立一个多链接船舶监控系统，进行自动化和无人化服务。

韩国制定了“智能船舶(smartship)X. 0”规划。韩国智能船舶研发主要由现代重工、大宇造船、三星重工 3 家公司主导，现代重工取得的成果相对比较大。现代重工智能船舶研发注重与埃森哲、英特尔、微软和 SK 航运等公司合作，将智能系统应用于船舶运营。2015 年，它与埃森哲合作共同设计“互联智能船舶”(connected ships)。2016 年，现代重工推出 OceanLink 智能船舶系统，该系统利用通信技术、控制技术和计算机处理技术电子系统整合了现代重工开发的数据平台与埃森哲的信息服务平台，为船东提供船舶管理、物流信息、航行信息、应急救援等 8 大信息服务。

1.3 国内海洋装备与船舶安全保障系统技术发展现状

我国海洋装备与船舶制造业在计算机技术应用的研究方面起步较早，一些大、中型船厂和研究院所在设计、建造和管理方面都不同程度地应用计算机技术，但一般没有实现数据共享，所以使用效率比较低。

近十年来，在国家有关部门的大力支持和原中国船舶工业总公司的组织下，我国造船工业的计算机技术开发和应用逐步走向系统化和集成化。

在互联网技术方面，我国船舶设计、制造部门也进行了多年的跟踪和小范围的实践，先后建立了各种内部的网络系统。各个船舶工业集团公司也成立了信息网络部门。

在计算机安全和船舶设备的安全保障技术方面，国内也已进行了一些局部的技术开发和研究。中国船舶工业第七〇八研究所研制开发的船舶安全装载系统已在多艘货船、油船和集装箱船上成功应用，舰船后勤支援管理系统已在综合运输补给船和“远望1”号、“远望2”号、“远望3”号上应用。中国船舶工业第十一研究所研制的舰船设备监控系统、机电设备管理系统在舰船上进行应用后得到了用户的肯定。民用船舶的管理与破坏仿真研究已经开展损管系统、防火系统、触礁仿真模拟和舱壁碰撞破坏仿真模拟等。

国内其他研究机构和高校开展智能船舶研发的情况如下：武汉理工大学陈伟等研究基于互联网框架构建“船联网”(internet of ships)的路径；中国人民解放军海军工程大学刘勇等对智能船舶隔振系统新型设计方案进行研究；山东交通学院李光正等探索整合智能船舶设计路径，构建信息化、智能化、理解和决策控制成为一体化的“智能船舶空间”方式方法；中国舰船研究院陈启楠设计出新的海军舰艇稳性实时监测系统。

在世界已经进入了“工业 4.0”背景下，2015 年，中国船级社(CCS)发布了《智能船舶规范》，该规范认为智能船舶(商用)有 6 个功能模块：智能船体、智能航行、智能机舱、智能能效管理、智能货物管理、智能集成平台。这个规范是全球首部智能船舶规范。中国船舶工业集团公司设计的智能船舶——3.88 万吨散货船 i-Dolphin 船型“大奋”号已经在 2017 年 12 月交付使用。“大奋”号在设计阶段就实施智能布局，对船舶感知体系、分析体系和决策体系进行智能构建，将其打造成一个强大、高效的智能船舶操纵平台。

海洋装备与船舶完整的安全保障系统技术是基于物联网、云计算和大数据技术的系统集成，包含海洋环境实时预警、水下部分的安全监控、海洋装备与船舶上的设备运维安全、装备本体结构实时安全监控、物资管理、作业人员的安全保障等六个方面。这一系统技术将有效提高我国海洋装备与船舶从服役至退役全过程的安全性、经济性、战斗力和设备可靠性，使海洋装备与船舶，特别是使我国重大装备的国之重器及海军的重点装备自始至终都处于良好的运行状态，使全体人员保持良好的健康与安全保护之中，进而提高我国海洋装备的综合能力与水平，提高海军舰船的战斗力，并大大增强目前我国核心装备的效能。

通过海洋装备与船舶安全保障系统技术的研究开发与广泛应用，将实现我国海洋装备与船舶信息化、网络化、智能化管理，从而大大提高我国海洋装备与船舶的安全性、可靠性和先进性。

海洋装备与船舶安全保障系统技术将北斗卫星通信技术、物联网技术、计算机技术集成到基于船联网的智能船舶协同综合信息保障平台，通过数据挖掘、智能计算、大数据处理等先进手段对船上主要设备的关键数据和反映船舶实时运行状况的海量数据进行集中、汇总、入库和综合分析，进而实现船舶及重要装备的协同综合保障。通过智能船舶协同综合信息保障平台，可以有效预防、预测船舶故障的发生，即使出现故障，也能得到及时解决。因此，该平台无论对于远洋运输还是对于海军作战，都能起到巨大的保障作用和支持作用。通过数据互联，船舶相互间可实现高效率的协同配合，同时实时数据反馈还可为监控中心或指挥中心提供决策依据，是现代海洋运输与现代海战必不可少的重要保障。

目前，智能船舶协同综合保障平台、船联网有着极大的市场需求，并且国家各个部委和各省区市均投入了大量的人力物力到这个领域。工业和信息化部、国家发展和改革委员会、科学技术部、国务院国有资产监督管理委员会、国家海洋局等部门分别发文，指出：21世纪是海洋的世纪，世界各国都在积极发展与海洋工程相关的装备，未来5～10年是我国海洋工程装备制造业发展的关键时期，国内企业要抓住海洋资源开发装备需求增加的机遇，力争使我国海洋工程装备制造的能力和水平迈上新台阶。高技术船舶和海洋工程装备既是高附加值，又是结构复杂、技术含量高、性能要求高的产品，为适应高技术船舶和海洋工程装备建造的需要，我国的船舶企业必须转型、升级，对生产设施进行改造、工艺流程优化，实现船舶企业生产的自动化、信息化，大大提高生产效率和船舶制造精度，力争短时间内赶上韩国、日本、欧美，成为世界造船强国，具备承接高技术船舶和海洋工程装备的能力。

从船联网发展的角度来分析，内河及周边沿海航运的绿色、健康、可持续发展离不开便捷、高效的智能信息服务。“十二五”期间，我国更是提出“现代交通运输业要靠信息化来带动，没有信息化就没有现代化”的发展方向，下决心加强信息化建设，推进智慧交通发展。根据国家物联网产业发展政策，建设畅通、高效、平安、绿色的海洋、内河航运发展要求，开始国家物联网应用示范工程——船联网项目。随着2013年9月上海自贸区的正式挂牌启动，国内航运物流日趋国际化，船联网也成为未来内河、海洋航运信息化、网络化和智能化发展的必然趋势。此外，全国各省区市纷纷制定各种物联网发展专项行动计划，都将船联网提升到了战略高度。由此可见国家对于船联网技术及其相关应用的重视，开展相应的研究具备极其重要的战略意义。

从智能船舶协同综合保障的角度来分析：

(1) 在国外,美国20世纪60年代提出综合保障的思想,80年代形成成熟的概念、技术、方法和标准。目前,发达国家已经步入实用阶段,美国的实践证明:船舶装备综合保障与船舶装备性能同等重要。然而,在国内,20世纪90年代初开始引入综合保障的思想,但是在船舶制造领域尚未形成成熟有效的概念、理论、方法、设计方案,仍然需要国内的船舶企业、研究院所在此做出不懈努力。

(2) 随着技术的进步,船舶设备越来越复杂,维修和保障工作越来越困难,保障费用在船舶装备寿命周期费用中所占比例远超采办费用,降低费用的有效途径就是研发、使用智能协同保障系统。

(3) 近些年来,战争的例子给了我们极大的启示,现代战争打的就是科技,科技落后就要失败,智能协同综合保障系统为赢得战争提供了必要的手段。

(4) 目前中国已经成为船舶出口大国,向南亚、东南亚、北非等国家出口了大量的船舶,然而在出口船舶时,大部分国家把智能协同综合保障作为采购的必然要求。

因此,对于智能协同综合保障的研究已经迫在眉睫。在我国走向深蓝的国家战略背景下,借助完全自主知识产权的北斗卫星导航定位系统,研发一款适合我国国情的、基于船联网的智能船舶协同综合保障平台符合市场需求以及国家方针和战略。

1.4 安全保障系统技术的发展趋势

综合分析当前国际上的发展,电子化信息技术可分五个类别(表1.1)。总的来说,除美国 C^4I^2 系统外,其他项目还没有充分利用当今飞速发展的网络技术,也没有充分利用船舶设计、建造期间产生的电子化信息提出创建船舶信息技术服务与船舶生命周期信息系统相关的系统技术。

表1.1 电子化信息技术特点分级表

级 别	技 术 特 点
Class 1	● 翻页方式,对页加注索引 ● 整页显示 ● BMP格式 ● 简单ZOOM ● 有限个热点链接
Class 2	● 滚动窗口显示 ● 超级链接 ● SGML标准 ● 有导航帮助

（续表）

级别	技术特点
Class 3	● 线性结构 ● 显示基本信息对象 ● 较小滚动区 ● 文本和图形分开显示
Class 4	● 由数据库管理系统管理 ● 对话框驱动交互
Class 5	● 与专家系统、人工智能、自动诊断及故障隔离等结合

在上述五类电子化信息技术中，以 Class 1 作为基础，逐级向上发展，Class 5 是目前为止最先进的技术。从技术本身和应用对象来说，每一级每一类的电子化信息技术都有其自身的特点和特定的应用对象，但随着技术的不断发展进步，截至现今，美国的很多武器装备已经配备有交互式电子化信息，一般已发展到属于比较先进的 Class 4，并开始 Class 5 的研发，真正属于 Class 5 的技术投入使用也已经可见。

我国的新一代 IT 技术发展很快，在国际上并不算落后，使得在网络和电子化信息技术方面我国可以相对平等起步竞争，可直接以 Class 4 增加部分 Class 5 的功能为开发目标，充分发挥我国的后发优势，为我国的海洋装备与船舶技术的发展提供了空间和时间。

半个世纪以来，我国的海洋工程与造船按照现代造船理论和发展趋势，在铆接技术、焊接技术、成组技术和信息技术逐一促进和主导下，依次形成了传统的“整体制造模式”和“分段制造模式”、现代的“分道制造模式”和“集成制造模式”以及未来的“敏捷制造模式”（表 1.2），实现动态虚拟组合、建造过程仿真和全面模块化与数字化的智能化技术。这也促进了产品后续运行实现完整性、智能化的安全管理。

当前，我国的目标是第五代的敏捷制造模式。该模式的核心是“以人为中心”“以智能化技术主导”的造船模式。目前，物联网技术的出现和信息技术的发展已经为智能化造船模式的实现提供了基础条件，并使其实施成为可能。

从市场角度来看，全球海上安全系统的市场前景非常广阔。根据荷兰 ASD Reports 公司的预测报告，由于全球海上安全市场的主要驱动力是海上安全意识、海上威胁、管理与标准、国际海上贸易，因此随着全球化的深化，海上安全的重要性日益提升，世界部分地区海上威胁的上升已经成为影响国际贸易的主要因素之一。海上监督与追踪系统及其解决方案、智能系统、扫描与屏蔽系统的市场增长迅速，尤其是在亚洲、中东和非洲海上安全所受关注上升的背景下更是如此。因此，大力发展海洋装备和船舶安全保障系统技术可以极大地提高海上安全保障。

表 1.2 造船模式发展

发展时序	传统船舶制造模式		现代船舶制造模式		未来船舶制造模式
生产模式	整体制造模式	分段制造模式	分道制造模式	集成制造模式	敏捷制造模式
主导技术	铆接技术	焊接技术	成组技术	信息技术	智能技术
工程状态	● 船体散装 ● 码头舾装 ● 全船涂装	● 分段建造 ● 先行舾装 ● 预先涂装	● 分道建造 ● 区域舾装 ● 区域涂装	船体建造、舾装和涂装一体化	● 动态(虚拟)组合 ● 建造过程仿真 ● 全面模块化和数字化
管理特征	● 系统导向分解船舶过程 ● 按库存量控制生产过程	● 系统/区域导向分解船舶过程 ● 按系统和区域的库存量控制生产过程	● 中间产品导向的分散专业化生产 ● 按区域/类型/阶段的库存量控制生产过程	● 中间产品导向的分散专业化生产 ● 按区域/类型/阶段的流通量控制生产过程	● 模块导向的分型生产组合的动态耦合 ● 造船和船舶运行全过程的瞬态监控
船厂类型	● 劳动密集 ● 大型厂,数万名员工	● 劳动密集 ● 大型厂,数万名员工	● 设备密集 ● 大型厂,数千名员工	● 信息密集 ● 大型厂,员工千人以下	● 知识密集 ● 大型厂,员工数百或百人以下
船厂结构	● 全能型船厂,能制造船体、船舶机械和舾装件 ● 以学科专业组建技术和职能部门 ● 按工种专业化组建生产车间和工段 ● 由监造师组织生产,负责造船进度		● 总装型船厂,具有船体制造、管件制造和涂装功能 ● 以中间产品专业化生产为导向组建科室和车间 ● 计算机辅助实时控制,取消监造师		● 敏捷型船厂,具有组装和调试能力 ● 以军民船舶共用模块为基础,组建科室和车间 ● 计算机辅助共用数据库瞬态控制
关键技术	● 人工放样技术 ● 切割、成型、装配技术 ● 管子加工技术 ● 铸、锻、热处理和机加工技术 ● 机电设备和系统的安装调试技术		● 造船 CAD/CAM 和 CMIS 技术 ● NC 切割技术 ● 型材、管件和分段的机械化制造技术 ● 物资含中间产品采办和托盘的集配技术 ● 造船精度控制技术 ● 编码和区域造船技术		● 船舶产品模型数据交换标准 ● 船舶产品设计制造过程一体化数据环境技术 ● 分布式集成的虚拟制造技术 ● 全方位的建模和仿真技术 ● 并行工程和快速建立电子样船技术

（续表）

发展时序	传统船舶制造模式	现代船舶制造模式	未来船舶制造模式
厂际关系	由原材料、设备和器件生产厂向船厂提供物资	由原材料、设备、器件、舾装件、铸锻件和机械加工厂向船厂供货，甚至涂装作业也组建专业公司，为多家船厂服务	● 由原材料、设备和器件生产厂向模块生产厂提供物资 ● 由共用模块生产厂向各家船厂提供各类船舶的各型模块
生产组织和人员素质	● 单一工种的生产班组和工段 ● 单一专业的设计和工艺科室 ● 单一专业的科技人员	● 定场地、设备、人员和指标制造其中间产品的多工种生产单元 ● 按区域的多专业科室 ● 复合工种的生产工人 ● 多学科的科技人员	● 快速组合的各类班组，擅长安装和调试各类模块 ● 智能化高素质的生产工人、科技人员，能持续改进工作，并适应敏捷的动态组合
典型装备	● 由小型吊车为几座船台的装配作业服务 ● 实尺放样台 ● 通用的剪切和压力加工设备 ● 通用的气割和小型焊接设备 ● 通用的机加工和铸锻设备	● 由大型起重设备辅助大型船坞内的船体分段合拢和舾装作业 ● 计算机辅助数学放样替代了放样台 ● 钢材预处理流水线和技术类别相异的专用 NC 切割设备 ● 型材、管件和平面分段加工、装配、焊接流水线 ● 涂装房和机器人 ● 全厂一体化的计算机集成系统的综合车间	● 全厂、全国甚至全球的计算机信息联网基础设施 ● 无图纸的、全数码化的高度自动化生产设备 ● 具有预防功能的、生产过程智能化的瞬时监察和控制设备 ● 温度和空气新鲜度可调的、防污染的船坞和厂房

参考文献

[1] 严新平. 智能船舶的研究现状与发展趋势[J]. 交通与港航,2016(1):25-28.

[2] 王宥臻. 极地船舶结构状态监测与评估方法研究[D]. 哈尔滨:哈尔滨工程大学,2008.

[3] 杨国安,郭乃明. 应用于海洋平台安全保障系统的海量数据管理[J]. 计算机与现代化,2009(3):93-96.

[4] 陈倩倩. 韩国欲凭借 IT 技术领军国际造船业[J]. 物联网技术,2011(6):5-6.

[5] 任海英,邱伯华,段懿洋. 基于物联网的船舶航行安全监控系统[J]. 舰船科学技术,2018(9):196-198.

[6] 庞博,潘力. 船舶物联网远程安全监控中数据通信机制研究[J]. 舰船科学技术,2017(9):136-138.

[7] 李红梅. 物联网在船舶安全监测系统中的应用研究[J]. 舰船科学技术,2016(2):175-177.

[8] 崔凤. 基于物联网的地铁区域安全监控系统设计[J]. 计算机测量与控制,2018(1):165-167,172.

[9] 李隘优. 基于物联网的煤矿移动安全监控系统设计[J]. 闽西职业技术学院学报,2017(12):114-116.

[10] 彭友. 基于船联网的智能船舶协同综合保障平台的设计与实现[D]. 镇江:江苏科技大学,2017.

[11] 陈琛. 长江内河"船联网"及其关键技术研究[J]. 装备制造技术,2014(2):138-142.

[12] 马红燕,张光明. 长三角船舶产业现状分析与发展策略研究[J]. 江苏科技大学学报(社会科学版),2008(4):49-52.

[13] 杜利楠,姜昳芃. 我国海洋工程装备制造业的发展对策研究[J]. 海洋开发与管理,2013(3):271-274.

[14] 李盛霖. 转变发展方式,加快发展现代交通运输业[J]. 中国水运,2010(2):169-172.

[15] 程杰. 关于构建长江海事信息资源集成系统的思考[J]. 中国海事,2009(12):5-10.

[16] 杨震. 物联网发展研究[J]. 南京邮电大学学报(社会科学版),2010(2):1-9.

[17] 施科,顾晓平. 开启交通运输现代化模式[J]. 中国公路,2014(2):9-13.

[18] 中华人民共和国交通运输部. 公路水路交通运输信息化"十二五"发展规划[J]. 综合运输,2012(5):22-25.

[19] 张晓鹏,张根昌,王陌. 舰船装备综合保障现状分析与发展趋势[J]. 舰船科学技术,2011(2):19-22.

[20] 张辉. 我国舰船综合保障研究综述[J]. 舰船科学技术. 2010(9):401-407.

[21] 包赈民,李广峰. 武器装备的寿命周期费用思想[J]. 装备制造技术,2017(3):121-134.

海洋装备与船舶安全保障系统技术

第 2 章　安全保障系统技术组成

海洋装备和船舶完整的安全保障系统技术是基于物联网、云计算和大数据技术的系统集成，本章主要介绍该技术的组成基础和具体运用，以便读者对安全保障系统技术有一个整体性的认识和了解。

2.1 基础结构和技术

2.1.1 物联终端

分布在海洋装备与船舶上的人员、设备、物资等各种实体，通过全时空覆盖的物联终端等信息物理系统，按需紧密联系在一起，形成数据实时自动采集、传输、处理，为装备智能化提供服务。

物联终端为智能化作战生产所需的大数据。数据是人工智能的“燃料”，而大数据的基础则在于数字化、网络化。安全保障系统同样依赖物联终端采集到的大数据：人员、物资、设备监测和船体结构检测是获取数据；状态分析、状态判断是分析数据；决策制定和命令计划是利用和产生数据；安全保障由数据驱动，同时也生成数据。

泛在物联网是智能化海洋装备与船舶大数据生产、传输、汇集的载体。海洋装备与船舶上的每个实体都是物联网的终端，分配一个独有的“电子身份”，通过声、光、电等各种传感器输出自身的数据。同时，实体探测到的目标环境信息数据，通过网络汇聚传送到节点和云端。全时、自动采集、汇聚的数据共同形成安全保障大数据，为智能化安全保障系统技术提供算法训练、模式挖掘和优化分析的“矿藏”。

2.1.2 通信基础

2.1.2.1 海洋装备及船舶网络基础

信息感知是对某一个体/点的信息获取，通过彼此之间的互联，才能形成广泛的信息感知网络。海洋装备及船舶利用局域网和互联网等手段，已经形成“以 CAN 总线传输网和无线通信为主”的通信网络，为物联网信息的传输提供支撑。

1) CAN 总线传输

CAN(controller area network)在船舶中的应用始于 20 世纪 90 年代初。1994 年，德国 MTU 公司成功地研制了基于 CAN 总线的 MCS－51 监控系统，开创了 CAN 总线船舶系统应用的新纪元。此后，CAN 总线技术被广泛地用于船舶的远程控制、巡回检测、电站监控和火灾报警系统中。CAN 总线技术在船舶控制系统中的成功应用为解决船舶设备级(传感器、执行器、控制模块)的互联网络通信问题提供了新的数据传输协议，并由 CAN 控制器硬件完成协议的功能和服务。在网络组建上，CAN 总线通过一根可同时传输电源和数据信号的总线可将所有满足 CAN 总线协议的设备挂接，并提供点对点、一点对多点和广播式三种通信方式。

2）无线通信

ZigBee 采用的是 IEEE 802.15.4 协议，该协议由物理层(PHY)、控制层(MAC)、网络层(NWK)和应用层(APL)组成，每层都为上层提供管理和数据服务。每层具体描述如下：

(1) PHY。该层定义了无线信道和 MAC 间的通信接口。该层为 MAC 层提供的具体服务有：激活 ZigBee 节点；接入 ZigBee 节点信道；对信道能量进行检测；提供可选择的信道频率；数据发送和接收；对链路通信质量进行检测。

(2) MAC。该层主要实现对所有无线信道的访问，并发射同步信号，提供 MAC 实体间的通信链路。该层的具体服务有：生成网络信标；信标同步；支持 PAN 的连接和分离。通常信道采用 CSMA－CA 方式接入。

(3) NWK。该层是 ZigBee 协议的核心，主要负责数据传输、路由查询和 ZigBee 节点的断开或接入。该层的具体服务有：网络生成、网络发现、初始化路由、同步接收、信息维护、设备初始化、设备的接入或断开。

(4) APL。该层包括应用支持子层(APS)、ZigBee 设备对象(ZDO)等。APS 为用户提供网络服务接口、必要函数及支持用户自定义对象。ZDO 功能有：建立设备间的安全机制、对设备角色进行定义、发起绑定请求、搜寻网络设备。

ZigBee 的工作模式有信标、非信标两种。其中，在信标工作模式下，所有设备同时处于工作或休眠状态，能够有效降低设备功耗；在非信标工作模式下，设备处于周期性休眠状态，路由和协调器则一直处在工作状态。

2.1.2.2 船岸通信

现有的船岸通信方式一般包括海上无线通信、海洋卫星通信及岸基移动通信。现有的海上无线通信主要包含在全球海上遇险与安全系统(global maritime distress and safety system，GMDSS)中的 NAVTX 系统、MF/HF 系统、VHF 系统和 AIS 系统。同为 GMDSS 所固有的海洋卫星通信有卫星紧急遇险示位标(EPIRB)和海事卫星系统(Inmarsat，如 Inmarsat－F 站、Inmarsat－C 站等)。最为发达的岸基移动通信则是基于 4G 全覆盖的基础上形成的通信手段。上述三种通信方式共同作用并构成了一个可以基本实现全覆盖式的通信网络。

1）海上无线通信

船岸一体化的本质上是让船与岸达到宛如一体的标准，这一点对岸上来说较为容易实现，近海、内海船舶也能保持一定的有效联系，然而远洋船舶却并不能做到真正意义上的船岸一体化。我国关于船岸之间的数据互换也大部分开始于 1999 年国际海事组织(IMO)提出并用于海上遇险、安全和日常通信的一个海上无线通信系统，其功能包含遇险报警、搜救协调通信、现场通信、定位信号。作为《国际海上人命安全公约》(SOLAS)的缔约国，GMDSS 在我国所有 300 总吨以上的船舶上强制配备，这套由地面无线通信系统和卫星系统组成的系统在过去的确是划时代的应用，也一路维持了近几十年船舶的安全航行，然而按现如今的科技发展趋势，虽然 GMDSS 可以使用，也能很有效地帮助船舶与岸站之间沟通和交流，但始终做不到数据同步。

用于播发海上安全信息的 NAVTX 系统、中频/高频(MF/HF)系统、甚高频(VHF)系统、自动识别系统(AIS),这些都是海上无线通信系统里必须配备的系统,但是和岸上的无线通信系统会受到地理环境等干扰一样,海上航行情况比地面更为复杂,无论是恶劣的天气还是复杂的海洋环境都有可能影响到海上无线通信系统的运用。尽管上述系统使用便捷且成本较低,但系统在数据传输过程中不是非常稳定和可靠,且其采用的一般都是单边带和双边带等窄通信方式,无法提供高速数据传输服务,这也导致了船舶利用这套系统无法与岸基之间进行高速交换数据,也无法交换较多的数据。

2) 海洋卫星通信

除去海上无线通信,GMDSS 也包含了更为高级的卫星通信系统,我国的“天通一号”就为实现这个功能而发射的。2016 年 8 月 6 日 0 时 22 分,中国自主研发制造的卫星通信系统“天通一号”用“长征三号”运载火箭成功发射升空,这是中国卫星移动通信系统方面发射的第一颗卫星,实现了地面移动通信和卫星移动通信两个通信系统共同构成覆盖面更广的移动通信网络,为中国及周边、中东、非洲等地区,以及太平洋、印度洋大部分海域的用户提供了全天全时的、稳定且可靠的移动通信服务,包括提供语音、短消息等。

相对于海上无线通信系统,卫星通信系统包含 EPIRB 和 Inmarsat。虽然卫星系统较为稳定,受到海上天气和地理环境的影响较小且功能齐全,但其成本相比海上无线通信系统高出很多。然而,不管是海上卫星通信,还是海上无线通信,其通信宽带都有着诸多限制,无法做到自由的、无限制的数据传输和接收,更别说数据同步了。“天通一号”虽然从某种层面上打开了我国自主的海上卫星通信系统领域,但本质上还是卫星通信,只要是卫星通信就避免不了高成本的问题,且“天通一号”的覆盖范围虽然较为广泛,但也只在中国近海、太平洋、非洲等近距离地区,无法做到大范围甚至全球覆盖。

3) 岸基移动通信

我国的岸上公共移动通信系统相比于海上发展更为快速和高效,4G 网络的全覆盖乃至 5G 网络的出现和应用都给近海的船舶提供了更为有效的船岸数据共通化。比之远海,由于 4G 网络的系统稳定且技术先进,港口、码头、进出港管理和航道内管理都有了可靠的信息保障,长江口到盘锦、丹东、大连港等区域及南至海南岛都因为 4G 的发展而做到了非常高效的数据交流。

通过研究发现,现存的三种通信方式各有优缺点。海上无线通信本质上仍旧是利用电磁波发送电信号的无线通信方式,无线电虽然在过去几十年间高速发展,但是其廉价的背后是数据传输的缓慢和不稳定。海上卫星通信成本高昂,但其传输过程稳定,但依旧解决不了无限的传输数据问题。而岸基移动通信虽然是基于 4G 网络的通信系统,其还是需要依靠岸基基站才能做到数据互通,距离限制是它最大的缺陷。上述三种通信手段都无法做到真正意义上的不受限、流畅、稳定、全覆盖的数据交流。

2.1.3　通信技术

2.1.3.1　计算机网络通信技术

随着科学技术的发展和进步,海洋装备(船舶)及其各种设备的组成日益复杂化,制造技术日益精细化。海洋装备(船舶)上的一套设备系统通常情况下由多个承包商和分包商参加研制生产,在生产中各个设备系统均配套有系统测试、故障分析和诊断等过程保障设备和相关的技术要求,因而任何一套设备系统在设计、生产和后勤保障整个系统诞生过程中都会产生大量的数据,由此形成的中间数据、技术文档和手册数量都很大。而上述文件是该设备系统后期使用和维护的重要依据,也是该设备系统纳入整个海洋装备(船舶)系统的基础。

为实现海洋装备(船舶)自身各个系统信息的快速传递,海洋装备(船舶)与岸基决策中心之间的数据交互,甚至不同地域乃至全球范围内的海洋工程装备(船舶)岸基决策中心之间数量巨大的各种装备数据的集成,需要宽频带、高传输速率、高可靠性的全球计算机网络通信技术,从而实现信息的快速集成和信息的快速传递与交换。

自 1993 年 9 月,美国政府推出一项引起世界瞩目的高科技系统工程——国家信息基础设施(national information infrastructure, NII),俗称"信息高速公路",使得高效宽频传输数据变为可能。通过建立宽频带、高速率的公共信息网络,可以把通信、广播电视、计算机、多媒体等各种信息服务纳入统一的网络中,高速度、高效益地满足社会对信息的需求。

随着科学技术的发展,网络技术在微电子技术、光纤技术、计算机技术和软件技术的共同推动下逐渐进入人们的生活。目前,光传输领域的波分复用、计算机领域的软件工程及按摩尔规律不断提高的半导体集成度,使信息的传输达到了 Tb/s 数量级、交换达到 Gb/s 数量级,同时以双绞线的数字环路技术、无源光网络上的 APON 技术、光纤/同轴混合网上的双向传输技术、无线 LMDS 为代表的宽带接入技术,正在逐渐消除人们获取信息的"瓶颈",使宽频带、高传输速率、高可靠性的全球计算机网络通信技术变为现实。

2.1.3.2 网络安全技术

网络是实现数字化集成制造的基础,要实现信息的网上传输和共享,必须首先解决保密问题。随着网络技术和黑客技术的飞速发展,不断有新的网络攻击手段诞生,并且这些攻击技术的攻击目标也已经从用户终端、服务器延展至交换机、路由器等硬件设施。交换机与路由器均为网络核心层的重点设备,当这些设备受到攻击、退出服务时,信息系统的网络安全会面临很大的威胁,因此要进行以下网络安全技术措施。

1) 网络安全策略

(1) 物理安全策略。物理安全策略的目的是保护计算机系统、网络服务器、打印机等硬件实体和通信链路免受自然灾害、人为破坏和搭线攻击。

具体措施包括:

① 建立验证系统,以验证用户的身份和使用权限,防止用户越权操作。

② 确保计算机系统有一个良好的电磁兼容工作环境。抑制和防止电磁泄漏(transient electromagnetic pulse emanation surveillance technology, TEMPEST)技术是物理安全策略的一个主要问题。目前主要防护措施有两类:一类是对传导发射的防护,主要采取对电源线和信号线加装性能良好的滤波器,减小传输阻抗和导线间的交叉耦合。另一类是对辐射的防护,这类防护措施又可分为以下两种:一是采用各种电磁屏蔽措施,如对设备的金属屏蔽和各种接插件的屏蔽,同时对机房的下水管、暖气管和金属门窗进行

屏蔽和隔离；二是干扰的防护措施，即在计算机系统工作的同时，利用干扰装置产生一种与计算机系统辐射相关的伪噪声向空间辐射来掩盖计算机系统的工作频率和信息特征。

③ 建立完备的安全管理制度，防止非法进入计算机控制室和各种偷窃、破坏活动的发生。

(2) 信息安全策略。

信息安全策略主要包括：

① 口令策略，主要是加强用户口令管理和服务器口令管理。

② 计算机病毒和恶意代码防治策略，主要是拒绝访问、检测病毒、控制病毒、消除病毒。

③ 安全教育和培训策略。

④ 总结及提炼。

(3) 运行安全策略。通过网络加密的方法控制网络运行过程中的信息安全，即保护网内的数据、文件、口令和控制信息，保护网上传输的数据。

网络加密常用的方法有链路加密、端点加密和节点加密三种，根据实际网络情况酌情选择加密方式。链路加密是利用加密手段保护网络节点之间的链路信息安全；端点加密是对源端用户到目的端用户的数据提供保护；节点加密是对源节点到目的节点之间的传输链路提供保护。

信息加密过程是由形形色色的加密算法来具体实施，它以很小的代价提供很大的安全保护。在多数情况下，信息加密是保证信息机密性的唯一方法。据不完全统计，到目前为止，已经公开发表的各种加密算法多达数百种。如果按照收发双方密钥是否相同来分类，可以将这些加密算法分为常规密码算法和公钥密码算法。

(4) 安全管理策略。在网络安全中，除了可以采用上述技术措施确保网络安全外，通过制定有关规章制度以确保网络安全、可靠地运行，对网络的安全管理将起到十分有效的作用。

可采用的网络安全管理策略包括：

① 通过制定相关文件来确定安全管理等级和安全管理范围。

② 制订有关网络操作使用规程和人员出入机房管理制度，约束人员严格执行，并制定相应的惩处措施。

③ 对用户访问网络资源的权限进行严格的认证和控制。例如，进行用户身份认证，对口令加密、更新和鉴别，设置用户访问目录和文件的权限，控制网络设备配置的权限，制定网络系统的维护制度和应急措施等。

2) 安全保密技术

(1) 物理安全保护。物理安全保护是指对网络系统的硬件、软件及其系统中的数据进行保护，系统数据不因偶然的或恶意的原因而遭受到破坏、更改、泄露，使系统能够连续、可靠、正常地运行，网络服务不中断。

从网络运行和管理者角度来说，希望对本地网络信息的访问、读写等操作受到保护和控制，避免出现“陷门”、病毒、非法存取、拒绝服务、网络资源非法占用和非法控制等威胁，制止和防御网络黑客的攻击。

对安全保密部门来说，他们希望对非法的、有害的或涉及国家机密的信息进行过滤和防堵，避免机要信息泄露，避免对社会产生危害、对国家造成巨大损失。

在应用物理方法进行安全保护时，物理隔离理论上是种挺好的策略。企业采用便捷安全的方法隔离 ICS 网络，使其与外界断绝联系，但实际操作中，即使在企业已经采取所有能用的方法隔离他们的 ICS 网络，网络威胁依然能够跨越边界侵入内部网络。同时，即便有可能完全物理隔离 ICS 网络，内部人士依然会对企业内部网络造成威胁。

(2) 技术安全保护。

① 软件安全防护：在所有服务器上安装杀毒软件，并保证杀毒软件病毒库跟杀毒软件厂商进行同步更新；所有服务器操作系统必须及时更新修补漏洞；操作系统本身要足够强，访问策略要安全合理，密码复杂程度要符合要求；禁止所有服务器不必要的端口，仅开放需要使用的系统端口；远程管理端口及系统登录密码不定期进行更改，服务器远程管理时必须有相关主管领导在场监控；交换机均可管理网络行为，对服务器网络行为进行安全策略配置。

② 硬件防护：在网络出入口安装了 Juniper NS－50 硬件防火墙；所有交换机都开启 ARP 攻击防护功能及策略；所有交换端口做静态绑定，并做好每个端口的绑定日志记录；在交换机和服务器上均设置访问策略，禁止未授权访问请求通过。

③ 架构设计合理：数据库服务器不直接连通公网，避免数据库服务器受到攻击，导致数据外泄；应用程序和数据库分别安装在不同的服务器上，通过内网交换机进行互通访问；所有服务器均仅开放指定端口进行互通访问；内外交换机均设置安全管理策略，保证故障点的准确定位和及时处理；所有服务器均配置备用设备，保证网站的持续访问。

(3) 运行安全保护。

① 采用强力的密码，对介质访问控制(MAC)地址进行控制。

② 隐藏无线网络的服务集合标识符、限制 MAC 地址对网络的访问，可以确保网络不会被初级的恶意攻击者骚扰，在网络不使用的时间将其关闭。这个建议的采用与否，取决于网络的具体情况。

③ 关闭无线网络接口，确保安全；务必关闭不必要的服务。

2.1.4 集成产品数据库技术

通过将设计、制造、管理、质量保证、维修等方面有机地集成在一起，可以做到产品全寿命期支援。如果要在物联网络环境下运行，需要解决网络环境下动态、分布式集成产品数据库技术。

安全保障系统在数据库和数据处理方面的组成部分包括安全保障数据资源库管理系统、系统管理(岸基)和信息管理系统(装备上)、安全保障工程可靠性系统、配置管理、监控电子文件生成、网络技术平台和视景仿真专家决策平台等。它们之间的数据关系如图 2.1 所示。

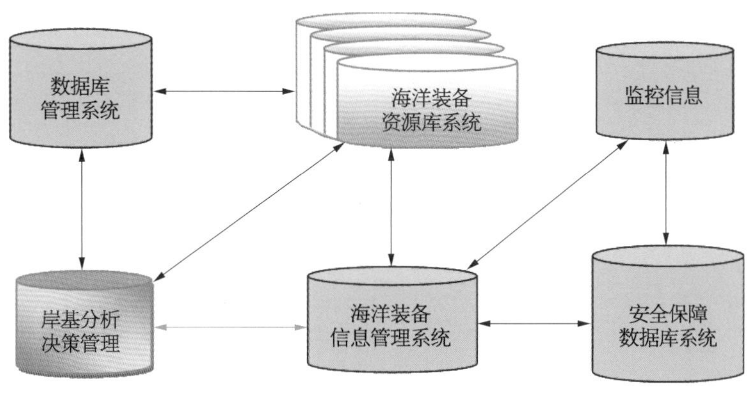

图 2.1　安全保障系统数据库结构

2.1.5　产品数据库管理技术

现代企业间的集成已由信息集成发展到过程集成，要保证管理好所有与产品相关的信息和过程，使各种数据保持定义的唯一性和更改的一致性、快捷性，要实现各项工作的有效、唯一动作，必须解决产品数据管理技术。

2.1.5.1　装备上的主干网络系统

装备上的主干网络系统不打破各台设备独立子网的运行，即建设一个总控并连接、控制设备与系统的主干网络系统，这是双冗余架构的硬件及连接后台混合云库供大数据处理的必要环境与设备，是建设完整数据库的核心装备(图 2.2)。

主干网络系统设计的思路如图 2.2 所示。

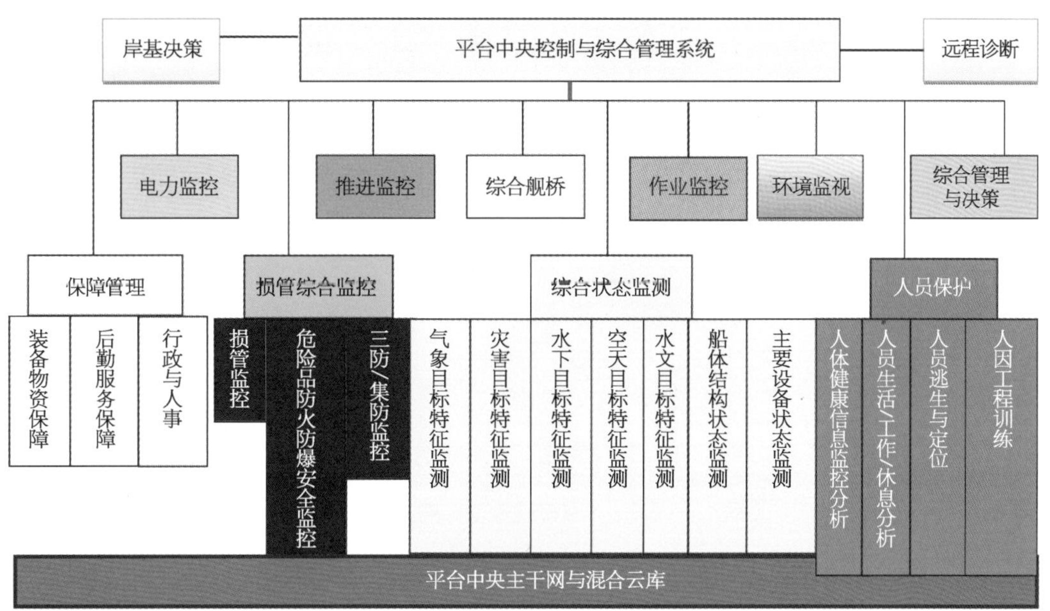

图 2.2　主干网络系统设计思路

系统实现双冗余构架如图 2.3 所示。

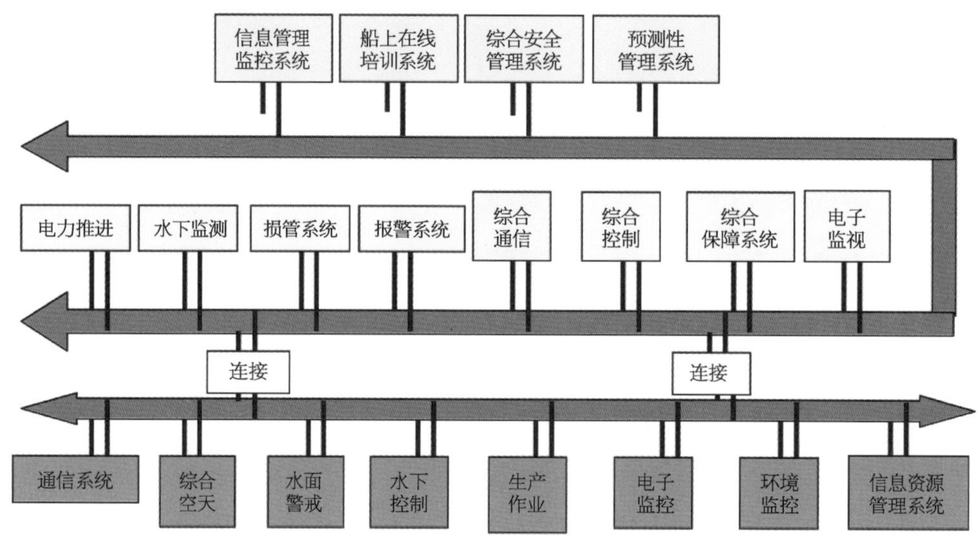

图 2.3 系统双冗余构架

2.1.5.2 安全智能的信息传输协议与管理

在选择系统的信息传输协议时为保证安全、独立、高效，不建议选择目前普遍使用的互联网信息传输协议，推荐建立加固工业信息传输协议，对各个子系统、各个维度的设备实施管理(图 2.4)。

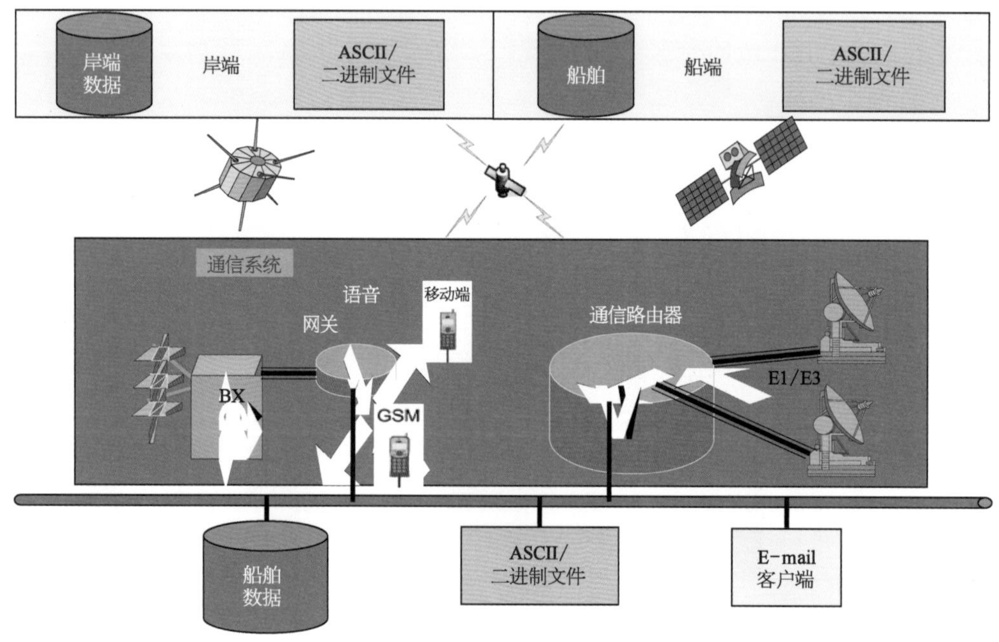

图 2.4 信息传输协议与管理

下面介绍几种工业信息传输协议和各自的特点。

1）OPC 通信协议

OPC 通信协议（OLE for process control，用于过程控制的 OLE）是一个工业标准（图 2.5），管理这个标准的国际组织是 OPC 基金会，OPC 基金会现有会员已超过 220 家，OPC 的宗旨是在 Microsoft COM、DCOM 和 Active X 技术的功能规程基础上开发一个开放的和互操作的接口标准，这个标准的目标是促使自动化/控制应用、现场系统/设备和商业/办公室应用之间具有更强大的互操作能力。

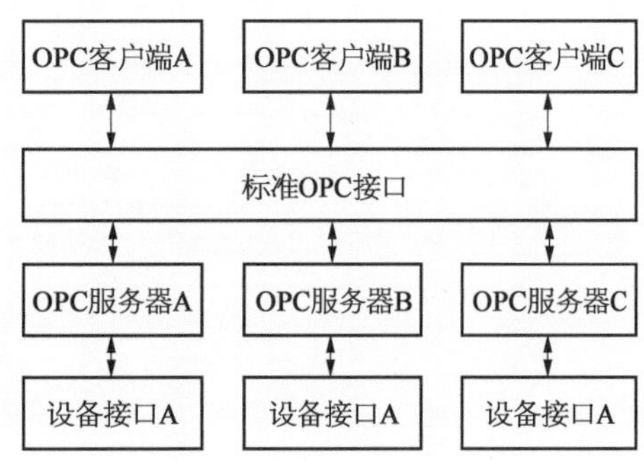

图 2.5　OPC 技术基础构成

OPC 具有以下特点：

（1）任何客户机都可以与服务器连接，即插即用的互操作性是其目标。

（2）高效性：优化快速传输数据。

（3）灵活性：接纳所有类型的客户机及服务器。

（4）可以支持所有编程语言 C、C++、VB、Java、HTML、DHTML。

2）Modbus 通信协议

Modbus 通信协议是一个工业通信系统，由带智能终端的可编程序控制器和计算机通过公用线路或局部专用线路连接而成（图 2.6）。其系统结构既包括硬件，也包括软件。Modbus 是一个请求/应答协议，并且提供功能码规定的服务。Modbus 功能码是 Modbus 请求/应答 PDU 的元素。

Modbus 具有以下特点：

（1）标准、开放，用户可以放心、免费地使用 Modbus 协议，不需要交纳许可证费，也不会侵犯知识产权。

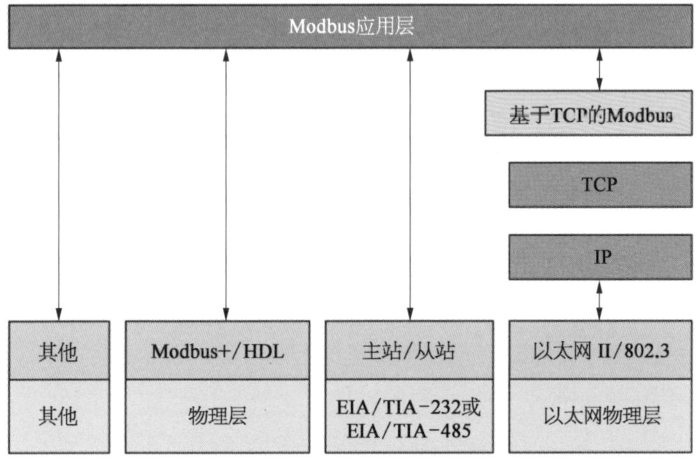

图 2.6　Modbus 技术基础构成

(2) 可以支持多种电气接口,如 RS-232、RS-485 等,还可以在各种介质上传送,如双绞线、光纤、无线等。

(3) 帧格式简单、紧凑,通俗易懂。用户使用容易,厂商开发简单。

(4) Modbus 网络传输。

3) CAN 总线

CAN 总线是 ISO 国际标准化的串行通信协议,它是一种有效支持分布式控制或实时控制的串行通信网络(图 2.7)。

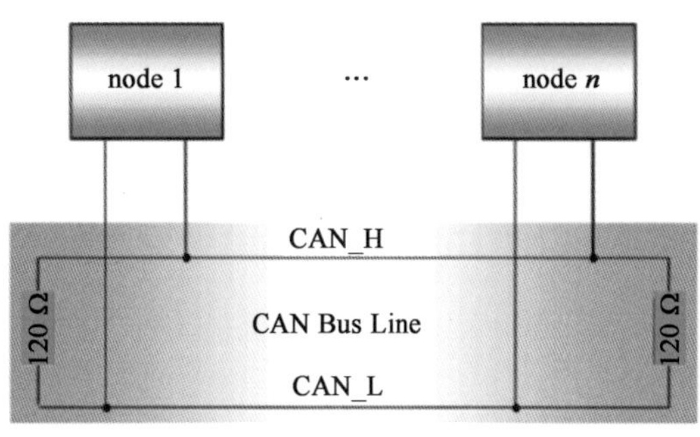

图 2.7 CAN 总线结构

CAN 总线特点如下:

(1) 网络各节点之间的数据通信实时性强。

(2) 开发周期短。

(3) 已形成国际标准的现场总线。

2.2 岸基系统

岸基系统为智能化海洋装备与船舶安全保障系统提供强大计算能力和算法支持。计算能力和算法是人工智能的核心要素,大数据需要高性能计算、高效率算法进行处理,从而产生有价值的认知能力和知识。配置在不同层级、不同规模的计算、算法资源云,通过信息物理系统与泛在物联网连在一起,既可汇集大数据进行算法训练,也可为不同层级的决策提供所需的计算能力和算法模型支持,进行多元数据智能判读与信息融合,评估海洋装备与船舶态势、优化实施方案、制定保障计划,帮助管理人员更加快速、准确地实现保障功能。

2.2.1 岸基网络平台软硬件系统

岸基网络的整个平台系统以超级计算机系统为核心(图 2.8),分为:

① Process net 平台上为各个 DCS 控制系统和各大型设备控制系统。

② Access net 是基于 I^2CU 控制器的全网络型 DCS 控制系统,采用工业 Ethernet 网络技术,采用统一标准的通信。

岸基网络平台硬件系统如图 2.9 所示。

岸基远程分析决策软件系统用于开发各类安全保障模块可靠性分析的模型与决策输入/输出数据,从而建立以可靠性分析为基础的专家智能决策方案,来提供远程支援。岸

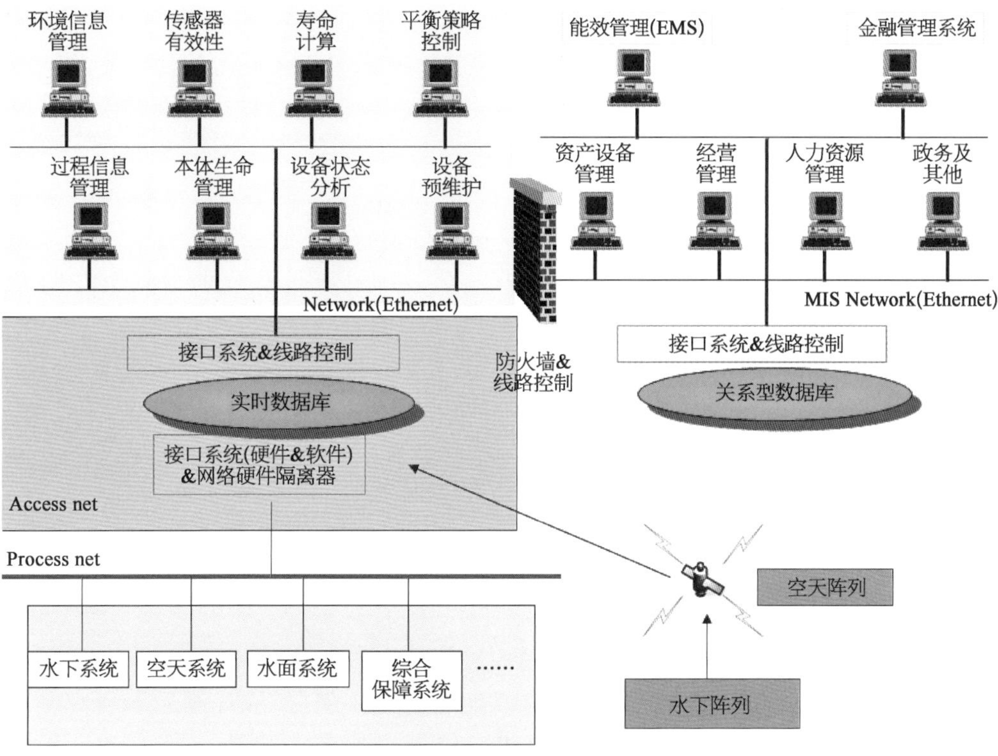

图 2.8　岸基网络平台软硬件系统

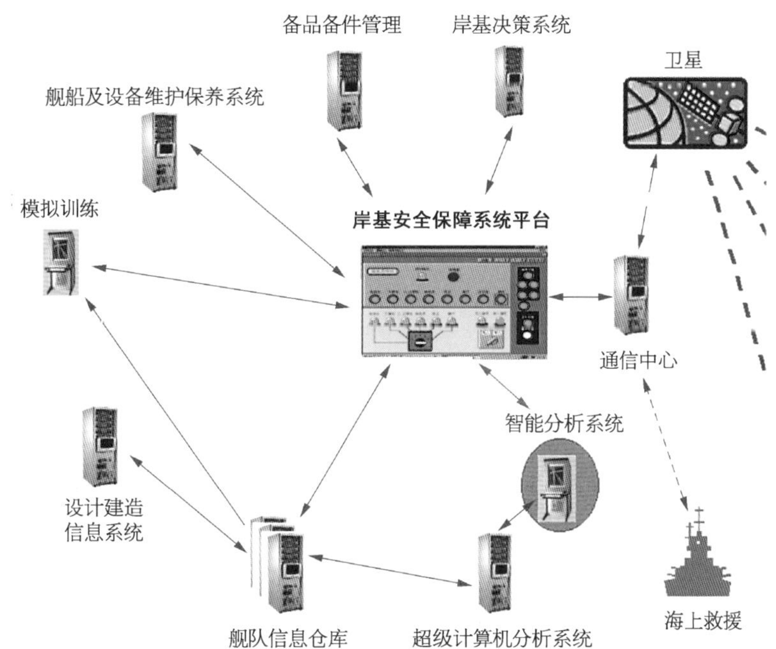

图 2.9　岸基安全保障系统平台硬件组成

基的决策系统设计方案如图 2.10 所示。

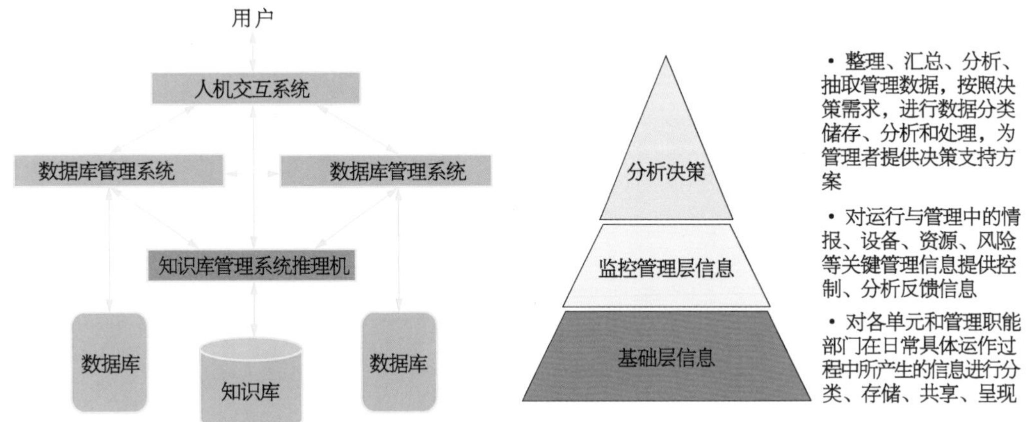

图 2.10　远程分析决策关键技术

通过对多源、全维目标数据进行融合处理，得到了多要素关联的海量目标数据，不同的目标数据对不同的用户来说有不同的价值。对具体用户来说，用户感兴趣的信息就是具有高价值的信息。首先对用户兴趣进行聚类划分，在此基础上研究基于用户兴趣的高价值信息协同推荐技术和基于用户兴趣的高价值信息个性化推荐技术。

1）基于引力模糊的用户兴趣聚类技术

用户兴趣划分是进行用户推荐的重要基础，兴趣聚类划分的效果直接影响到基于用户兴趣的协同过滤。本部分基于万有引力基本原理和模糊聚类算法，提出一种基于引力模糊的用户兴趣聚类方法，从而获得更加准确的用户兴趣聚类划分。

2）基于用户兴趣的高价值信息协同推荐技术

本部分利用基于引力模糊的用户兴趣聚类方法，对各类信息进行聚类，得到各类信息聚类数据库，并计算情报用户对各类信息的认知度。然后基于各类信息聚类数据库、情报用户对各类信息的评分数据库和情报用户对各类信息的认知度，把相似的高价值信息聚到一起，挖掘情报用户对每类信息的兴趣相似度，从而实现对一些情报用户共同感兴趣的高价值信息的协同推荐。

3）基于用户兴趣的高价值信息个性化推荐技术

本部分首先通过将信息评分映射到信息属性上，针对属性进行分析，拓展评分空间，缓解传统协同推荐算法中出现的数据稀疏问题。然后运用信息熵求出信息属性中的大众属性，将大众属性进行剥离，将信息的不同属性进行区别衡量，提升处理速度。最后将时间概念加入信息属性评分的计算过程中，精确信息属性的评分，提升用户间相似度的精确性，从而实现针对具体情报用户按需定制的高价值信息进行个性化推荐。

2.2.2　岸基信息支持中心系统

岸基信息支持中心系统可使海洋装备与船舶安全保障技术运用在技术、信息服务的水平和能力跃上一个新的台阶，使装备技术、信息技术、服务和网络技术结合的技术达到当今信息技术的国际先进水平。它是虚拟能力的现实体现和映象，其主要技术内容包括以下内容。

2.2.2.1　岸基的总控制软件

总控制软件将设备与数据实现云端的有机融合，通过高效率的控制指令交互控制、信息传输，实现数据共享、指令畅通。其结构示意如图 2.11 所示。

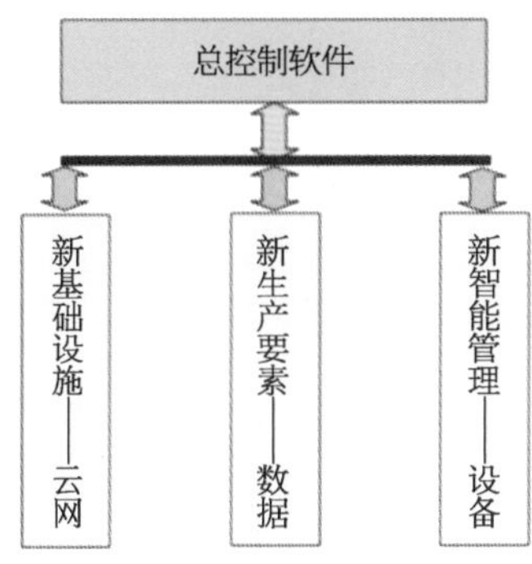

图 2.11　总控制软件结构示意图

2.2.2.2　视景仿真大屏幕工作平台技术

视景仿真大屏幕工作平台可由高性能计算机、大屏幕显示屏、仿真软件和专家智能库组成(图 2.12)，该平台能高保真显示作业场景和解决方案，构成现代安全保障技术重要的组成部分。

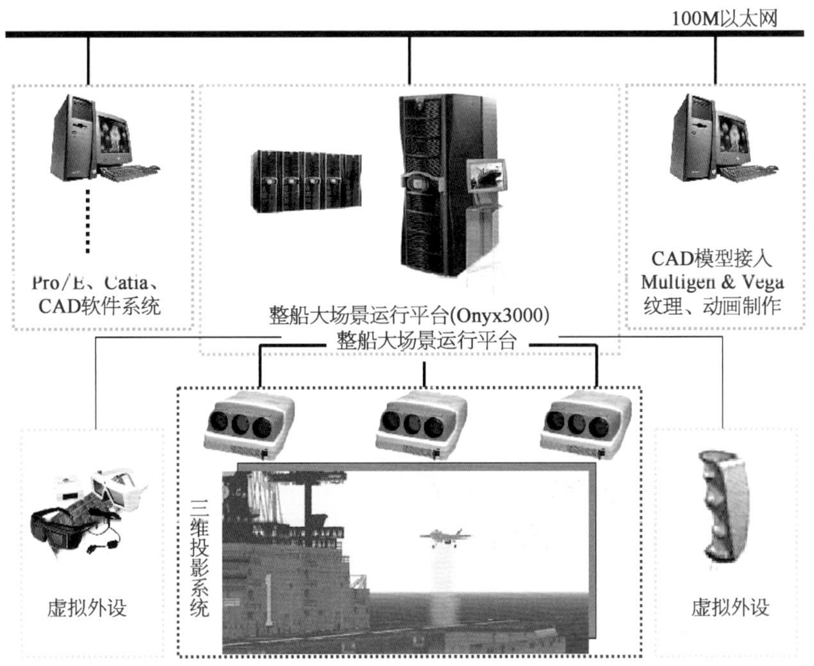

图 2.12　虚拟仿真系统结构示意图

1）硬件技术

需要选用具有可视化计算性能的仿真平台主机(图 2.13)，该平台主机可以同时处理三维图形、二维图像和视频数据。平台主机所具有的超级计算能力、海量存储和卫星图像

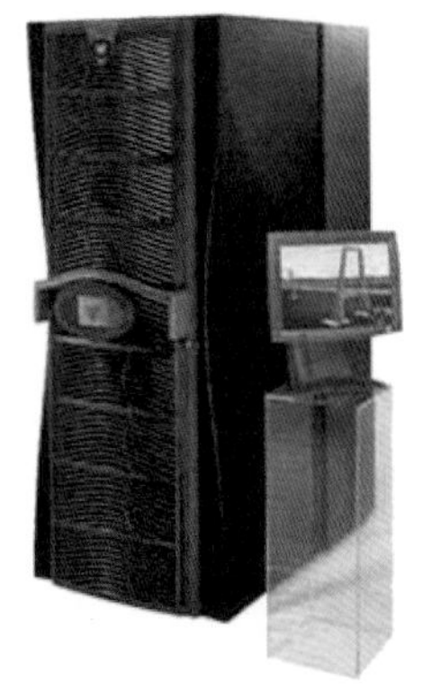
图 2.13　仿真平台主机

处理能力，可以为 HDTV 编辑及合成做高性能的输入/输出，同时可给使用者带来最大的灵活性，满足当今及未来增长的需求。

每个图形管道包括几何引擎(geometry engine，GE)、光栅管理器(raster manager，RM)和显示发生器(display generator，DG)三大部分。

(1) GE 板接收来自 CPU 计算子系统的图形处理指令，主要负责完成最基本的几何变换，如图形的平移、旋转、放大/缩小和三维的光照计算，同时可进行简单的二维图像处理，如卷积、直方图均衡、正交运算等。

(2) RM 具有两个极其重要的功能：纹理映射和图像处理。因此，在每一块 RM 上有两种功用的内存：纹理内存(texture memory)和帧缓存(frame buffer)。RM 主要执行各种像素级的运算操作，如纹理映射、深度 Z 缓冲测试、颜色及透明度的混合、基于多重采样的反走样等。

(3) DG 从 RM 处得到数字图像数据，通过数字模拟转换(digital-to-analogue convert，DAC)产生模拟信号，用于驱动屏幕显示。每个 DG 可连接 2 个或 8 个显示通道(display channel)，且每个显示通道可通过软件设定。

2) 虚拟外设

虚拟外设可以采用各种方式显示各类内容，采用的显示技术往往与虚拟现实应用、视景仿真应用等密切联系在一起。

(1) 立体眼镜。立体眼镜系统包括：一副置于显示器上的发射器，用于广播红外信号(点状线)；多副立体眼镜(图 2.14)，接收红外信号并根据视频场速同步门阀的开闭。

图 2.14　立体眼镜

图 2.15　三维鼠标示意图

(2) 三维鼠标。三维鼠标是一种可以控制物体在三维空间中做 6 自由度移动的鼠标(图 2.15)，内部有传感器在实时追踪其每个运动，同时它包括 9 个可编程的按钮，常在虚拟现实的应用中作为视点控制器帮助漫游等。

3）视景开发软件

视景开发软件应拥有针对实时应用优化的 OpenFlight 数据格式、强大的多边形建模、矢量建模、大面积地形精确生成功能以及多种专业选项和插件，能高效、最优化地生成实时三维（realtime 3D，RT3D）数据库，并与后续的实时仿真软件紧密结合，进行视景仿真、模拟训练、科学可视化等。

在应用时，软件需能提供交互式多边形建模及纹理应用工具，构造高逼真度、高度优化的 RT3D 模型，并提供格式转换功能，同时还可以将常用 CAD 或动画三维模型转换成 OpenFlight 数据格式。视景开发软件要包括以下功能：

（1）多窗口、多视角、所见即所得的人机界面。

（2）多边形模型创建及编辑。

（3）模型变形工具及模型随机分布工具。

（4）数据库层次结构（面、体、组等）创建、属性查询及编辑。

（5）Mesh 节点（紧密多边形结构）创建。

（6）多种数据库组织、优化选项。

（7）多个调色板可以对色彩、纹理、贴图方式、材质、灯光、红外效果、三维声音进行定制和有效管理。

（8）最高 8 层纹理的多层混合贴图。

（9）对纹理属性、显示效果的精确控制。

（10）细节层次创建及渐变效果。

（11）关节自由度设定。

（12）两分面创建工具。

（13）固定顺序、Z 缓冲、两分面三种场景绘制顺序。

（14）Box、Sphere、Cylinder、Convex Hull、Histogram 五种形式的碰撞盒。

（15）四类仪表盘自动创建。

（16）大面积分布光点的定义与自动生成（可以模拟机场、城市、乡村的灯光）。

（17）二维、三维文字创建。

（18）公告板创建。

（19）动画、开关效果创建。

（20）实例创建及外部参考引入。

（21）视场及截取面的设定。

（22）背景图、天空颜色渐变、雾效果。

（23）可直接输入 AutoCAD（.dxf）、3D Studio（.3ds）文件，可针对实时应用进行简化和数据库重组，输出 AuotCAD、VRML 文件。

（24）详细的帮助文件、用户手册、培训资料。

同时，视景软件除包括“Base Creator”所有功能外，所有的模型都需要放置在特定的地形表面，“CreatorPro”提供了一套完整的工具，能够依据一些标准的数据源，快速、精确地生成大面积地形。这些工具包括：

(1) 地形表面生成。

(2) 矢量建模及编辑。

(3) 动态海洋模型。实时动态加纹理的海洋模型;根据海洋状态控制波浪的高度和周期;每种不同的海洋状态可以铺贴独特的纹理。

(4) 正弦波浪模型。海洋表面可以有多达 10 种的正弦波浪组成;通过对深海波浪区分析得到相应的正弦波;可以修改每个波浪的空间分布频率、传输速率和相位。

(5) 次摆线波浪模型。支持多个用户自定义的波浪次序;波浪次序相互作用产生真正的三维表面;船舶和其他漂在海面的物体的运动可以和动态海洋的移动相结合。

(6) 风吹在海面的效果。代表本地场矢量的风可以引起海面的变化;次摆线波浪可随风变得更陡、更远;海面上白色的浪花效果可以通过铺贴文理实现。

(7) 装备尾迹。在动态海洋表面叠加带纹理的网格创建尾迹效果;尾迹随时间和距离变宽,并逐渐消失;随装备速度的加快,尾迹也随之增加。

(8) 其他的海洋效果(图 2.16)。水流变向、船头波浪、旋涡、泡沫、拍岸浪、深度效果和海面上的阳光效果;装备尾迹中旋转的纹理可以创建水流变向或船体变向效果;可以根据装备的速度改变船头波浪的纹理;内置水流过浮标和桩子的旋涡模型;场矢量代表当前的水流方向;可以模拟海洋表面的泡沫;半透明纹理可以生成很多海洋效果;拍岸浪效果可以模拟海浪拍打海岸;可以离线创建海的深度信息,在实时运行时,使用该信息来影响海浪的颜色和行为;海面上的阳光表示海面的反射光,它影响太阳和观察者之间的颜色。

图 2.16　模拟海洋效果图

(9) 悬挂的旗帜。悬挂的旗帜可以提供一种信号机制,它可以附属到静态物体或动态装备上;根据装备运行的方向或本地风矢量确定旗飘扬的方向。

(10) 停泊的浮标。停泊的浮标在动态的海面上下摇摆,包括各种导航浮标的库,以及与 VEGA 导航和信号灯模块结合可以生成船道标志。

(11) 牵引及停泊线,可以模拟以固定长度连接两个物体的吊链,吊链铺加纹理,并可以任意加粗;也可以在吊链的两端加上张力矢量,作为主机动力模型的输入。

(12) 落水人员。漂浮在水里的人员,挥手可以吸引别人的注意。

(13) 漂浮物。模拟随海流漂浮的物体。

2.3　数据库系统

2.3.1　数据库系统组成

综合国际上船舶安全保障技术的发展和我国的现状，船舶安全保障系统在数据库和数据处理方面由以下部分组成：安全保障数据管理系统、船舶信息管理系统（岸基）、船舶信息系统（舰上）、安全保障工程可靠性系统、配置管理、供应品管理、电子文件生成、网络技术平台和视景仿真专家决策平台等。它们之间的数据关系如图 2.17 所示。

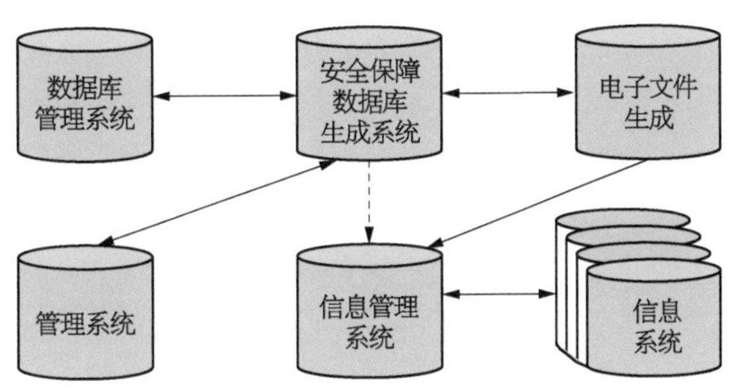

图 2.17　数据库系统组成

1）数据管理系统

数据管理系统用于管理船舶安全保障数据的开发和更改，以及开发初始的安全保障配置基线，建立岸基安全保障技术平台。

2）信息管理系统

信息管理系统用于管理船舶寿命期内安全保障集成系统的各方面信息，主要有船舶电子模型、模拟及虚拟训练功能、船舶及设备维护保养功能和岸基分析决策智能化功能。

3）信息系统

信息系统主要包括关键设备运行及船舶航行状况的显示和记录、故障报警、船舶设备维修保养、备品备件管理，并能够安全地将航行状况、设备运行状况根据需要同步发往岸上基地。

4）安全保障工程可靠性系统

安全保障工程可靠性系统用于船舶可靠性分析，从而建立以可靠性分析为基础的专家智能维修保养计划。

5）供应品管理

供应品管理用于在船舶配置基线基础上进行的备品采购和供应，包括采购和存货管理两部分。

6）配置管理

有效的配置管理对于整个安全保障系统的成功与否极为重要，一旦向船舶提供了安全保障系统的数据后，船舶信息系统将按照船舶的安全保障配置基线进行管理。

7）电子文件生成

生成的文件包括根据提供的相关配置、软件程序和过程所生成的硬拷贝和电子文件。

8）网络平台

网络平台的开发还应解决大量网络和网络通信方面的问题。

9）视景仿真专家决策平台

依靠大屏幕视景动态仿真场景和鉴于专家方案的智能化决策技术，能高逼真、快速诊断，这也是在船舶安全保障方面所追求的技术。

船舶安全保障系统的开发是一个庞大的系统工程，它涉及设计院所、造船厂、设备供应商、信息技术供应商等各个方面，其中不仅有国内单位，还有国外企业。这要经过多年的积累才能造就一个完整的系统。对建立船舶安全保障系统的基础构架的系统技术进行全面研究，完成系统技术的全面集成整合研究，建立船舶安全保障和维护体系，使得我国船舶的安全保障技术达到或接近目前国际先进水平。

2.3.2 数据库系统设计原则

（1）开放性：系统遵循了开放的 Web 数据库设计思想，达到了操作系统工业标准、图形用户接口标准、数据库结构及其访问标准、网络通信标准、语言标准、文档标准的要求。

（2）可靠性：查询复杂多样海洋工程信息的实时性决定了该系统必须具有高度的可靠性。

（3）可扩展性：系统的设计能够支持新船型的发展、系统设备的更新要求，便于增加新的船型、系统设备和应用功能。

（4）安全性：海洋工程的信息是一个对安全性要求特别高的系统，为维护数据和信息的安全和有效，必须建立完善的安全管理体系，防止外部“黑客”的攻击和来自内部的侵害。

（5）先进性：数据库设计必须借鉴目前主流网络体系结构和数据库系统的经验，采用目前成熟的系统设计模式、最新的三层结构技术来保持数据库系统的先进性。

2.3.3 海洋装备与船舶工程性能数据库平台建设

海洋装备与船舶工程性能数据库平台建设应从以下方面开展（图 2.18）：

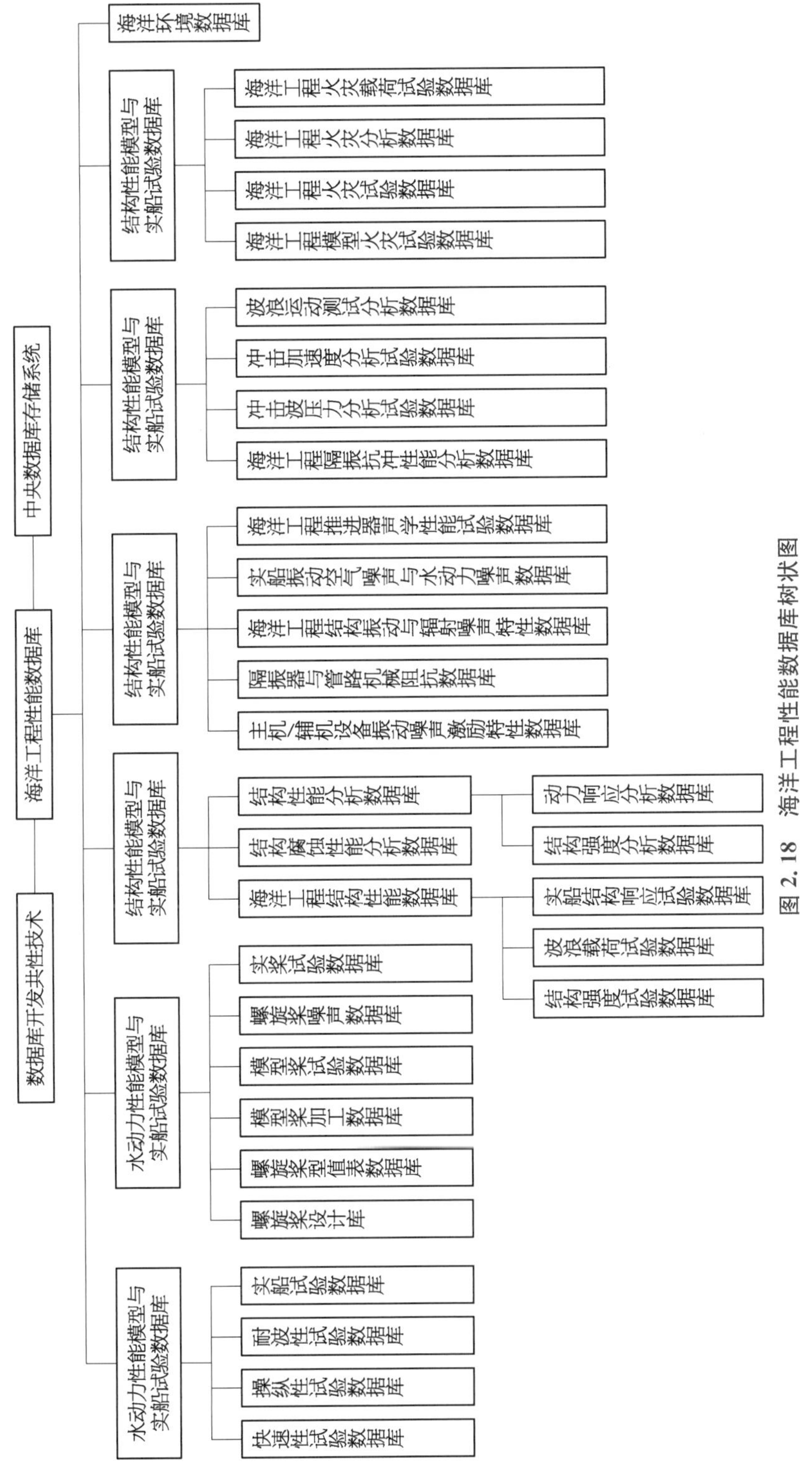

图 2.18　海洋工程性能数据库树状图

(1) 建立中央数据库与快速性预报软件之间的接口。

(2) 建立中央数据库与耐波性预报软件之间的接口。

(3) 建立耐波性试验数据库与耐波性水池数字化试验系统的接口。

(4) 建立中央数据库与操纵性预报软件之间的接口。

(5) 建立结构强度数据库与结构分析预报软件之间的接口。

(6) 建立声学与振动分析、试验数据库与预报软件系统的接口。

(7) 建立结构试验数据库与结构分析预报软件之间的接口。

(8) 建立结构抗火灾数据库与分析预报软件之间的接口。

(9) 建立结构冲击数据库与分析预报软件之间的接口。

(10) 完善中央数据库存储备份系统。

同时,要解决这些异构软件与系统的无缝对接与集成:

(1) CAX 无缝对接研究。各类 CAE 系统集成与数据无缝对接;CAD/CAE 无缝对接策略;CAD/VR、CAE/VR 无缝对接策略;VR 数据反馈策略。

(2) 异构数据库对接技术研究。数据库与数据库之间的数据对接技术、共享代码与异构数据代码。

2.3.4 与设计链接的集成环境

装备制造的产品设计制造过程需要基于物联网,建立以物件为最基本元素、以四个主要数据库(工程数据库、物件管理数据库、控制数据库、决策支持数据库)为核心构成的集成环境。许多关键数据和资料都在设计制造过程中形成,在建立安全保障系统时不需要花费时间去再次生成,只要与设计制造建立链接的集成环境即可。

通过对船舶信息的源泉,即设计过程产生的信息和相关的软件进行集成,以三维造型技术为核心,吸收国内外船舶 CAD 软件的优点,集成开发既能满足船舶方案设计时的快速建模、多方案设计要求,又能满足三维造型、模拟真实环境的详细设计需求,还能直接用于船舶安全保障系统的、拥有自主版权的船舶电子模型系统,主要功能包括:

(1) Top-Down 交互设计船舶电子模型。

(2) 船体曲面建模和三维实体造型技术研究和应用。

(3) 实现虚拟产品可视化,即三维浏览与仿真技术研究和应用。

(4) 船舶直接计算方法研究及系统开发。

(5) 产品全过程设计信息数据库管理及系统集成。

(6) 智能化的快速结构仿真分析。

(7) 网络及并行工程处理技术。

2.4　数据集成关键技术

1）组建动态联盟

要做到船东与设计单位、制造厂、设备供应商之间的有机集成与互动，只实现某一方内部的信息与过程集成只是解决了集成的基础单元，还必须将上述各方的信息和过程集成来形成高效的合作组织方法、职责与利益的分配等一系列技术、管理、法律、法规等。组建动态联盟是在网络环境下的最优解决方案。

2）标准化技术

信息共享、产品数据集成的过程中，必须要给海量数据规定统一的标准。可以说，只有通过标准化的实施，才能够实现信息和数据的集成。因此，标准化是关键技术之一。

标准分为两大类：

一类是政策，指的是实施的相关行政命令文件和总的指导性文件。

另一类是为相关信息技术而制定的规范（通常也称为标准），这类标准大致可分为三种：① 数据访问/传递控制标准；② 数据交换标准；③ 数据格式标准。

3）自然语言文本智能化生成系统

任何项目的测试与分析问题都需要形成报告，这一报告供人们阅读与决策，因此希望是自然语言写成的文件，而不是难以立刻理解的代码报告。在海洋工程领域，要考虑花费大量的精力与时间在设计文本的智能化生成上，如总体试验报告、CFD 数字分析报告、结构设计报告、各类 CAE 数值分析报告、各类结构试验报告、各个专业的送审与技术总结报告、物理水池的试验报告与数字水池的分析报告、物理风洞试验报告与数字风洞的分析报告、各个专业的实船试航报告等，这些都需要花费很大的工作量。因此，安全保障系统技术必须与设计制造的环境集成，以充分利用已有的数据来生成海洋装备与船舶安全保障系统的数据，并存储在相应数据库中。

海洋装备与船舶设计制造的过程需要基于物联网，建立以物件为最基本元素、以四个主要数据库（工程数据库、物件管理数据库、控制数据库、决策支持数据库）为核心构成的集成环境（图 2.19）。在设计制造的过程中，许多关键数据及安全保障系统生成时所需要的数据大部分已经生成，无须重新花费时间和精力去建立。利用计算机工作取得的数据智能化生成自然语言的文本是智能化技术的重要方面，该技术目前应用于船东服务、报告生成、向船级社的送审报告以及总结商业经验教训的报告。

除了上述几种技术外，关键技术还包括虚拟仿真专家系统技术、数据安全保密等。

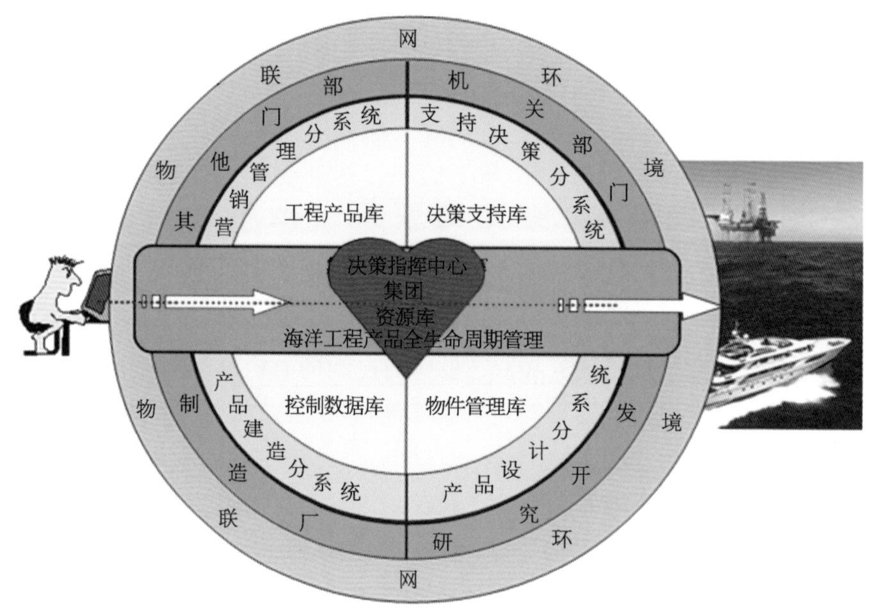

图 2.19　物联网基础与应用

参考文献

[1] 董贵滨. 动态联盟组建方式的探讨与研究[D]. 哈尔滨：哈尔滨工业大学，1999.

[2] 杨志宇，任午令. 网络环境下动态联盟管理系统体系结构的研究[J]. 计算机时代，2006(12)：25-27.

[3] 贾云献. 基于多状态信息的 CBM 建模研究及原型软件开发[A]//面向信息化的维修——中国兵工学会首届维修专业学术年会论文集[C]. 北京：解放军出版社，2003：100-107.

[4] 虞和济. 故障诊断的基本原理[M]. 北京：冶金出版社，1989：1-15.

[5] 莫布雷 J. 以可靠性为中心的维修[M]. 北京：机械工业出版社，1995：3-25.

[6] Moubray J. Reliability — centered maintenance：Second edition[M]. New York：Industrial Press Inc，1997.

[7] Williams J H，Davies A，Drake P R. Condition — based maintenance and machine diagnostics [M]. London：Chapman & Hall，1994.

[8] 涂忆柳，李晓东. 维修工程管理研究与发展综述[J]. 工业工程与管理，2004(4)：7-12.

[9] 叶林，于新杰. 机械设备现代维修技术——状态维修[J]. 机械科学与技术，1999(3)：457-458.

[10] 周杰，宋蛰存. 机械系统状态监控与故障诊断综述[J]. 森林工程，2004(2)：29-30.

[11] 李之，颜宁，陈智勇. 基于 Internet 的远程装备维修技术研究[C]//面向信息化的维修——中国兵工学会首届维修专业学术年会论文集，2003：100-107.

[12] 刘国生，陶明，王小锋，等. 工程船舶安全状态在线监测系统研究与开发[J]. 船舶与海洋工程，2018(3)：71-77.

[13] 杨震. 物联网及其技术发展[J]. 南京邮电大学学报(自然科学版)，2010(4)：9-14.

[14] 史铎. 基于物联网的秦皇岛港智慧港口方案设计[D]. 秦皇岛：燕山大学，2018.

[15] 查选. 物联网数据安全传输相关问题研究[D]. 北京：北京邮电大学，2018.

［16］ 任海英，邱伯华，段懿洋．基于物联网的船舶航行安全监控系统［J］．舰船科学技术，2018(9)：196－198．
［17］ 庞博，潘力．船舶物联网远程安全监控中数据通信机制研究［J］．舰船科学技术，2017(8)：136－138．
［18］ 李红梅．物联网在船舶安全监测系统中的应用研究［J］．舰船科学技术，2016(2)：175－177．
［19］ 刘波．船岸信息一体化的研究与实现［D］．西安：西安电子科技大学，2011．
［20］ 杨鑫，袁科琛，刘芳．智能船舶岸船一体化系统应用［J］．航海工程，2019(4)：45－47．
［21］ 薛明刚，徐承飞，赵卫丽，等．船岸一体化数据同步的实现［J］．中国修船，2011(2)：21－24．
［22］ 胡卓宇，马绪华，吉雨冠．船岸一体化数据传输系统关键技术研究［J］．船舶，2018(12)：72－78．
［23］ 潘春彬，杨哲，郑士君．基于 INMARSAT 的船岸一体化供应平台［J］．中国科技信息，2012(12)：134－153．
［24］ 张春红．基于卫通的现代船岸一体化远洋船舶监控系统［J］．广东造船，2011(2)：54－55＋57．
［25］ 肖金赫，邓义斌．船舶管理系统船岸数据同步机制分析［J］．航海工程，2015(6)：128－131．
［26］ 郑树剑，邱家瑜，覃善兴，等．船岸一体轻量化数据传输技术研究与实现［J］．机电设备，2019(3)：50－53．
［27］ 段懿洋，邱伯华，何晓．船岸一体标准化通信体系如何构建［J］．中国船检，2019(2)：71－73．
［28］ 钱晓江．船舶集成平台管理系统和船岸一体化［J］．上海海事大学学报，2006(3)：53－57．
［29］ 陈超，郑元璋．基于 B/S 结构的船岸一体化管理信息系统［J］．中国航海，2013(12)：56－58．
［30］ Chen Dandan，Yao Zhigang．Analysis on ship equipment consumption data based on data mining［J］．Advanced Materials Research，2013(846－847)：1141－1144．
［31］ Li Huifeng，Zhu Weikang，Xue Guo Hu，et al．Self-matching space tracking ship data structure design［J］．Applied Mechanics and Materials，2013(433－435)：790－1794．
［32］ 杨朝龙．基于 CAN 总线的船舶结构安全监测系统设计［D］．无锡：江南大学，2006．

海洋装备与船舶安全保障系统技术

第 3 章　海洋环境实时预报技术

海洋环境实时预报是指根据海洋环境特征值的历史资料和实时观测结果，运用专门设计的物理模型和数学模型，对一定海域未来时间内的海洋要素、海洋现象、海洋变异及其可能造成的影响，以文字、图表、声像等形式进行描述和发布。海洋环境实时预报包括风暴潮、海浪、海啸、海冰、海流、海温、盐度、潮汐、海平面变化、厄尔尼诺、水质、海岸侵蚀等。

目前，人类社会对海洋分析预报的需求包括海洋业务化预报、台风预报、季节和气候预测、全球变化研究、海上航运、渔业、目标漂浮物的跟踪预报、海上搜救、溢油预报、海上执法和管理、海上石油和天然气作业、海洋旅游等。军事方面，海军对海洋分析预报的需求包括水面舰艇的航行安全、作战训练、武器装备性能的发挥、维护国家海上权益、海外救援等。海洋环境实时预报可以对国防安全、海洋经济发展、海洋防灾减灾、海上重大活动、海洋权益维护等起到很好的促进和强有力的支撑，很多海洋环境实时预报产品对军事活动和国防安全等也有重要的作用。

海洋环境实时预报是一切海上活动的基础。随着海洋数值模拟技术、全球海洋观测系统和海洋数据同化方案技术的发展，以及社会和军事活动对海洋环境信息的迫切需求，海洋分析预报技术不断发展。海洋环境实时预报的实现和精度对于海上航行和作业的海洋工程及船舶非常重要，本章主要介绍实现海洋环境实时预报的基础设备以及该项技术的发展和应用。

3.1 海洋环境实时预报技术发展现状

3.1.1 国外发展现状

世界上先进的海洋国家都十分重视海洋智能监测技术的研究和智能监测系统的应用。海洋监测已进入从空间、沿岸、水面及水下对海洋环境进行立体监测的时代。点面结合、粗细结合、上下结合，综合应用不同地域、不同手段、不同层次获取的数据，解决不同层次的海洋环境问题。海洋生态智能感知、监测与预警包括海洋环境数据的采集、处理、产品制作和产品分发整个过程。

近年来，温盐深仪(conductivity temperature depth, CTD)、投弃式温度剖面测量系统(expendable bathythermograph，XBT)、卫星高度计资料、Argo 温盐剖面数据、高精度融合海表面温度(seasurface temperature，SST)产品、海冰等海洋观测数据和松弛逼近、最优插值、三维变分和 Kalman 滤波等海洋数据同化技术的发展，促进了海洋环境实时预报的快速发展。随着遥感卫星和互联网的广泛使用，解决了海洋观测数据稀少、时空分布不均匀的难题，形成了全球准实时海洋观测系统，提高了海洋环境实时预报的准确度。随着人类开发利用海洋的脚步加快，海洋生态环境预报越来越受到重视，海洋环境多学科要素预报和海洋环境耦合模式开始繁荣发展。海洋模式和海洋环境实时预报系统不断完善，至今已经有40多个海洋模式，无结构三角形网格可以在海峡、海湾和河口等面积狭小的重点海域进行网格加密，提高模式水平分辨率。在人类社会活动需求的驱动下，根据所关注的预报海域和预报要素，世界各国使用各种海洋模式通过区域嵌套技术等建立了全球海洋环境实时预报系统、区域嵌套高分辨率海洋环境实时预报系统，以及针对海湾、河口和内陆湖泊等的多重嵌套高分辨率海洋环境实时预报系统。

目前，海洋观测技术主要包括遥感技术、沿岸和水面现场自动监测技术、水下声遥测和无人无缆潜水器调查技术。各种手段互相补充，互相促进，但不能替代，每种监测手段都有自己的特点、优势和局限性。为灾害预警和海洋监测服务的海洋自动监测系统通常以沿岸台站、海上平台或浮标、海底及调查监测船等为观测平台。它主要由传感器单元、数据采集控制和存储单元、数据处理和数据通信单元以及相应的监测平台和辅助设备组成。

目前，海洋自动监测系统的发展特点是：① 采用高技术，提高实时监测和自动监测能力；② 综合监测，测量参数包括水文、气象、化学、生物等多至30个参数，如德国的Mermaid系统；③ 模块化结构，便于集成和拼装成不同用途的自动监测系统；④ 实时传输，利用无线或有线通信手段向监测网络中心和用户实时传输观测数据；⑤ 组网监测，联点成网，数据资源共享，互为补充；⑥ 增强服务功能，监测和服务一体化，如挪威的系统把数据采集、处理、分析、预报、产品分发和服务等多种功能集于一体，是一个完整的实用系统。

1）自动监测站

早在20世纪80年代初，美国就发展了海岸海洋自动观测网(CMAN)，该网有48个站，包括9个近海平台、17个灯塔、13个岸站、8个大型导航浮标、1个锚系浮标，使用全自动数据采集遥控遥测系统DACT，测量参数包括风速、风向、气温、气压、表层水温、波浪、潮汐、露点温度、降雨量和能见度。同期，美国还发展了水质监测系统SWQMS，能监测7个气象参数、5个水文参数、16个污染参数，观测数据经处理后直接发回岸站。

GOOS计划：基于世界天气观测网(WWW)、全球联合海洋服务系统(IGOSS)、全球海平面观测系统(GLOSS)、全球电信系统(GTS)、国际海洋学情报和数据交流中心(IODE)以及世界资料浮标协调组(DBCP)，建立一个全球海洋数据采集、传输、处理、数值模拟和数据产品服务的综合业务系统。该系统为海洋预报和研究、海洋资源的合理开发和保护、控制海洋污染、制定海洋和海岸带综合开发和整治规划等提供长期和系统的资料。

20世纪80年代末，欧洲的挪威和德国在欧共体尤里卡海洋计划(EUROMAR)的支持下，分别发展了Seawatch系统和Mermaid系统，并都已进入市场。Seawatch系统由超小型的海上TOBIS浮标和陆上数据处理中心组成，可测量风速、风向、气温、气压、波浪、海流、水温、盐度、溶解氧、营养盐、放射性、透射率等参数，共有6个软件包，可以综合应用历史和现实的数据进行数据质量检验、海洋环境数值预报和信息分发。这是一个适用于地区性海洋环境预报服务的实用系统。当发生溢油灾害时，它可以预报漂油的去向和结果。该系统已获准进入 GOOS 框架。德国研制的 Mermaid 系统也是一个模块结构的全自动海洋监测系统。其测量参数多达 27 个，除通常的水文气象参数外，还有生物、化学和物理参数，如溶解氧、叶绿素、颗粒浓度和粒径、营养盐、延时荧光、重金属、微量有机污染物、光有源辐射、辐照度、多光谱光衰减、放射性和湿气沉降等。系统采用无线、卫星或蜂窝电话系统通信，并配有大容量存储器，及时存储数据，以防通信系统故障而丢失数据。因该系统是模块式结构，所以可以通过拼装来集成为适用岸站、平台、浮标、船舶等不同观测平台和不同观测目的的观测系统。Mermaid 系统已在德国的 7 个岸站、3 个灯标船、1 个浮标上应用，部分实时观测数据进入全球电信系统(GTS)，多数站已纳入 GOOS 框架，作为 GOOS 的数据源。

观测数据已在以下方面获得应用：① 水位和风暴潮预报服务；② 海冰监测服务；③ 遥感数据校正；④ 温度、盐度、海流、溶解氧和放射性的实时监测；⑤ 海洋气候变化时序数据的积累；⑥ 海洋渔业环境服务；⑦ 航海保障；⑧ 污染物迁移过程评估；⑨ 水位、波浪、污染物迁移数值模式的结果检验。由于海洋生物污染和溶解氧等传感器本身的不稳定性，水下仪器或传感器在工作一个月后必须进行清洗或重新标定。

上述系统的开发首要目标是提高欧洲国家可持续发展的环境保障能力，其次是提高海洋高技术产品的市场竞争能力。传感器技术，高可靠、多功能、全自动的数据采集控制单元，功能很强的软件包，系统可靠性设计技术，系统抗干扰技术以及水下仪器的防护技术等是构成自动监测系统的关键技术。

2) 海床基自动监测系统

海床基自动监测系统主要用于海洋工程环境的前期调查、工程作业和环境保障，它是潜标技术的应用和发展。

美国伍兹霍尔仪器系统公司推出的 SeaPac 2100 型波潮流仪，可以测量波高、波向、波谱、潮汐、海流及温度，其中波向和波谱测量是利用 WavePro 软件处理波浪和海洋数据后获得的间接测量结果。仪器与声学释放器连接，固定在水下，最佳布放水深约 20 m，测量数据通过声数传输到水面，然后由无线通信系统发回岸站。

美国的 InterOcean 公司推出的水下综合测量系统，可以同时测量海流、波浪、潮汐、水质和 CTD。该系统所有的传感器都组装在 S4 人工磁场电磁海流计内，大大简化了水下仪器结构，最大使用深度为 6 000 m。水质测量参数有溶解氧、酸度和混浊度等，波浪测量参数有波高、波向、周期和波谱，其中波向和波谱是通过软件处理得到的非直接测量结果。系统可根据需要进行组合，增减测量参数。

3) 船基自动监测系统

用船作观测平台组成可移动的海洋自动监测系统，这是海洋监测技术的重要发展方向。船基自动监测系统有两种主要设备：一是声学多普勒海流剖面测量系统(ADCP)；二是温盐深剖面测量系统(CTD)。船基海洋调查监测技术的发展特点是：① 向多功能发展，提高船时利用率，配备多种调查监测仪器，在一个航次中可以执行多项调查监测任务；② 努力提高现场调查监测的自动化程度，如用 ADCP 测海流剖面，用带电控多瓶采水器

CTD进行剖面测量，用拖曳式综合测量系统同时监测水文和水质参数；③ 提高实时数据处理能力，保证监测数据的有效性，一般的调查监测船都配有船用微机局域网络，资源共享，共用终端，实时分析。

4）海洋数据同化系统

美国海洋局曾经预测，未来海洋环境实时预报取决于计算处理能力和有效利用新型高速计算机的能力。通过更新强大的计算机系统，研究人员能够用不同的水平和垂直分辨率来测试和评价大范围海洋模块的运行情况。美国海军海洋研究部门开发了模块化海洋数据同化系统（MODAS），通过提高计算机处理能力和网络通信能力来不断缩短嵌套式气象海洋全球/区域/战术/实时运算系统（GOODA），极大减少了海洋环境实时预报的数据处理时间，为海洋环境实时预报应用于军事提供了可能。

随着全球海洋数据同化试验（ODAS）的建立，美国相关海洋部门设计了关于全球海洋观测系统的实验性计划（Argo），建立了一个全球的海洋监测体系，以便有能力提供从每个季度到多年的变化特征观察资料。这个全球观察系统通过从海面到水下漂浮物的配置，能够以 10 d 为周期不断地返回从水下 2 000 m 深处到海平面的温度和盐度剖面数据。这些漂浮物在全球海洋的预期分布是经度和纬度上都每 3°放置一个，获取的信息通常在少于 12 h 内返给数字化海洋气象中心。

美国海洋环境实时预报模式发展主要体现在促进大范围和小尺度海洋模式的发展，提高全球海洋应用性预报的实时性和分辨率等方面。美国主要海洋环境实时预报模式见表 3.1。美国主要使用其共同开发的 NEMO 模式建立的海洋环境实时预报系统的 HYCOM、ROMS 和 POM 等海洋环流模式；使用 HYCOM 模式建立的海洋环境实时预报系统的 HYCOM/NCODA 系统和 RTOFS 系统；涡旋识别全球海洋环境实时预报系统的 NLOM、HYCOM/NCODA、RTOFS。大气强迫场的预报时效影响海洋模式的预报时效。海洋环境实时预报系统的预报时效一般为 1 周。美国海军的 NLOM 模式可以提供海流、海洋中尺度涡等海洋中小尺度现象 1 个月的预报。

表 3.1　美国常用海洋环境实时预报模式

数据同化	海洋分析
	海洋系统
OCEAN MVOI	海洋三维多元数据最优插值系统
MODAS	模块化海洋三维数据同化系统
模式	海洋环流模块
TOPS	上层海洋混合层预测（全球和固定区域）
NLOM	大洋中尺度预报（全球）
NCOM	上层海洋和近岸海洋环境实时预报（全球初始场）
SWAFS	近岸海洋环境实时预报（固定区域）
RELOPOM	快速海洋环境实时预报（区域性）

（续表）

数据同化	海洋分析
ADCIRC	关于浅滩、近岸和河口处的高级水动力环流模块
	波浪、破碎和潮汐模块
WAM	海洋波动模块(全球和区域)
WW3	海洋监测模块(全球)
STWAVE	近岸波浪谱模块(区域)
NSSM	海洋碎波标准模块
PC TIDES	潮汐模块
	海冰模块
PIPS	极地海冰预报系统
	气象模块
NOGAPS	气象预报系统(全球)
COAMPS	高分辨率气象预报系统(区域性)
GFDN	热带风暴模块

5）高频地波雷达海面环境探测技术

高频雷达用于目标探测是基于目标物对雷达波的反射、散射和多普勒频移原理。无线电波的高频段与微波相比，波长较长，且海水具有高导电性，垂直极化的无线电波可以沿弯曲海面绕射到地平线以下很远的距离上。远程探测利用天波，探测距离在800～3 000 km范围，主要用于军事。

20世纪70年代起，国外相继发展高频地波雷达探测海面环境参数的技术，雷达波直接由地面向目标方向传播，通过测量雷达波在波浪、海流和风作用下产生的一阶散射和二阶散射特征来测量波浪、海流和风等海面动力环境参数。高频雷达探测目标物的距离和精度与雷达天线及发射功率有关。

美国、日本、德国、加拿大重点发展沿海海洋动力学应用雷达(CODAR)，其采用小型宽波束交叉环形天线，现已商业化，主要应用于海湾、港口、石油平台，为采油和钻井平台作业、潜水作业、近海江程、港口管制、肇事船跟踪等提供海面动力环境参数，测流和风的作用距离约80 km，测浪的作用距离约50 km。英国研制的测海洋表面流雷达(OSCR)性能与此类似。

英国、法国、澳大利亚重点发展中程地波雷达，其采用窄波束阵式长天线，天线孔径为480 m/960 m，测流的最大作用距离为200 km/400 km，测波浪的最大作用距离为180 km/375 km。

6）传感器和海洋仪器

传感器是海洋自动监测系统的核心部件，也是制约我国海洋监测技术水平的主要因素之一。传感器技术水平反映了一个国家的工业水平。在海洋监测中还有许多目前不能用传感器测量的环境参数，如营养盐、痕量金属、痕量有机污染物等，还只能用取样分析的方法，而这种取样分析已实现了自动化。传感器和自动分析取样技术是海洋监测高技术发展的重点之一。

7）平台监测系统

1987年，BMT公司为Joliet TLWP平台开发监测系统，随着监测技术的成熟和发展，国外已经在众多平台实施了全方位的JIP监测项目，积累了大量第一手资料。该系统由现场监测系统和陆地数据中心两大部分组成。

(1) 现场监测系统包括海洋环境（风、浪、流）、浮体（运动、结构、振动、吃水、压载）、系泊链受力、立管系统（张力、运动）等。

(2) 陆地数据中心包括数据备份和分析处理。

墨西哥湾平台大量安装的完整性海洋测量系统（integral marine measurement system，IMMS），用于浮式平台的完整性管理。

以FPSO JIP为例，国外海洋工程设施现场监测包括石油公司、专业公司、政府组织和船级社等，呈现出专业化、协作化、网络化等特点。

项目主要监测内容有：平台运动模态阻尼影响；环流作用下平台运动特性；立管螺旋侧板和张力腱整流罩涡激振动（VIV）抑制作用；飓风条件下平台的整体性能评估；平台疲劳寿命评估。

8）海洋观测卫星

截至2020年第一季度，全球共发射在轨卫星2 666颗，其中在海洋观测领域，全球共有海洋卫星或具备海洋探测功能的对地观测卫星50余颗。美国、欧洲、日本和印度等国家和地区均已建立了比较成熟和完善的海洋卫星系统。

美国是世界上首个发展海洋卫星技术的国家。近40年来，美国发展了海洋环境卫星、海洋动力环境卫星和海洋水色卫星等不同类型的专用海洋卫星，实现了从空间获取海洋水色和海洋动力环境信息的能力。

美国于1997年发射了专用的海洋水色卫星——“海洋星”（Seastar），后重命名为“轨道观测-2”（OrbView-2），卫星上唯一有效载荷为海洋观测宽视场遥感器，其空间分辨率为1.13 km；随后，在1999年和2002年发射“土”（Terra）卫星和“水”（Aqua）卫星，这两颗卫星均携带了中分辨率成像光谱仪（MODIS），其分辨率为250 m、500 m、1 km。在海洋动力环境卫星领域，美国2002年发射的“水”（Aqua）卫星携带先进微波扫描辐射计（AMSR-E），其空间分辨率为5.4～56 km。

欧洲也致力于发展综合观测型海洋卫星，欧洲航天局分别于1991年和1995年发射了“欧洲遥感卫星-1”（ERS-1）和“欧洲遥感卫星-2”（ERS-2），2001年发射了“环境卫星-1”（EnviSat-1）。ERS-1的有效载荷主要包括有源微波仪器、雷达高度计、沿轨扫描辐射计与微波探测器等。ERS-2比前者增加了全球臭氧监测实验仪器，并对沿轨扫描辐射计与微波探测器进行了改进，其有源微波仪器的测风精度为2 m/s。EnviSat-1主要搭载了先进的合成孔径雷达、雷达高度计、微波辐射计、先进沿轨扫描辐射计、中分辨率成像光谱仪等，中分辨率成像光谱仪的分辨率为300 m。未来，欧洲将发射“哨兵-3”

(Sentinel - 3)卫星，该卫星是欧洲“哥白尼计划”的重要组成部分，它运行在太阳同步轨道，负责海洋、陆地和冰层的近实时监测。“哨兵- 3”卫星包括“哨兵- 3A”和“哨兵- 3B”两颗完全相同的卫星，这两颗卫星将提供 2 d 的重访时间，3 h 内可以提供海洋和陆地信息，该卫星的双频合成孔径雷达高度计测高精度为 3 cm。

俄罗斯最新一代“流星”(Meteor)极轨气象卫星的第三颗为专用的海洋卫星——“流星- M3”，它具备采用主动相控阵天线的多模式雷达，分辨率为 1～500 m，还带有 Ku 波段微波散射计，分辨率为 25 km，其 4 通道可见光波段沿岸扫描仪分辨率为 80 m，8 通道可见光波段水色扫描仪分辨率为 1 km。

此外，日本、印度及韩国也大力发展海洋观测卫星。2012 年，日本发射了“全球变化观测任务- W1”卫星(GCOM - W1，又称“水珠”卫星)，该卫星的主要载荷为先进微波扫描辐射计，其空间分辨率为 15 km。韩国于 2010 年发射了第一颗地球静止轨道卫星，即“通信、海洋与气象卫星- 1”(COMS - 1)，可以最快约 8 min 的间隔传输气象和海洋观测信息。该卫星搭载了法国、韩国合作研制的地球静止海洋水色成像仪，其空间分辨率为 500 m。未来韩国还将发射“通信、海洋与气象卫星- 2”，并搭载空间分辨率为 250 m 的地球静止海洋水色成像仪改进型。

9) 海洋观测平台

在海洋观测平台方面，美国拥有的海洋观测平台型号多、技术先进。继 1989—1994 年短期内装备了 6 艘现代化测量平台之后，美国又迅速在两年时间内建造了 6 艘更先进的 5 000 吨级中远海测量船。每艘船上都装备有浅海回声测深仪、深海回声测深仪、海底浅层剖面仪、浅海多波束系统、深海多波束系统、多普勒声学测流仪、侧扫声呐、全球定位系统、遥控潜水器、重力仪、磁力仪等 20 多种海洋测量设备和多个测量工作站，可以详尽准确地探测海底地形、海底地貌、海底浅层剖面、海底表层地质等多种要素，部分观测平台另配置有海洋生物和海洋特性等专项调查设备。日本海上自卫队和海上保安厅管辖有 20 多艘各类观测平台，配备有海底地形测绘系统、磁力探测仪等先进设备。俄罗斯拥有较多的海洋观测平台，常年保持全球海域活动，主要用于海洋测量、救生、地质、气象、水文等方面，搭载的观测设备较多，但指标和功能与美国、日本尚有一定差距。

3.1.2　国内发展现状

我国目前尚未形成完整的海洋气象观测体系，开发作业区域的水文气象数据匮乏，国内在 2009 年启动“南海深水区海洋动力环境立体监测技术研发”重大项目，2011 年起创建中海油水文气象监测体系。

“海洋石油 111”“海洋石油 115”“海洋石油 118”已进行现场监测，“海洋石油 112”、“海洋石油 113”、“友谊”号等也都安装了现场监测系统，对海洋环境、浮式平台、台风期间进行不间断监测等(表 3.2)。

表 3.2 监测系统一览表

类 型	设 施	监测内容	现 状
SEMI-FPS	"流花挑战"号	环境：风、浪、流 浮体：运动和漂移 系泊：角度和张力	"十二五"国家重大科技专项支持
FPSO(南海)	"海洋石油 111""海洋石油 115""海洋石油 118"	环境：风、浪、流 浮体：位置和运动 系泊：角度和张力 甲板上浪	"海洋石油 111"和"海洋石油 118"完成现场安装调试，主要功能已投入使用
FPSO(渤海)	"海洋石油 112"、"海洋石油 113"、"友谊"号、"长青"号	环境：风、浪、流 浮体：位置和运动 系泊：受力和振动	"海洋石油 112"、"友谊"号和"长青"号运行状态良好

图 3.1 是"南海挑战"号平台现场监测系统，包含海洋环境监测、浮式平台监测、系泊系统监测、平台气隙监测，是国家支持的"十二五"重大科技专项。

图 3.1 "南海挑战"号平台监测系统

同时，我国的北斗星通导航技术服务有限公司凭借其雄厚的技术实力正在研发北斗船联网系统。该系统将北斗卫星定位技术和北斗卫星短报文通信技术固化，平时作为船舶监控、海陆通信的"日用品"，提供电子导航、渔汛播报、军事演习通知、台风预警等多项服务；还可根据客户需求进行安装与设置，在船只处于意外失控状态时，自动隐蔽地向监控方源源不断地发射信号，提供精准的位置信息。

在海洋监视监测领域，我国已成功发射两大系列共4颗海洋观测卫星。其中，2002年和2007年各发射了一颗海洋水色卫星，分别为"海洋一号A"（HY-1A）和"海洋一号B"（HY-1B），这两颗卫星均搭载了两种载荷，分别为海洋水色扫描仪和海岸带成像仪，两种载荷的星下点像元地面分辨率分别小于1 110 m和250 m；2011年，我国发射了第一颗海洋动力环境卫星"海洋二号"（HY-2），该卫星搭载了雷达高度计、微波散射计、扫描微波辐射计、校正微波辐射计、DORIS、双频GPS和激光测距仪，其测高精度小于4 cm，有效波高测量范围为0.5～20 m，风速测量精度为2 m/s，风速测量范围为2～24 m/s。2016年8月10日，主要用于海洋监视监测的"高分三号"卫星成功发射，"高分三号"搭载了合成孔径雷达，其成像分辨率达到1 m。至此，包括海洋水色、海洋动力环境与海洋监视监测三系列卫星的我国海洋观测卫星体系已初步形成。

然而，目前国内现有的海洋观测卫星只能提供单一的海洋观测服务，并不能提供海上通信服务，现阶段的海上通信主要依赖于国外专用的海事通信卫星，如国际移动卫星公司（Inmarsat）、铱星公司（Iridium）、国际通信卫星公司（Intelsat）、欧洲通信卫星公司（Eutelsat）、欧洲卫星公司（SES）和日本卫星公司（JSAT）等。以上公司建设的海事通信卫星均为高轨道卫星，采用低轨道微小卫星提供海上通信服务的方案目前并不多见。

现阶段国内外主要的海洋观测卫星都是大卫星，但是大卫星受制于体积、重量等因素，其存在发射成本高、研制周期长等问题。而基于小卫星星座的对海观测系统，在保持较高空间分辨率的基础上，可以实现一天甚至数小时内的重访周期，如德国的"快眼"星座利用5颗小卫星组成的星座，在空间分辨率和时间分辨率上，较传统的"陆地卫星"系列大型卫星有较大的提升，在系统成本和鲁棒性方面也具有明显的优势。考虑到"高分"系列卫星的成本及对试验和测试的高要求，以微小卫星星座实现中等分辨率或高分辨率对地观测是较为合适的发展方向。

目前，我国已初步形成涵盖岸基海洋观测、离岸海洋观测以及大洋和极地观测的海洋观测网基本框架，但与发达国家相比尚存在较大差距，主要表现如下：

(1) 起步晚，能力弱。我国的海洋观测能力建设与国际发达国家相比，观测内容少、精度低。目前，观测仅以岸基站常规监测为主，主要依靠国家海洋局的若干观测站、固定浮标和少量Argo浮标，以及近年来建立的海底观测网，缺少海上长期海洋综合观测平台，无法满足海洋科学研究长期、连续、实时、多学科同步的综合性观测要求。

(2) 时空覆盖范围与监测尺度远远不够。目前，我国有一系列关系国计民生和国防安全的海洋问题亟待研究与解决，但是由于缺少水下观测节点，加之国外遥感卫星资料来源十分有限，缺少水下自主浮动节点，只能观测点、面或某一层次的海洋环境要素，立体探测能力几乎是空白，缺乏重要海域的长期断面观测数据；和水下资源开发密切相关的深远海立体监测、探测技术目前尚处于空白阶段，无法满足我国海洋资源开发的需求。

我国海洋环境实时预报业务经过近几年的发展取得了长足进步，已经初步建立了国家级、海洋区域中心级、省级三级海洋环境实时预报预警服务业务体系。海洋环境实时预报的技术支撑体系——海洋气象数值预报模式也得到发展和应用。除大气数值预报模式外，相继有海雾、海浪、风暴潮、海洋污染物扩散等海洋数值模式得到广泛应用，为海洋服务保障提供技术支持和客观产品。下面以三个数值模式为例对海洋环境实时预报技术发展进行说明。

1）海雾模式

海雾模式基本是对 WRF 模式加以优化，在海雾生消变化规律的基础研究上，综合考虑大气边界层、云辐射等方案，结合地表能量收支、海盐粒子、液态水重力沉降等物理因素，对海雾数值进行模拟和预报的研究。运行海雾模式的有国家气象中心和河北、山东、上海、浙江、福建五个省市的气象中心共 6 家单位，模式分辨率从 15 km 到 30 km 不同，预报时效从 24 h 到 168 h 不等，气象背景场有 T639、GFS、T213 模式输出等几种背景场资料，开发单位有中国气象局台风海洋预报中心和数值预报中心、中国海洋大学、中国气象局上海台风研究所、上海海洋中心气象台、浙江省气象局、福建省气象局 6 家单位，其中中国海洋大学开发的同一版本海雾 RAM 模式运行在河北、山东两省的气象中心。

2）海浪模式

开发海浪模式的单位有国家气象中心和辽宁、天津、山东、上海、江苏、福建、广东七个省市的气象中心共 8 家单位，且 8 家单位全部采用 WaveWatch Ⅲ 海浪模式，该模式是目前应用较为广泛的第三代海浪模式，代表了当今海浪预报技术的世界水平。从海浪模式范围来看，全球海浪模式有 3 套，其中国家气象中心运行分别基于 T213、T639 两套全球海浪模式，上海海洋中心气象台运行一套中国气象局上海台风研究所开发的全球海浪模式；西北太平洋有 4 套不同气象背景场和分辨率的海浪模式，分别运行在国家气象中心和天津、上海、江苏三个省市的气象中心。对于近海，各家海浪模式预报区域重叠较多，如国家气象中心和辽宁、天津、山东三个省市的气象中心均运行黄渤海海浪模式，国家气象中心和福建、广东两个省市的气象中心共 3 家单位运行东海和南海海域海浪模式，模式分辨率不等。

3）风暴潮模式

风暴潮模式主要包含台风风暴潮模式和温带风暴潮模式，采用三角网格，在沿岸风暴潮敏感区域的分辨率可达几百米，模式采用干湿网格判别方法，可以模拟风暴潮漫滩过程。国家气象中心和辽宁、河北、天津、山东、上海、广东六个省市的气象中心共 7 家单位运行风暴潮模式，但是采用的基础模式也有 7 种之多，各个模式之间没有开展性能比较。参加风暴潮模式研发的有中国气象局数值预报中心、国家海洋环境预报中心、中国海洋大学、中国气象局上海台风研究所、中国气象局广东热带海洋气象研究所、天津气象科学研究所 6 家科研院所。仅黄渤海风暴潮模式有国家气象中心和辽宁、河北、天津、山东、上海五个省市的气象中心共 6 家单位运行，且模式的核心版本、分辨率、气象背景场不同。

总体来看，我国的海洋数值模式技术辐射能力没有建立，国家级和海洋区域中心均没有下发海洋数值预报产品。模式研发主要以科研院所为主，同一个科研单位参与开发多种海洋气象数值预报产品。海浪模式基础模式一致，但气象背景场多，重复开发。风暴潮核心模式版本多，但是各种版本的模式没有比较。从海洋气象专业模式现状分析上可以看出，海洋数值模式对海洋预报业务的支撑能力有了初步体现，形成了一定的技术支撑作用；但是海洋数值预报建设水平参差不齐、研究力量分散且低水平重复；海洋数值预报集约化程度不高、技术辐射能力低，还没有形成高效共享的海洋预报科技支撑体系。

3.2　海洋环境实时预报系统架构和设计方法

3.2.1　架构设计

1）系统总体架构

图 3.2 展示了海洋环境实时预报系统总体架构。导航信息、电子海图、航线信息及海洋水文气象信息经过系统中对应功能模块的处理后，将处理结果显示到用户界面或保存到数据库。

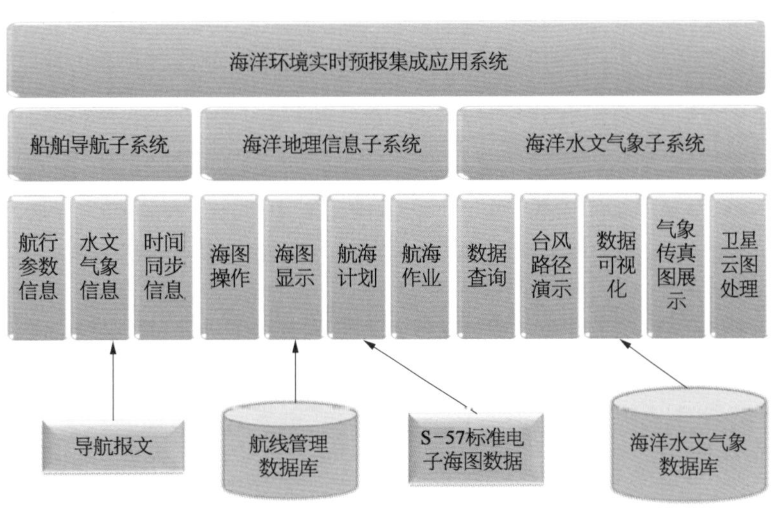

图 3.2　系统总体架构

2）系统层次结构

系统层次结构目前采用比较常见的三层体系，分别为数据层、业务逻辑层和表现层，具体划分如图 3.3 所示。

（1）数据层。数据层包括气象传真图数据、电子海图数据、港口气候数据、水文气象

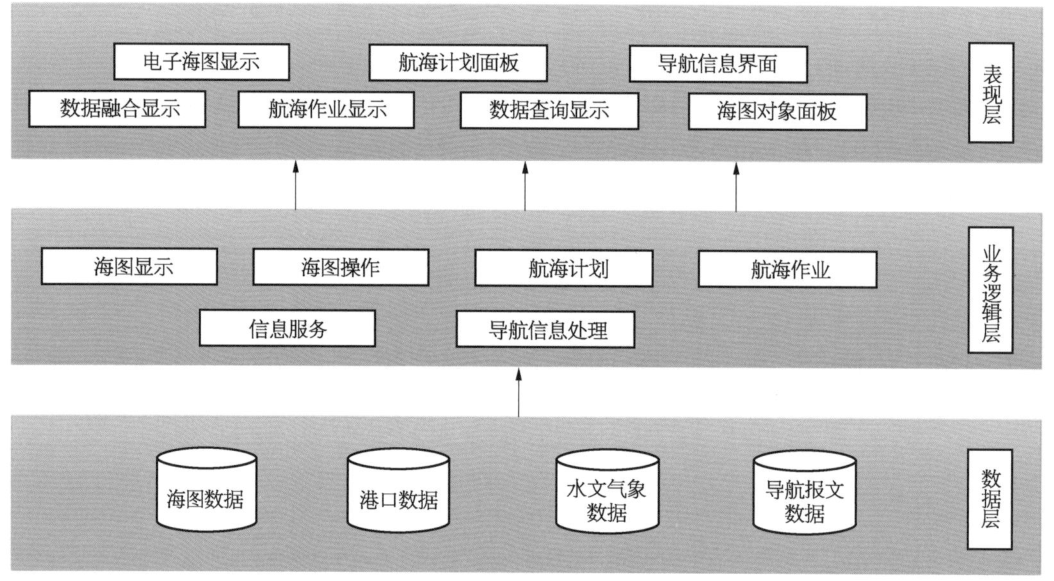

图 3.3 系统层次结构设计

数据、导航报文数据。数据层负责数据的存储管理，并提供对所管理数据的访问接口。

海图数据：包括符合国际标准的 S－57 矢量电子海图数据，以文件形式存储，海图数据覆盖全球范围，并有多个不同精度。

港口数据：存放若干个著名港口的气候数据，如港口的潮高；同时包括港口的一些基本属性，包括港口位置、港口描述等。港口数据通过数据库进行管理。

水文气象数据：包含多个海区的基础水文气象信息，如海表层水温、表层盐度、风场数据等。由于水文气象数据存储在数据文件的特殊性，本系统采用文件系统与数据库管理系统相结合的方式进行数据管理。

导航报文数据：为模拟船舶航行过程中接收到的导航报文信息，系统通过一个模拟的 UDP 报文发送系统进行实时导航报文发送。

(2) 业务逻辑层。业务逻辑层包括海图显示、海图操作、航海计划、航海作业、信息服务、导航信息处理等。

海图显示：实现视图中电子海图在与用户交互过程的实时显示逻辑，同时提供对海图的管理与操作，对电子海图显示相关业务进行了封装。

海图操作：实现电子海图响应用户不同操作的逻辑处理，对电子海图基础操作进行封装，提供基本海图操作业务的实现，如漫游、缩放等。

航海计划：主要实现对航线全方位的管理，包括航线的创建、编辑、保存、查询、检测等，对基础的航线操作模块进行封装。

航海作业：主要实现在航行过程中海上作业的简单辅助功能，包括对多点连线之间距离的量算和多点连线形成的凸多边形面积的量算。

信息服务：主要实现海洋水文气象信息的处理以及与电子海图的融合显示，包括可视化、数据查询、卫星云图的显示等。

导航信息处理：实现接收报文模拟器发送的船舶导航报文信息，根据发送约定对报文进行解析处理，对基本的解析模块进行封装。

(3) 表现层。表现层包括电子海图显示、航海计划面板、实时导航信息显示、数据查询界面、海图对象面板、数据融合显示等。表现层负责系统界面显示，包括系统界面的布局、电子海图显示、导航信息显示、信息服务结果的展示等。

3) 系统架构

系统总体采用 MVC(model view controller)架构模式，该架构是软件工程中的一种常用架构模式，把软件系统分为模型、视图和控制器三个基本部分。

(1) 模型。程序员编写程序应有的功能(用于实现算法等)、数据库专家进行数据管理和数据库设计，并实现具体的功能。

(2) 视图。图形用户界面，用于显示执行结果等。

(3) 控制器。负责转发用户界面请求，并对请求进行一定处理。

MVC 架构模式用于描述应用程序的结构，其中还包括结构中每一个部分的交互方式和职责，强制地将应用程序的输入、处理和输出分开，分别对应模型、控制器和视图三个部分。模型中包括算法和数据存储两部分。模型和数据格式没有关联，因此一个模型可同时为若干个视图提供数据，这样就可以多次使用同一个模型的代码，增加了代码的复用性，提高代码质量。视图是用户能够直接与系统进行交互的界面，MVC 可以为系统处理多个不同的视图，实际在视图中并没有发生真正的处理操作。控制器接收用户的输入信息并调用模型和视图去完成用户的需求。

海洋环境实时预报集成应用系统软件中 MVC 的各自对应：

M：系统运行时需要的数据、方法、模型等，供软件的 Tool 模块和 GUI 模块交互使用。

V：GUI 模块，图形用户界面部分，因为系统使用 Qt 界面，所以这部分放 Qt 界面类和 Qt 界面相关的方法和操作。

C：交互控制部分，各种功能 Tool 模块的 lib，用来控制各种功能的实现及界面交互。

3.2.2　功能设计

海洋环境实时预报集成应用系统依据所处理信息的不同，从功能角度出发可以分为三个子系统，即船舶导航子系统、海洋地理信息子系统、海洋水文气象子系统。下面对各子系统功能模块进行详细分析设计。

1) 船舶导航子系统

航行参数为船航行过程中，通过罗经、GPS、风向仪等外部设备实时获得的关于船位、船速、航向、风场、温度、时间等的信息数据。在正常航行过程中，只要外部设备工作正常，无须用户进行手动设置。

导航信息处理显示模块包括航行参数信息、水文气象信息、时间同步报文信息等。

(1) 航行参数的接收显示。接收报文模拟器发送的船位、相对速度、绝对速度、艏向角、纵摇角、航迹向、横摇角、流向、流速、水深、航程等信息，并把信息用单独的页面显示出来。

(2) 水文气象信息的接收显示。接收报文模拟器发送的、实时测量的平均真风速、平均真风向、平均相对风速、平均相对风向、温度、相对湿度、大气压、能见度等信息,并把信息用单独的页面显示出来。

(3) 时间同步报文信息的接收显示。接收报文模拟器发送的年、月、日、时、分、秒等信息,并把信息用单独的页面显示出来。

2) 海洋地理信息子系统

(1) 海图操作。海图操作功能模块主要包括海图载入、海图漫游、海图缩放、开窗放大、海图查询等功能。

海图载入:海图载入的方式分为自动载入和手工载入两种。

海图漫游:将电子海图指定的位置移动到海图视图区中心。

海图缩放:放大效果要求平滑、无失真。

开窗放大:选定当前海图的局部区域,对选定的区域进行矢量放大,使其能够最大限度填充当前海图视图区。

海图查询:包括属性信息查询和对海图上任意一点进行查询操作。

(2) 海图显示。海图显示功能模块主要包括分层显示、颜色显示、海图基础信息显示、经纬度显示、SCAMIN 模式显示等功能。

(3) 航海计划。航海计划模块包括航线编辑、航线检测和航线查询三个功能子模块。其中,航线编辑可详细分为新建航线、航线修改、航线反转、航线重命名、航线删除、航线保存、航线打印;航线检测包括检测航线、高亮显示;航线查询可详细分为按航线名查询、按指定日期查询、按起始海区查询、按终止海区查询、按跨越海区查询、组合查询。

(4) 航海作业。航海作业模块包括多点连线测面积、多点连线测距离和船舶航行模拟。

3) 海洋水文气象子系统

信息服务模块包括数据查询、台风路径演示、信息可视化、卫星云图展示和气象传真图服务,其中数据查询包括港口数据查询和水文气象数据查询。

(1) 数据查询。

① 港口水文气象资料查询:港口的相关信息对船舶的安全进港具有至关重要的作用。船舶应根据港口海图、无线电信号表和进港指南等了解港口的相关信息,包括查询港口的潮高、水深、底质、潮流(流向、流速、转流时间)等信息,做好进港准备和紧急事件处理对策。

② 大洋航线水文气象资料查询:综合较长时间段的天气预报,通过充分的天气分析,预测本航次中航行路线发生灾害性天气的可能性,使所选航线避开大风暴区。热带气旋盛行季节,还应选好避风航线备用。大洋航行关注的水文气象因素包括风、海雾、洋流、海温等。

(2) 台风路径演示。在系统中简单进行台风路径的模拟以及显示台风移动过程中的基础属性信息,需要显示的信息见表 3.3。

表3.3　台风信息表

台风信息	说　明
Time	到达当前位置时间
Longitude	台风当前经度
Latitude	台风当前纬度
Strong	台风当前强度
Speed	平均移动速度
MoveDirection	移动方向
Pressure	中心气压值
Radius7	7级风圈半径
Radius10	10级风圈半径

(3) 海域水文气象信息可视化。海洋装备与船舶远洋航行对水文气象保障有较大的需求，对获取的大量水文气象数据采用可视化技术展示能够方便用户更快、更准确地获取数据中隐含的信息，如大洋中风向的变化、海流的流向、气温的突变等。

水文气象数据可视化结果与电子海图进行融合，水文气象数据的位置信息与电子海图中的地理信息进行匹配。在船舶航行过程中对计划航线周边海区进行可视化操作能提高航行过程中水文气象保障效率，方便及时根据水文气象信息进行航行计划修正，可以趋利避害，保障航行安全。

在水文气象演示系统中，可视化要素覆盖的水文气象要素包括风场、气温、盐度、海流、海浪等。

① 风要素数据可视化。根据风要素的特性，即针对一个具有方向的要素信息可以做矢量箭头进行可视化处理。矢量箭头颜色可以表示风的大小，同时可以通过箭头的方向来标识风的方向。

② 气温要素数据可视化。海面气温要素的可视化方式可以采用等值线或彩色剖面等形式。在同一深度层次上将温度相同的数据点用同一颜色的线进行连接，形成等值线。气温等值面则是将同一深度层次上温度相等的数据点组成一个面，不同温度组成的面其颜色根据温度值的不同进行变化。

③ 盐度要素数据可视化。盐度数据类似于气温和海温数据，均属于标量场数据。对于标量场数据采用等值线或彩色剖面的形式进行可视化。

④ 海流要素数据可视化。海流要素数据类似于风场数据，属于矢量场数据，对于矢量场数据采用矢量箭头的形式可以最便捷地表示数据中的有效信息，不仅可以表示数据值的大小，也可以表示包含的方向信息。

⑤ 海浪要素数据可视化。由于海浪数据中包含的信息比较丰富，因此对于海浪数据的可视化可以根据海浪中包含的不同属性值进行选择。对于海浪中的波向信息可以采用矢量箭头的形式，海浪的有效波高则可以采用彩色剖面的形式，海浪周期利用周期等值线

表示即可。

(4) 气象传真图服务。系统对接收到的气象传真图进行处理显示，显示方式可以选择单独显示或与电子海图进行叠加显示。系统首先对气象传真图进行信息提取，然后对电子海图进行投影方式变换，最后将气象传真图与电子海图进行融合显示。气象传真图的单独显示则是将原图转换为系统支持的图片格式单独在页面中显示，不与电子海图融合。

(5) 卫星云图展示。船舶在航行过程中，通过卫星云图中云的形态、结构、亮度和纹理等特征，可以对云的种、属及降水状况进行识别，还可以通过识别大范围的云系，用于推断热带风暴、温带气旋、锋面和高空急流等一些尺度比较大的天气系统特征信息和位置信息。船舶在远洋航行过程中通过获取卫星云图中的重要信息来对船舶的航行路线和作业情况进行安排，避免恶劣天气情况带来的不利影响。

3.2.3 数据库设计

海洋环境实时预报集成应用系统需要使用数据库存储的信息包括海洋水文气象信息和航线信息。根据目前系统所需海洋水文气象信息的数据量和系统功能要求，可采用 MariaDB 作为海洋水文气象数据的数据库管理系统。

鉴于航线信息具有实时修改性强、数据量不大、速度要求快等特性，并且存储数据内容较为单一，系统采用嵌入式数据库管理系统 SQLite 来进行航线信息的存储和管理。

3.3 海洋环境实时预报技术基础设备

选择海洋装备(船舶)具有代表性的点位加载海洋气象传感器，实时掌握海面气象状况，观察研究海气相互作用。同时，还需要在海洋装备(船舶)上安装相应的仪器来采集、传输、处理、实时预报在环境影响下的各类安全信息。通常选择将特定传感器加载在海洋装备(船舶)上，这些传感器可同时测量空气温湿度、风速、风向、气压、雨量、能见度等(图 3.4～图 3.7)。

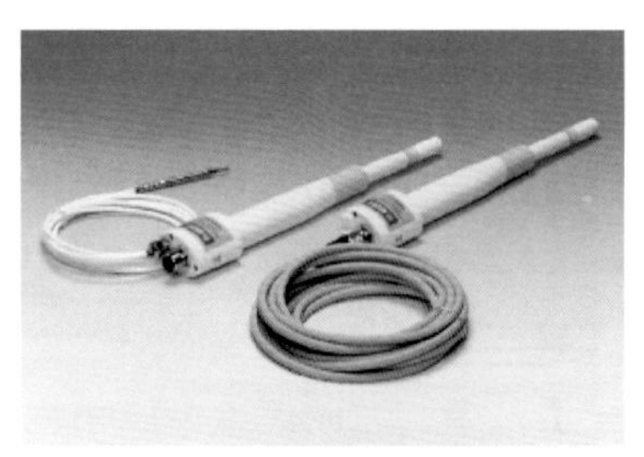

图 3.4 空气温湿度仪

波浪测量系统是凭借雷达观察到的海洋表面微波返回的散射情况进行数据分析，从而得到海浪和表层海流的相关数据，安装在一个固定的平台或移动的船只上，测量并显示所有重要的波场参数，如有效波高、波周期、波方向、表层流速度和方向等。数据通过标准的 X 波段海事雷达获得，并进行实时处理，通过图示、文字输出和数据文件提供给操作人员，可在无人监管下自动运行。

图 3.5　风速风向仪

图 3.6　大气压力传感器

图 3.7　雨量筒

1) CTD

CTD(图 3.8)在预设的时间或深度间隔上采集的数据存储在存储卡上，通过标准 RS－232 接口进行数据采集程序的设计和数据读取。

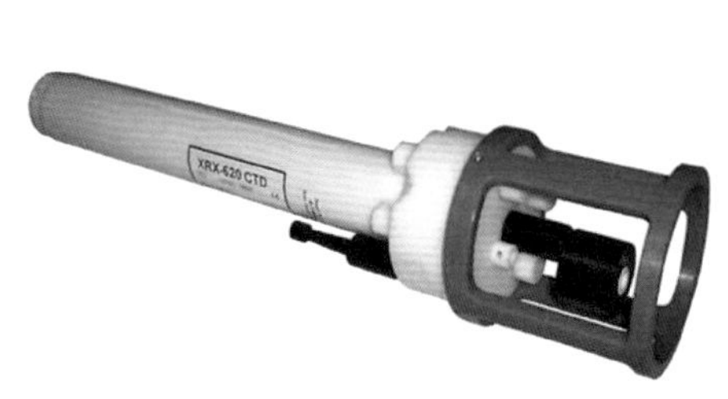

图 3.8　CTD

图 3.9　ADCP

2) ADCP

ADCP(图 3.9)的水下安装深度为 900 m，耐压达 1 500 m，可以测量水下剖面流速流向。

3) 水质分析仪

通过自行研制适用于海水水质监测的传感器，实现实时对海水水质多参数、营养盐和化学需氧量等因子的测量。传感器可与系统进行连接，将测量数据传输到平台，最终实现对海水水质的实时综合全方位监控。

4) 多参数水下水质监测仪

多参数水下水质监测仪包含主机、野外电缆、多参数显示和记录系统、电导/温度/盐度探头、水深测量探头、溶解氧探头、叶绿素探头等，可测定海水水温、盐度、溶解氧、pH 值、浊度、叶绿素等(图 3.10)。

图 3.10　多参数水下水质监测仪

5) 水中油监测仪

水中油监测仪用于监测海面溢油污染，可高效地监测海水表面的碳氢化合物，可利用聚合膜监测漂浮的碳氢化合物，膜一旦遇到碳氢化合物和含氯溶剂就会立即溶解，并触发警报。

3.4 海洋环境实时预报技术应用

3.4.1 基于海洋模式建立海洋环境实时预报系统

海洋模式是海洋数值预报系统的动力框架和核心组成部分。海洋模式自1969年诞生起就不断完善发展，至今已经有40多个海洋模式，包括针对不同海域（大洋、近海、近岸、港湾）和不同海洋学科（物理海洋、海洋生态、海洋化学）的海洋模式。不同海洋模式的适用海域不同，模式特点各不相同。常用的业务化海洋模式有HYCOM、NEMO、ROMS和POM等。全球海洋环流模式以NLOM、NCOM、HYCOM、NEMO为主，区域海洋模式以ROMS为主，POM适合应用于陆架或沿海，还有应用于海峡、海湾和河口的ECOM、FVCOM和SLOSH模式等。

1）NLOM和NCOM模式及应用

美国海军的全球海洋环境实时预报系统包括海军分层海洋模式（NLOM）、海军近海海洋模式（NCOM），其广泛应用于美国海军业务化全球大气预报系统（NOGAPS）。

NLOM是原始方程模式，水平分辨率为1/32°，属于涡旋识别模式，垂直分辨率比较低，只有7层，包括海洋混合层和6个拉格朗日层，在垂直方向上物理过程比较简单。NLOM同化卫星高度计资料和海面温度资料，提供海面高度、海洋涡旋和海洋锋等的30 d预报。

NCOM模式是基于POM和$\sigma-z$混合坐标的自由表面原始方程模式。NCOM水平分辨率低于NLOM，但是垂直方向分辨率高于NLOM，垂直共分为40层，海洋上层是σ坐标（19层），海洋下层是z坐标（21层）。NCOM在北极有两个极点，分别在北美大陆和亚洲大陆。变量水平网格配置有多种选择。NCOM在北极与海冰模式PIPS 3.0相耦合。NCOM采用的数据同化方法是多变量最优插值（MVOI）。NCOM每天进行5 d的三维温盐流预报，为沿岸区域高分辨率海洋模式提供边界条件。NCOM可以与美国海军海气耦合中尺度预报模式（COAMPS）相耦合，进行区域海气耦合预报。

2）HYCOM模式及其应用

标准版的混合坐标大洋环流模式（HYCOM）是在美国迈哈密大学原有等密度面海洋模式（MICOM）的基础上发展改进的新一代原始方程海洋环流模式。该模式的水平网格采用正交曲线C网格。HYCOM模式可以实现三种坐标的自适应，即在开放的、层结的海洋中垂直坐标取等密度坐标；在弱层结的上层海洋混合层中，垂直坐标平滑地过渡到z坐标；在浅水区域（地形变化强烈的海域）中，过渡到随底垂向坐标；而在更浅的海域，坐标又过渡到了z坐标。混合坐标扩展了传统的MICOM模式的应用范围，弥补了MICOM

模式在浅海海域垂向分层过薄的缺点，使得该模式的适应能力更好。

HYCOM 模式是比较先进、应用广泛的海洋模式，应用于美国的 RTOFS、美国海军的 HY-COM/NCODA、挪威的 TOPAZ、巴西的 REMO 和中国西北太平洋等海洋环境实时预报系统。美国国家环境预报中心(National Centres for Environmental Prediction, NCEP)的实时海洋环境实时预报系统 RTOFS 基于 HYCOM 海洋模式建立，包括 8 个分潮，水平分辨率为 1/12°，垂直有 32 层，属于涡旋识别模式。RTOFS 可以提供水位、海流、温度和盐度的预报，为局地和近岸物理海洋模式、海气耦合模式、生态地质化学模式等提供初始场和边界条件。RTOFS 包括全球海洋环境实时预报系统和大西洋预报系统，未来 NCEP 将实现 HYCOM 模式(RTOFS 系统)与台风预报模式(HWRF)和全球大气模式(GFS)的耦合。

3) NEMO 模式及其应用

NEMO 模式系统由法国、英国和意大利共同研发，目前应用于 27 个国家的 270 项科学计划中。NEMO 主要包括海洋模式(OPA)、OPA 的切线性伴随模式(TAM，用于数据同化)、海冰模式(LIM)和海洋生物地球化学模式(TOP)。

OPA 海洋模式可以用于模拟预报全球和局地海洋环流，也可以用于研究海洋与大气、海冰等之间的关系。物理过程参数化方案和数值算法是数值模拟技术的核心技术，OPA 海洋模式有多种成熟先进的物理参数化方案和数值算法供选择。物理过程参数化方案包括海洋侧向混合、垂向混合、对流、双扩散混合、底摩擦和潮致混合等参数化方案。垂向混合参数化方案包括 KPP、TKE 和 GLS。

NEMO 模式主要用于海洋业务化预报、海洋科学研究和气候研究，应用于法国的 Mercator、英国的 FOAM、意大利的 MFS 和加拿大的 CON-CEPTS 等海洋环境实时预报系统中。法国 Mercator 全球海洋预报系统每周进行一次 14 d 的预报，北大西洋和地中海区域模式每天进行一次 7 d 的预报。加拿大基于 NEMO 建立了全球(1/4°)和西北大西洋(1/12°)海洋预报系统，还在北美洲五大湖区建立了水平分辨率为 2 km 的海洋预报系统。意大利的地中海高分辨率海洋预报系统 MFS，是欧洲海洋核心信息服务计划(My Ocean 计划)的地中海子系统，水平分辨率为 1/16°，垂直坐标有 72 层，在海洋近表层的垂直分辨率是 3 m。

4) ROMS 模式及其应用

ROMS 是一个开源的三维区域海洋模型，由罗格斯大学海洋与海岸科学研究所和加利福尼亚大学洛杉矶分校(UCLA)两校共同研究开发，最早被称为 SCRUM (S-Coordinate Rutgers University Model)，后改名为 ROMS，被广泛应用于海洋及河口地区的水动力和水环境模拟。目前主要有三个版本，分别是罗格斯大学版本、法国 IRD 的 ROMS_AGRIF 版本、UCLA 版本。

ROMS 是在垂向静压近似和 Boussinesq 假定下，按照有限差分近似求自由表面 Reynolds 平均的原始 Navier-Stokes 方程。模型在水平方向使用正交曲线 C 网格，垂向采用地形拟合的可伸缩坐标系统(S 坐标系)，并针对不同应用提供多种垂向转换函数和拉伸函数。为了能够更好地模拟波流共同作用，Warner 等已经将三维辐射应力项加入运动方程中，来模拟近岸波浪运动对水动力的影响。

ROMS功能比较完善，包括水动力模块、海冰模块、生态模块、数据同化模块和泥沙模块等，并且在很多情况下对同一问题提供了多种处理方法。例如，湍流闭合模型可以选择Mellor-Yamada 2.5层模型、$K-\varepsilon$模型、$K-\omega$模型等。水平对流及垂向扩散算法可以选择两阶、四阶和正定等算法，开边界条件也提供了多种选择。

该模式功能强大，已广泛应用于海洋与河口的水动力环境模拟，可以模拟不同尺度的运动，如全球尺度的环流运动、中尺度的水位与流场变化，也可以计算小尺度的运动，如内波、混合等过程。美国海军使用ROMS模式，以菲律宾群岛为中心建立了区域海洋预报系统。迈阿密大学、美国国家海洋和大气管理局（National oceanic and atmospheric administration，NOAA）和美国海军等部门使用ROMS模式在墨西哥湾和加勒比海域建立了区域海洋预报系统。印度基于ROMS、MOM、HYCOM、Wave Watch Ⅲ和WAM等海洋模式建立了印度的海洋预报系统（INDOFOS），可以提供全球、印度洋、局地海域、沿岸和定点的海浪、表层流、海表面温度、混合层深度和温跃层深度预报。

5）POM模式及其应用

POM是由美国普林斯顿大学于1977年共同建立起来的一个三维斜压原始方程数值海洋模式，后经过多次修改成为今天的版本，是被当今国内外应用较为广泛的河口、近岸海洋模式。POM在国内有较多人使用，在天津、上海、厦门等多个沿海地区均有人使用POM模式进行风暴潮的模拟和预报。

POM采用蛙跳有限差分格式和分裂算子技术，水平和时间差分格式为显式，垂向差分格式为隐式，将慢过程（平流项等）和快过程（产生外重力波项）分开，分别用不同的时间步长积分，快过程的时间步长受严格的CFL判据的限制。这是一个介于二维和三维之间的计算过程，这个过程计算精度比二维计算高，考虑了时间的影响，与三维计算相比，可以节省很大的计算量，进而加快计算速度。

为消除蛙跳格式产生的计算解，POM在每一时间积分层次上采用了时间滤波。水平方向采用正交曲线网格，变量空间配置使用正交曲线C网格，可以较好地匹配岸界。与均匀网格相比，水平曲线正交网格是渐变的，能更好地拟合岸线侧边界，减少“锯齿”效应。POM模式在垂向上采用了σ坐标变换，可体现不规则海底地形的变化特点，便于引入大陆架地形和干湿网格动边界技术，既可以更好地处理三维水动力环境模拟中大量浅滩的“干出”与“淹没”等难点问题，也可以很好地处理复杂地形水域的模拟问题，因此被广泛地应用于河口、近岸海域的潮流数值模拟中。POM模式源程序代码具有公开性，便于使用者交流与学习，并可根据实际工作问题的需要进行改进来应用到不同的领域，因而该模式具有很强的生命力和适用性。

POM模式可以模拟海洋中的多尺度现象，如河流、河口、海洋大陆架和斜坡、湖泊、半封闭海域、外海的海洋环流和海洋混合过程。POM模式被广泛地应用于海洋近岸、河口的海洋业务化预报（温、盐、流、水位）和研究中，应用海域包括西北大西洋、西北太平洋、美国东海岸、墨西哥湾和哈得逊湾、北冰洋、地中海、中国近海等。国家海洋局海洋环境预报中心和第一海洋研究所基于POM模式建立了全球和区域海洋预报系统。

我国开展的 WPOS 环境保障先导专项重点任务，在海洋环境保障系统获得新进展，并得到示范应用。该项目紧扣海上丝绸之路的环境保障需求，系统部署南海-印度洋潜标观测，开展赤道印度洋动力学研究，通过构建区域立体观测系统，实现对关键海洋动力过程的准确认识，为海洋环境安全提供坚实的理论支撑。在融合专项印太海域的航次观测、潜标资料以及印太海域历史温盐资料的基础上，建立了印太海域三维温盐场现报试验系统，系统利用实时海面的遥感信息快速推算海洋三维温盐场的分布状况，解决了海洋环境安全保障业务中有关海洋三维温盐场的现报技术。

同时，该项目还发展了具有自主知识产权的交替蛙跳格式的新分裂时间算法、南海潮致混合参数化方案、Mackinnon - Gregg 模型参数化等方案和算法，改进关键海域中深层环流的模拟精度，进一步提升海洋模式的预报能力。建立准全球 HYCOM -印太海域-南海的一体化模式预报系统，将其水平分辨率提高至 1/15°，垂向分层为 35 层，并与 LICOM 模式完成离线嵌套，生成了 30 年的高分辨率模式产品，进一步提升海洋环境保障能力。

以上成果为海上丝绸之路关键海域海洋环境安全提供了重要的保障及预报支持，逐渐应用于多个涉海单位的具体业务中，并获得良好效果。

图 3.11 左上方图片为模式预报系统模拟的海面高度，红色实线示意海上丝绸之路，红色圆点分别代表广州本部、西沙站、中国-斯里兰卡联合科教中心(自东向西)，左下图片示意索马里护航海域。下方图片分别代表浮标观测、现场观测、卫星观测(从左到右)。右侧图片为现报系统输出的水下三维环境信息(以温度为例)，50～150 m 的水下航行器示意潜艇活动区域。该系统使用浮标、现场、卫星观测对三维海洋环境现报和预报技术进行有效检验，为海上丝绸之路关键海域提供重要的保障及预报支持。

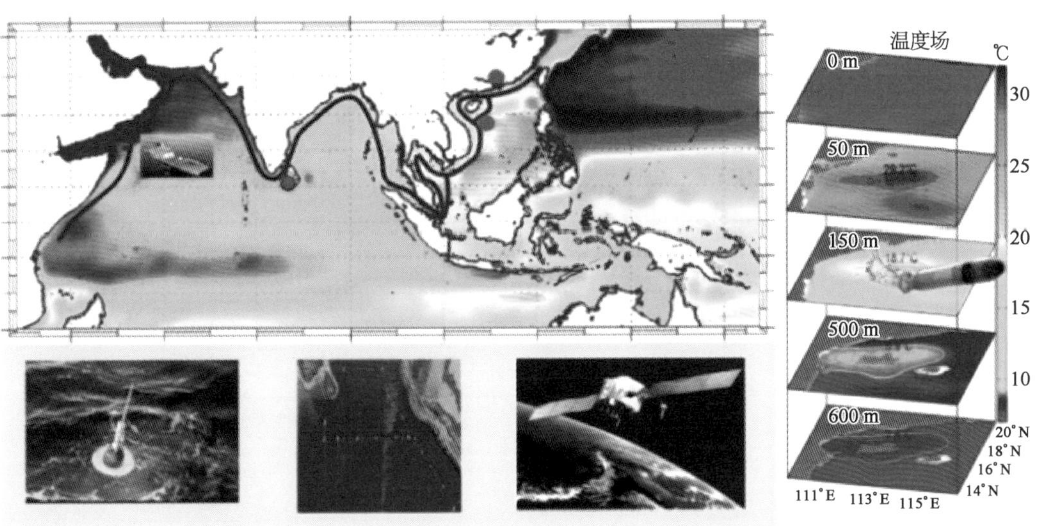

图 3.11　WPOS 环境保障先导显示系统示意图

3.4.2 中国全球业务化海洋学预报系统

中国全球业务化海洋学预报系统包括的具体内容见表 3.4。该系统在全球尺度上，建立了全球海面风场、海浪、海洋环流、潮汐潮流数值预报子系统。在大洋尺度上，建立了印度洋海域海洋环境数值预报子系统，为印度洋海域护航提供海洋环境预报保障；在南极和北极，建立了极地区域海冰-海洋耦合模式，改进海冰关键物理过程参数化方案，建立具有自主运行能力的极地海冰数值预报子系统。在中国周边海域，建立了精细化的渤海、黄海、东海、南海和西北太平洋的数值预报子系统。在业务化运行方面，建立了全球海洋环境数值预报业务化运行的集成支撑子系统，实现了从资料接收、同化、模式运行到产品可视化及发布的安全、高效、稳定业务化运行。该系统从全球到区域均采用国际上先进的数值模式，成功解决了各个子系统的动力过程设计、模式地形数据处理、外强迫处理、预报时效等关键科学问题。针对全球海洋环流数值预报子系统和中国周边海域精细化海洋环境数值预报子系统，研制了多时空尺度数据融合同化技术，采用变分方法和集合最优同化方法，开发了多源数据同化模块，实现了对海表面温度、卫星高度计数据和 Argo 温盐剖面数据等"多源"观测资料的协调同化，显著提高了海洋温盐流业务化预报的水平和质量。在全球海浪数值预报子系统中首次融合了我国第一颗海洋环境动力卫星 HY-2 的高度计等遥感资料，有效校正了数值模拟初始场的准确性。极地海冰数值预报子系统采用客观分析和牛顿松弛逼近法等技术对 SSMIS 和 AMSR2 等卫星遥感海冰密集度和厚度数据进行融合分析，并解决了海冰-海洋预报系统的初始场适应性问题，获得了较为客观的海冰-海洋耦合数值预报初始场，显著提高了极地海冰预报精度。全球业务化海洋学预报系统首次在国内实现了全球业务化海洋学预报和业务化应用，每天对外提供 120 h 的海面风场、海浪、海流、海温、盐度、有效波高等预报产品，为我国实施海洋强国战略、维护国家海洋权益、保障涉海安全生产、加强海洋防灾减灾、应对海上突发事件等提供有力的科技支撑。

图 3.12 中红色实线为印度洋海洋环流数值预报子系统，红色点线为印度洋海浪数值

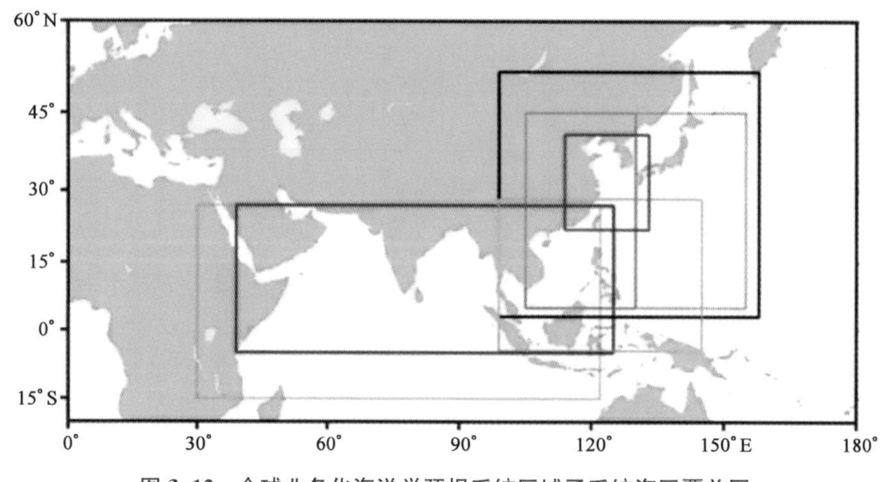

图 3.12 全球业务化海洋学预报系统区域子系统海区覆盖图

表 3.4　中国全球业务化海洋学预报系统

CGOFS 三级结构	CGOFS 子系统名称	数值模式	模式区域	模式地形	水平分辨率	垂直层数	大气强迫	同化方案	同化资料	预报时效/h	预报要素
全球尺度	全球海面风场数值预报子系统	CSM	全球	USCS DEM	T382	σ 混合坐标/64 层	NMEFC & CFS 6-houly	GSI 3DVAR	常规观测 卫星辐射	120	海面风场 海面湿度
	全球海洋环流数值预报子系统	MOM4	全球	OCCAM 0.2	1/4°	z 坐标 50 层	NMEFC & CFS 6-houly	3DVAR	SST SLA Ar20 廓线	120	温度、盐度海流
	全球海浪数值预报子系统	NWW3	全球	TerrainBase 1/12°	1/3°		NMEFC & CFS 6-houly	OI	HY－2	120	有效波高 平均波向
	全球潮汐潮流数值预报子系统	FVCOM	全球	DBDB5	1/6°—0.9°	σ 混合坐标/40 层	NMEFC & CFS 6-houly	Nudging	Jason2	120	水位 流场
大洋尺度	印度洋海洋环流数值预报子系统	ROMS	39°～125°E 5°S～27°N	CEBCO_08 0.5′	1/12°	20 层	NMEFC 6-houly	EnO	SST SLA	120	温度、盐度海流
	印度洋海浪数值预报子系统	NWW3	30°～122°E 15°S～27°N	TerainBase 1/12°	1/6°		NMEFC 6-houly	OI	HY－2	120	有效波高 平均波向
	极地海冰数值预报子系统	NIT_{gen}	北极区域 开边界在大西洋和太平洋 55°N 附近	ETOP02	18 km	50 层	CFS 6-houly	Nudging	SSMS AMSR2	120	海冰密集度
中国周边海域	中国近海海洋环流数值预报子系统	ROMS	渤、黄、东海 22°～41°N，114°～133°E 南海 4.5°S～28.4°N，99°～145°E	CEBC0_08 0.5′	1/30°	渤黄东海 30 层 南海 36 层	NMEFC 6-houly	Ea01	SST SLA Arpo 廓线	120	温度、盐度海流
	中国近海海浪数值预报子系统	SWAN	5°～45°N 105°～130°E	ETOP02	1/30°		NMEFC 6-houly			120	有效波高 平均波向
	西北太平洋海洋环流数值预报子系统	ROMS	3°～52°N 99°～158°E	CEBCO_08 0.5′	1/20°	22 层	NMEFC & CFS 6-houly	Ea01	SST SLA	120	温度、盐度海流
	西北太平洋海浪数值预报子系统	SWAN	5°～45°N 105°～155°E	ETOP02	1/10°		NMEFC 6-houly			120	有效波高 平均波向

预报子系统，黑色实线为西北太平洋海洋环流数值预报子系统，黑色点线为西北太平洋海浪数值预报子系统，绿色实线为中国近海海浪数值预报子系统，青色实线为南海海洋环流数值预报子系统，品红实线为渤海、黄海、东海海洋环流数值预报子系统。

中国全球业务化海洋学预报系统框架流程如图 3.13 所示。

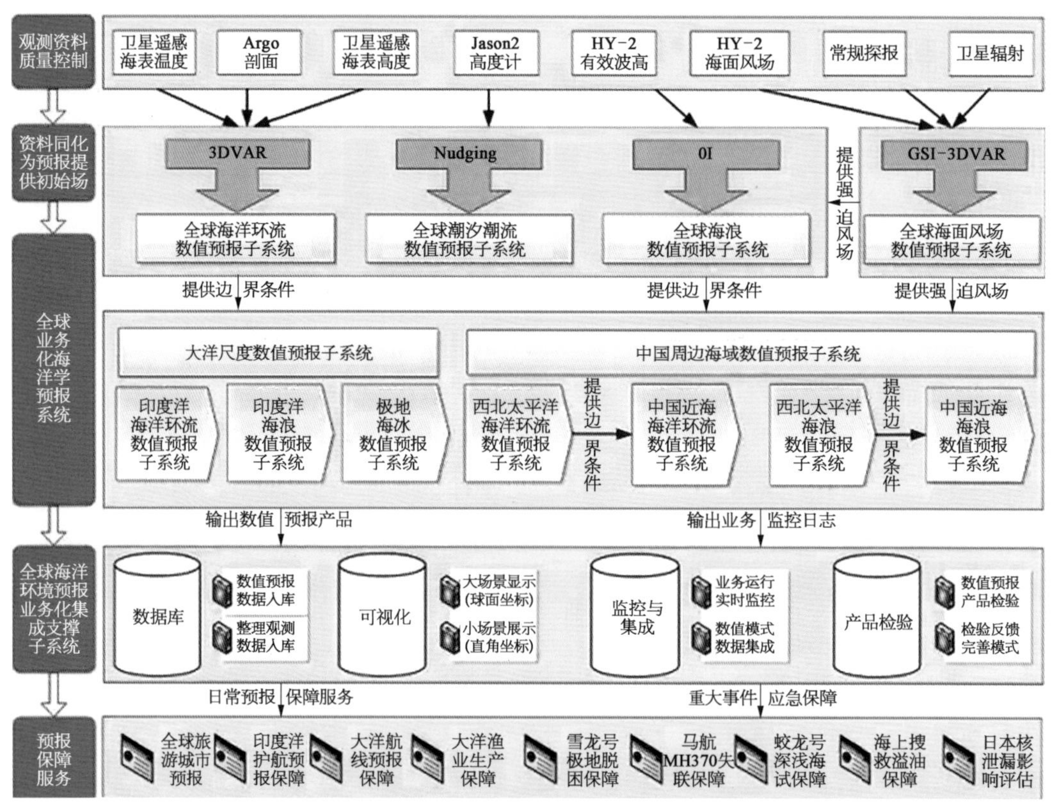

图 3.13　全球业务化海洋学预报系统框架流程图

1) 全球海面风场数值预报子系统

全球海面风场数值预报子系统全面引进了 NCEP 资料同化分析系统 GSI(gridpoint statistical interpolation)和全球天气预报模型(global spectral model, GSM)，成功进行了在预报中心内外网计算机平台上的移植、调试和运行试验；开展了物理过程参数化的敏感性试验，优选和改进了大气边界层物理参数化过程、表面参数化过程，提高了海面风场和其他海洋表面动力、热通量的预报能力；设计并实现了集资料下载、前处理、资料同化、模式预报、预报结果后处理、预报效果检验、产品分发及可视化处理于一体的业务预报流程，建立了全球海面风场数值预报子系统，并成功投入业务化运行。该预报系统是国内第三个实现业务化运行的全球大气数值预报系统，是我国海洋预报领域第一个全球海面风场数值预报系统。

2) 全球海洋环流数值预报子系统

全球海洋环流数值预报子系统引进了美国全球海洋环流模式 MOM4，并设计了多源资料收集整理、预报系统前处理、预报系统运行、预报结果后处理、产品可视化为一体的自动化流程，建立了全球海洋环流预报子系统；收集整理了目前常用的底摩擦系数参数化方案，根据选定关键区域的实际资料，基于方差法和动量平衡法对底拖曳系数进行定量比较，为数值模式底摩擦的参数化方案提供了定量参考；分析了不同海域的水文特征，结合湍流相关研究成果，对比不同湍封闭方案计算结果，以数值模式计算效率等为主要参考，优选出相应的湍封闭方案；基于三维变分方法，引入递归滤波技术，改进同化系统中温盐的非线性约束关系，开展能够同化温度、盐度和卫星高度计及其他卫星观测资料的数据同化技术，显著提高了海洋温盐流业务化预报的水平和质量，有效校正了数值模拟初始场的准确性。

3）全球海浪数值预报子系统

全球海浪数值预报子系统引进了新一代海浪预报模式 NWW3 最新版本，优化了关键物理过程的相关参数，合理设计了业务流程，建立了全球海浪数值预报子系统。在海浪初始场改进方面，利用海浪经验统计规律（风浪成长规律、涌浪传播规律）和水平一致性标准对卫星观测数据进行质量控制，合理确定模式背景场误差和观测误差，基于最优插值方法开发了高效的海浪同化模式，改进了全球海浪预报提供初始场；在海浪物理过程参数化方面，针对涌浪模拟进行了有益的尝试，结合海浪模式并利用改进的涌浪耗散源函数和参数配置，改善了在大洋中部涌浪模拟误差偏大的问题。

4）全球潮汐潮流数值预报子系统

全球潮汐潮流数值预报子系统整理并分析了全球水深、岸界数据，建立了一套全球高分辨率的基础地形数据；基于全球无结构三角形计算网格，建立了全球潮汐潮流数值预报子系统；进行了各种数值实验，使得网格系统合理、高效，解决了模型北极点的模拟技术；进行了全球海洋正压潮汐模拟，检验模式的可靠性，并进行了初步诊断；基于调和常数，开展了网格点潮汐潮流预报，并实时制作了预报产品，实现了预报系统的业务化运行。

5）印度洋海域海洋环境数值预报子系统

基于全球海洋数值预报提供的外强迫条件，印度洋海域海洋环境数值预报子系统采用海浪模式 NWW3，开展风浪涌浪等机制研究，建立了印度洋海域海浪数值预报分系统；建立了先进、易用、高集成化的综合显示分析支撑系统。该子系统已成功投入业务化运行，是我国首个业务化运行的印度洋海域海洋环境数值预报系统。

在亚丁湾海域首次成功布放了 10 个 Argo 浮标，实时获取研究海区 0～2 000 m 水深范围内的温盐度和表层、中层漂移轨迹资料，经质量控制后用于模式预报结果的现场验证；同时还成功收集了研究期间由其他 Argo 成员国布放在该海区的全部 Argo 浮标观测资料，制作了 2004—2012 年全球海洋温盐度网格化数据产品，并纳入全球预报系统。

6）极地海冰数值预报子系统

国家海洋环境预报中心通过引进国际先进的海冰-海洋耦合模式，完成了南北极区域计算设置、气候态模拟和后报试验，改进了海冰反照率参数方案，设计并实现了集资料下载、前处理、初始化、模式预报、预报结果后处理、产品可视化处理于一体的业务预报流程，建立了我国首个极地海冰数值预报子系统。该中心收集整理了国际上共享的海冰数据资料，开展了SSM/I、SSMIS、AMSR2、SMOS等不同数据源的海冰密集度和厚度资料融合同化和海冰-海洋耦合预报系统的初始化技术研究，初步解决了海冰-海洋初始场适应性和协调性问题，显著改进了海冰预报结果；测试评估了目前国际上常用的海冰反照率参数化方案，并独立发展了一个考虑云量和天气影响的方案，改进了反照率估算结果；进行了NCEP GFS、Polar WRF、UKMO等不同大气强迫场的敏感性试验研究，实现了极地中尺度大气预报模式与冰-海耦合预报模式单向连接。该子系统是我国首次建立的具有自主业务化运行能力并投入实际应用的极地海冰数值预报系统，并在我国多次南极和北极科考海冰预报保障中得到成功应用。

7）中国周边海域精细化海洋环境数值预报子系统

国家海洋环境预报中心分析整理了中国周边海域（渤海、黄海、东海、南海和西北太平洋）的高分辨率海洋观测和再分析资料，基于区域海洋模式ROMS，建立了中国周边海域精细化海洋环境数值预报子系统。基于EnOI同化方法，建立了适应于中国周边海域精细化预报的卫星高度计和海表温度的融合同化模块；对于区域模式的开边界，增加了潮汐强迫，考虑了M2、S2、N2、K2、K1、P1、O1、Q1等主要分潮的共同作用，同时也考虑了长江、珠江、澜沧江等主要径流的影响。中国周边海域精细化海洋环境数值预报子系统的业务化运行，成功实现了包括海洋同化数据的收集及预处理、预报系统运行、预报数据后处理及预报产品可视化等一体的自动化流程。

8）全球海洋环境预报业务化集成支撑子系统

为提升全球海洋环境数值预报业务化的整体运行效率和易用性，该子系统采用接口调用的方式实现了数据库系统、可视化系统、监控系统等的集成运行，国家海洋环境预报中心建立了全球海洋环境预报业务化集成支撑子系统。该子系统包括全球海洋数值预报数据库、全球海洋数值预报可视化分系统、全球海洋数值预报监控分系统，在全球电传系统资料和产品可视化显示方面取得三项计算机软件著作权登记证书，即全球电传资料可视化平台（登记号：2013SR118098）、基于粒子系统的流场动态可视化系统（登记号：2011SR096589）、三维温盐流场时空可视化系统（登记号：2011SR095183）。全球海洋数值预报数据库通过整合多源海洋实时观测数据、遥感数据、基础地理数据，为业务化预报、数据同化提供了标准化数据源，同时也为预报结果检验和产品制作提供数据服务；全球海洋数值预报可视化分系统通过多种展现技术提高数值预报产品的视觉信息量，如考虑了流场结构特征的初始质点源布置策略，建立了一种具有更宽泛步长调整适用度的自适应步长流线构造算法，提高了流线构造效率，改善了可视化效果。通过综合分析各类数值预报产品的特点，分别构建了球体和立方体三维地理环境，以时空四维的方式进行产品可视化；全球海洋数值预报监控分系统实现了对业务化数值计算流程的动态监控，提供数值计算系统异常报警功能。

3.5 海洋环境实时预报技术的发展趋势

全球业务化海洋学预报系统及其业务化应用是我国海洋预报系统全面进步的重要里程碑,海洋环境预报实现了由传统以人工分析为主的经验预报向以数值预报为核心、人工分析和经验预报等多种方法综合应用的预报变革。该系统是国内首次构建的覆盖全球大洋到中国海的综合性业务化海洋学预报系统,在框架结构上采取了国际主流的全球向区域再到近海逐步精细化、降尺度的方式,预报区域既涵盖全球大洋,又在对我国有重要价值的印度洋、西北太平洋海域实现了较高分辨率,同时在渤海、黄海、东海和南海区域实现了精细化网格,极大地促进了我国海洋预报科技水平的进步,为我国维护国家海洋权益、促进海洋经济发展、应对海上突发事件、加强海洋防灾减灾提供有力保障。

现阶段我国全球海洋环境预报保障工作已取得重大进展,但与美国、法国等海洋大国相比,全球海洋环境预报技术和精度等方面还都有一定的差距,未来海洋预报任重而道远。纵观我国全球业务化海洋学预报系统的发展现状,未来发展趋势主要有以下几个方面。

1）全球高分辨率海洋环境数值预报系统

在海洋动力环境数值模式技术中,高分辨率是海洋数值模式发展的趋势之一。高分辨率海洋模式能够模拟预报海洋锋面、海洋涡旋等海洋中小尺度过程,这些中尺度涡旋在海洋环流中具有重要的作用,通常海洋环流模式的水平分辨率至少要达到 10 km 才能比较有效地分辨出中尺度涡旋的基本特征,即被称为"涡分辨率海洋模式"(eddy-resolving model)。欧洲、美国等分别建立了水平分辨率 10 km 级的覆盖全球海洋动力环境数值预报系统。高分辨率高精度海洋模式既能满足我国社会需求,也十分切合国际海洋预报领域的发展前沿。随着国家"建设海洋强国"和"21 世纪海上丝绸之路"的战略部署,大力发展全球高分辨率、高精度的海洋预报系统已经刻不容缓,因此国家海洋环境预报中心将会加快涡分辨率海洋模式的研发和应用,跟上国际发展趋势,提高拓展海洋环境预报保障能力,以满足国家更高的需求。

2）分辨中尺度过程的全球高分辨率海洋资料同化技术

海洋资料同化可以将多源观测场信息和海洋数值模拟背景场信息有效结合起来,给定某时刻海洋状态的最优估计,为海洋预报提供初始条件,通过减少初值的不确定性来改进预报效果。因此,海洋资料同化是提高海洋环境预报能力的重要保障。海洋中尺度现象是强烈的海洋信号,对海洋安全保障极为重要,能分辨中尺度过程的全球高分辨率同化技术与数值预报是发达国家争抢海洋安全保障的制高点,数值预报水平的提高严重依赖于初始条件的准确性和模式的完善性,能分辨中尺度过程的全球高分辨率海洋资料同化技术必然是未来海洋数值预报发展的趋势。将大尺度全球海洋资料同化技术推进到能分辨中尺度过程的全球高分辨率预报系统，不是简单的代码更改或线性差值，资料同化作为改善数值预报的重要技术手段，在多时空尺度观测资料有效融合技术问题、数值模式多尺度特征在同化中的表征技术问题、同化算法的高效计算问题和不同海洋状态变量之间平衡关系的同化技术方面必然遇到一系列的科学和技术上的新挑战。

3）海洋混合物理过程参数化

海洋混合过程参数化是决定海洋模式性能的关键，随着观测、理论和数值方法的发展以及硬件条件的提高，对于海洋数值模拟越来越精细化，海洋中小尺度过程（如中尺度涡旋、内波等）的参数化受到人们的关注。海洋上层混合的参数化必须考虑海风搅拌驱动的混合、不稳定浮力强迫、流切变不稳定、湍流平流、非局地混合，如海浪及其破碎过程产生的混合、锋面不稳定产生的侧向混合和风驱动产生的温跃层近惯性混合。针对海洋表层及上层的海洋热动力现象，我们需要考虑波浪破碎、波-湍相互作用、风生近惯性震荡和海洋锋面不稳定等动力过程，阐明其质量、动量、能量等交换过程中的作用，改进海洋上层混合参数化方案。海洋内部温盐等属性沿位密面的传输主要通过大尺度洋流和中尺度涡来实现，而海洋内部跨密度混合发生在重力内波破碎区域。海洋内潮、近惯性内波等如何影响海洋内部混合，研究海洋中尺度能量传递过程与机制，分析海洋内波和中尺度涡在海洋能量系统中的串级作用和混合效应，以发展适合全球高分辨率模式的海洋内部混合参数化方案。

4）全球高分辨率天气尺度海气耦合数值预报系统

大气海洋是自然统一的系统，而单独海洋模式缺少海气相互作用，在动力和热力上存在不协调性。欧洲、美国、日本等发展的海气耦合系统主要用于气候预测等研究，而天气尺度的高分辨率海气耦合（无缝）预报系统是数值预报的新方向，高分辨率的全球大气-海洋耦合数值预报也是未来发展趋势。随着准确的大气驱动场、丰富的海洋观测资料、先进的海洋数据同化技术、成熟的海洋物理过程参数化方案和高性能并行计算技术等的高速发展以及人类社会对海洋中小尺度现象模拟的需求，海洋模式逐渐向高精度化进化。今后，人类可以进一步模拟预报海洋沿岸流、海洋涡旋、海洋锋等海洋中小尺度过程。海洋中尺度涡是重要的“海洋天气现象”，模拟和预报海洋涡旋是未来物理海洋模式的发展趋势之一。

耦合模式从建立到完善分为数学理论推导、物理参数化方案选择、耦合方案构建、数值模拟与检验分析等步骤。国外内有关学者已经实现了 WRF 区域大气模式和 ROMS 区域海洋模式的耦合、物理海洋模式和生态模式的耦合，美国海军已经实现中尺度海气耦合模式 COMAPS 和 NCOM 的双向耦合。海洋环境耦合模式的数据同化技术也是难点之一，如海洋和大气的时空特征尺度、模式时间积分步长和模式敏感度不一样，使得大气海洋耦合模式的数据同化更加复杂。

国内已开始建立基于短期天气预报尺度的全球天气预报模式、高分辨率海洋环流模式、海浪模式分量模式，构建高分辨率海洋、海浪和大气分量模式高效耦合方案，借助于自动计算负载均衡优化技术，大幅提升耦合模式计算性能，建立包含海流-大气-海浪分量模式的全球高分辨率海气耦合数值预报模式系统，促进国内全球高分辨率海洋动力环境数值预报技术进一步拓展，接轨国际海洋强国数值预报发展方向。

5) 海洋遥感技术迅猛发展

为满足海洋环境业务化预报的需求，海洋观测技术，尤其是海洋遥感技术将得到进一步发展，为海洋业务化预报提供更加丰富准确的实时观测资料。在全球大气模式中，气象卫星遥感资料占所有同化资料的 90%。遥感卫星的发射及其上搭载的从可见光、红外到微波波段的传感器多样化，可以快速提供全球大范围海区的海洋环境(海面温度、风场、大洋水流方向等)信息。海洋卫星遥感将发展成为海洋观测的主要手段，极大地丰富准实时观测数据来源。

参考文献

[1] 秦洁. 基于北斗卫星定位及 GIS 交互的内河航运船联网系统初探[J]. 现代工业经济与现代化，2017(3)：18 - 21.

[2] 王辉. 海洋预报的现状与发展[J]. 中国广播，2014(10)：32 - 33.

[3] 曹东，詹易生. 海洋环境立体监测系统中计算机网络的安全策略[J]. 海洋技术，2002(9)：51 - 55.

[4] 方长芳，张翔，尹建平. 21 世纪初海洋预报系统发展现状和趋势[J]. 海洋预报，2013(8)：93 - 102.

[5] 吴振华，徐玉湄，骆永军. 美国军事应用海洋预报发展研究[J]. 海洋技术，2008(3)：111 - 114.

[6] 黄彬，阎丽凤，杨超，等. 我国海洋气象数值预报业务发展与思考[J]. 气象科技进展，2014(6)：57 - 61.

[7] 陈晓斌，刘志宏，林刚，等. 混合坐标大洋环流模式 HYCOM 及其研究进展[J]. 科技资讯，2013(12)：207 - 210.

[8] 王辉，等. 中国全球业务化海洋学预报系统的发展和应用[J]. 地球科学进展，2016(10)：1090 - 1104.

[9] Pinardi N, Coppini G. Operational oceanography in the Mediterranean Sea: the second stage of development [J]. Ocean science, 2010(1): 263 - 267.

[10] Michael J Bell, Michel Lefebvre, Pierre-Yves Le Traon, et al. GODAE: The Global Ocean Data Assimilation Experiment [J]. Oceanography, 2009 (3): 8 - 9.

[11] 朱亚平，程周杰，何锡玉. 美国海军海洋业务预报纵览[J]. 海洋预报，2015(5)：98 - 105.

[12] Mehra A, Rivin I. A real time ocean forecast system for the north Atlantic ocean [J]. TAO: Terrestrial, atmospheric, and oceanic sciences, 2010(1): 211 - 228.

[13] Cummings Ja. Operational multivariate ocean data assimilation [J]. Quarterly Journal of the Royal Meteorological Society, 2005(613 Pt. C): 3583 - 3604.

[14] Brasseur P, Bahurel P, Bertino L, et al. Data assimilation for marine monitoring and prediction: The MERCATOR operational assimilation systems and the MERSEA developments [J]. Quarterly Journal of the Royal Meteorological Society, 2005(613 Pt. C): 3561 - 3582.

[15] J-M Lellouche, O Le Galloudec, Drévillon M, et al. Evaluation of global monitoring and forecasting systems at Mercator Océan [J]. Ocean science, 2013(1): 57 - 81.

[16] Bell M J, Hines A, Forbes R M. Assessment of the foam global data assimilation system for real-time operational ocean forecasting [J]. Journal of marine systems: journal of the European

Association of Marine Sciences and Techniques，2000 (1)：1 - 22.

[17] Martin M J，Hines A，Bell M J ，et al. Data assimilation in the foam operational short-range ocean forecasting system：a description of the scheme and its impact [J]. Quarterly Journal of the Royal Meteorological Society，2007 (625)：981 - 995.

[18] Waters Jennifer，Lea Daniel J，Martin Matthew J，et al. Implementing a variational data assimilation system in an operational 1/4 degree global ocean model [J]. Quarterly Journal of the Royal Meteorological Society，2015(687 Pt. B)：333 - 349.

[19] Gary Brassington，Tim Pugh，Claire Spillman，et al. Bluelink Development of Operational Oceanography and Servicing in Australia [J]. Journal of Research and Practice in Information Technology，2007(2)：151 - 164.

[20] Oke Pr，Brassington Gb，Griffin Da，et al. The Bluelink ocean data assimilation system (BODAS) [J]. Ocean modelling，2008(1/2)：46 - 70.

[21] Norihisa Usui，Shiro Ishizaki，Yosuke Fujii，et al. Meteorological Research Institute multivariate ocean variational estimation (MOVE) system：Some early results [J]. Advances in Space Research：The Official Journal of the Committee on Space Research(COSPAR)，2006(4)：806 - 822.

[22] Francis P A，Vinayachandran P N，Shenoi S S C. The Indian Ocean Forecast System [J]. Current Science：A Fortnightly Journal of Research，2013 (10)：1354 - 1368.

[23] Clemente Augusto Souza Tanajura，Alex Novaes Santana，Davi Mignac，et al. The remo ocean data assimilation system into hycom (rodas_h)：general description and preliminary results [J]. 大气和海洋科学快报(英文版)，2014(5)：464 - 470.

[24] Liying Wan，Jiang Zhu，Laurent Bertino，et al. Initial ensemble generation and validation for ocean data assimilation using hycom in the pacific [J]. Ocean dynamics，2008(2)：81 - 99.

[25] Wan Liying，Zhu Jiang，Wang Hui，et al. A dressed ensemble kalman filter using the hybrid coordinate ocean model in the pacific [J]. 大气科学进展(英文版)，2009(5)：1042 - 1052.

[26] 李宏，许建平. 资料同化技术的发展及其在海洋科学中的应用[J]. 海洋通报，2011(4)：463 - 472.

[27] 王毅，余宙文. 卫星高度计波高数据同化对西北太平洋海浪数值预报的影响评估[J]. 海洋学报(中文版)，2009(6)：1 - 8.

[28] Wang Hui，Liu Guimei，Sun Song，et al. A three-dimensional coupled physical-biological model study in the spring of 1993 in the Bohai Sea of China [J]. 海洋学报(英文版)，2007(6)：1 - 12.

[29] Liu Gm，Chai F. Seasonal and interannual variation of physical and biological processes during 1994 - 2001 in the Sea of Japan/East Sea：A three-dimensional physical-biogeochemical modeling study [J]. Journal of marine systems：journal of the European Association of Marine Sciences and Techniques，2009(2)：265 - 277.

[30] Guimei Liu，Fei Chai. Seasonal and interannual variability of primary and export production in the South China Sea：A three-dimensional physical-biogeochemical model study [J]. ICES journal of marine science，2009(2)：420 - 431.

[31] Fei Chai. Seasonal and interannual variability of carbon cycle in South China Sea：A three-dimensional physical-biogeochemical modeling study [J]. Journal of Oceanography，2009(5)：703 - 720.

[32] 李燕，朱江，王辉，等. 同化技术在渤海溢油应急预报系统中的应用[J]. 海洋学报(中文版)，2014(3)：113－120.

[33] 李刚. 舰船远洋航行集成应用系统设计与实现[D]. 上海：上海海洋大学，2015.

[34] Dongxiao Wang，Yinghao Qin，Xianjun Xiao，et al. El Nino and El Nino Modoki variability based on a new ocean reanalysis [J]. Ocean dynamics，2012 (9)：1311－1322.

[35] 肖贤俊，何娜，张祖强，等. 卫星遥感海表温度资料和高度计资料的变分同化[J]. 热带海洋学报，2011(3)：1－8.

[36] 王辉，刘娜，逄仁波，等. 全球海洋预报与科学大数据[J]. 科学通报，2015(5)：479－484.

[37] Jongli Han，Hualu Pan. Revision of convection and vertical diffusion schemes in the NCEP global forecast system [J]. Weather and Forecasting，2011(4)：520－533.

[38] 徐鹏，刘志宇，毛新燕，等. 强潮狭长海湾中垂直涡黏性系数与底拖曳系数的估计[J]. 中国海洋大学学报(自然科学版)，2013(8)：1－7.

[39] Fabrice Ardhuin，Erick Rogers，Alexander V Babanin，et al. Semiempirical dissipation source functions for ocean waves. part i：definition，calibration，and validation [J]. Journal of Physical Oceanography，2010(9)：1917－1941.

[40] 林晓娟，高姗，仉天宇，等. 海水富营养化评价方法的研究进展与应用现状[J]. 地球科学进展，2018(4)：373－384.

[41] Wan Liying，Liu Yang，Ling Tiejun，et al. Development of a global high-resolution marine dynamic environmental forecasting system [J]. 大气和海洋科学快报(英文版)，2018(5)：379－387.

[42] 刘娜，王辉，凌铁军，等. 一个基于 MOM 的全球海洋数值同化预报系统[J]. 海洋通报，2018(2)：139－148.

[43] 刘娜，王辉，凌铁军，等. 全球业务化海洋预报进展与展望[J]. 地球科学进展，2018(2)：131－140.

[44] 王云涛，黄幻清，柴扉，等. 渔业海洋学研究进展与讨论[J]. 海洋学报(中文版)，2018(5)：131－133.

[45] 唐佑民，郑飞，张蕴斐，等. 高影响海-气环境事件预报模式的高分辨率海洋资料同化系统研发[J]. 中国基础科学，2017(10)：50－56.

[46] 王斌，王豹，仉天宇，等. 海洋预报综合信息系统及业务化应用研究[J]. 中国科技成果，2018(11)：50－52.

[47] 曾银东. 区域性海洋业务化预报系统建设研究——以福建省为例[J]. 海洋开发与管理，2017(10)：89－94.

[48] 田壮才，郭秀军，余乐，等. 内孤立波悬浮海底沉积物研究进展[J]. 地球科学进展，2018(2)：166－178.

[49] 刘冠州，梁信忠. 新一代区域气候模式(CWRF)国内应用进展[J]. 地球科学进展，2017(7)：781－787.

第 4 章　装备上物资保障系统

国内外专家对大型机电设备的备件配置问题进行过许多研究，但受装备特性的影响，大多数的研究是针对供应链中各层级的备件配置问题。而海洋装备(船舶)是一个可维修的大型复杂系统，除了要保持平时的完好性之外，还要满足运行时优良的损伤维修恢复特性。为此，本章在梳理国内外近年来在物资、备件配置方面研究成果的基础上，以国外装备维修及保障策略作为借鉴和参考，提出了海洋装备(船舶)物资保障体系的设计方法，并详细介绍了该保障体系的组成模块。

4.1 物资保障系统发展现状

对海洋装备与船舶上的物资进行有效的管理，要基于在海洋装备与船舶上供应品配置基线的基础上进行的备品采购和供应，包括采购、消耗和存货管理两部分。国内外各机构均对上述问题开展了大量的研究。

4.1.1 国外发展现状

1) 国际管理信息系统的发展

国际上管理信息系统的信息化历经了电子数据处理(EDP)阶段、业务处理系统(TPS)阶段和管理信息系统(MIS)阶段。MIS注重建立统一的数据管理体系和数据库管理办法，规划、整合、利用系统内外部的数据库资源，为整个体系的管理和决策服务，构建了集成化的开放性信息系统(IOIS)。现代计算机信息系统已从管理信息系统阶段发展到更强调支持高级别决策的决策支持系统(decision support system, DSS)阶段，并朝着以办公自动化(office automation, OA)技术为支撑、综合多功能的办公信息系统(office information system, OIS)的高级阶段的发展。

互联网环境下，管理信息系统发展使海洋装备与船舶的现代化在深度和广度上都得到了极大的提高。借助互联网在信息管理上的优势，国际航运企业实现了对海洋装备和船舶跨地域的远程管理，将互联网远程数据交换与传统MIS在事务处理与决策支持等方面结合起来，构建了一个基于Internet/Intranet的网络平台的办公信息系统。

2) 国际管理信息系统的应用

早在20世纪90年代，一些欧美国家的船务公司就已经应用针对自身开发的信息管理软件系统。这些航运公司大多都已经构建了用于船岸通信的计算机数据传输网络，并利用海事卫星与岸端船务公司内部的管理系统相连接，将船上数据及时地传送到岸端，实现船岸信息的一体化。结合专用的设备管理软件，做到信息同步监测、维修即时反映，为船舶安全和物资保障提供了良好的技术支持。

现在，国外出现的各种船岸信息一体化网络一般都是由船载航行数据记录仪

(VDR)、船舶自动识别系统(AIS)、电子海图(ECDIS)等设备,与海事卫星通信网络和各种无线通信网络相结合,再与陆上船务公司内部的广域网或局域网连接,形成船岸数据传输的高速公路,并按照一定的协议格式实现船岸的自动通信,构建为集通信、控制、导航为一体的远程船舶监控系统。

国际上,航运公司广泛采用的船舶管理信息化软件有:ABS船级社的SafeNet船舶管理软件和挪威Xantic公司的AMOS船舶管理软件。AMOS船舶管理软件中含有船舶维修保养模块,代表了目前国际设备管理系统最先进水平,成为最科学、最高效的船舶管理手段。该系统由SpecTec公司于1985年开发完成,集船舶维修保养、仓储、采购、预算功能于一身,充分体现了现代化海洋装备和船舶管理的系统性的特点。经过多年的不断测试、改良与更新,已成为目前全球应用最为广泛的船舶管理解决方案,是现代船舶管理业应用最新技术的象征与标志。在全球同类产品市场中,其已先后应用到8 000多艘船舶及海洋平台和1 200多家公司,在国际海洋装备和船舶管理类应用软件中占据了全球绝大部分份额。目前,中国已有16家单位正在使用AMOS船舶管理软件。

AMOS船舶管理软件的主要功能有:船舶维修保养(PMS)体系、备件物料库存管理、采购管理、船岸信息共享管理、报表档案管理、船岸通信及数据交换。

世界著名的波罗的海国际航运公会(BIMCO)开发了不定期船舶经营管理决策支持软件,拥有单机和网络等多个版本。经过不断改进,该软件已经包括了大量港航信息,可以提供大型数据库支持,操作灵活方便,并附有港口图形和文字资料、航线资料、标准合同范本等。

4.1.2 国内发展现状

1998年,中远中国远洋运输(集团)公司委托上海海事大学进行以船舶设备管理为核心的船舶管理信息系统开发,2000年年底完成满足该公司所有船舶管理部门需求的船舶安全与物资管理信息系统的开发工作。2004年年初,中远(香港)航运有限公司企划部提出了系统移植与再开发的实施方案,要求以公司体系文件为系统业务流程依据,突出技术管理与成本控制的设备总管制管理模式。上海海事大学所研发的系统主要针对集装箱船设备管理,囊括修船管理、安全管理、证书管理、油品管理、物资管理、费用管理、信息管理七个功能模块。

此后,大连海大航运科技有限公司开发的设备管理信息系统是拥有PMS管理、船舶备件管理、基础数据库管理、设备报表管理和船-岸数据交换等五大功能的计算机应用系统,划分为岸基系统(岸基版)和船载系统(船用版)两个既相对独立又与数据共享密切相关的部分。

北京环太中科软件股份有限公司在自己开发的产品“船舶设备管理系统”(ship manager)的基础之上,为广东顺峰船务公司量身定做的“船公司及船舶管理信息系统”大大降低了该公司设备人员和高级船员在船舶物资保障方面的工作难度,减少了管理成本,提高了工作效率和质量。

国内海洋装备与船舶管理系统主要依托大专院校的专业院系来开发。目前,国内设备管理市场领域开发比较成熟的软件主要有：早期中国远洋运输（集团）公司与上海海事大学联合开发研制的船舶管理信息系统（SMIS）和航行与机舱数据获取系统（NEDAS）。SMIS 利用卫星通信技术实现了岸端公司对远航船舶的监控和管理，大大提高了船务公司的管理水平和经济效益；NEDAS 借助海事卫星将远航船舶航行过程中的数据和设备运转参数定时地传给岸端船务公司的管理系统，帮助岸端管理人员随时了解在航船舶的航行状态。近十年来，我国不断开发出船舶信息平台产品，并在几十艘军用、民用船舶上得到局部应用。船舶信息平台产品多样、齐全、成熟且可靠性高，某些性能已超过国外同类产品水平，可以扩大到全船使用，用以取代并淘汰监测报警系统，连接全船机舱和甲板的全部设备，能满足大小型船舶及大型复杂的工程船舶的需要多航运企业在不提高船舶配套成本的基础上，实现了船舶自动化设备的现代化改革及全船的信息化，同时也提高了我国造船配套的现代化水平和船舶的安全性。

4.2　系统架构和设计方法

海洋装备（船舶）物资保障系统与武器装备保障系统有很多相似之处，海洋装备（船舶）和武器装备均具有使用强度大、保障要求高的特点。随着海洋装备（船舶）上越来越多地使用各种复杂的现代化装备，由于其长期在外作业，需要有足够的供应品，包括生产用供应品和生活用供应品两大类。但是，物资不能存储过多，也不能太少。要保持平时的战备完好性和战时的优良工作恢复特性，则备件的合理优化配置至关重要。配置过量会影响装备的有效运行载荷，增加保养的工作量，造成装备经济的浪费；配置缺乏，又会直接影响各种维修力量的发挥，特别是战场上舰船战斗性能的发挥，造成舱容不足或积压浪费。上述海洋装备（船舶）物资保障的特性均与现代化武器装备保障极其相似。因此，可借鉴武器装备保障系统来设计和实现海洋装备（船舶）物资保障系统。

4.2.1　国外维修及保障策略和方式

4.2.1.1　美国

随着武器装备的快速发展和信息化程度的不断提高，美军在装备维修及保障领域推出了不少新的策略和方式。在武器装备的维修保障策略上，美军先后提出了基于性能的保障和基于状态的维修。在具体的保障模式上，提出了自主式保障。

1）基于性能的保障策略

20 世纪 90 年代，为适应新军事变革，美军积极推进基于性能的保障（PBL）策略，目的是适应新的作战环境和作战样式对装备保障的要求，缩减后勤规模，降低使用和保障费用，提高经济可承受性和装备的战备完好性。目前，PBL 已发展成国防部首选的保障策略。

PBL 策略是美欧等国针对具体型号装备提出的全新维修保障理念和模式，其核心是“项目办公室”通过“装备保障集成方”加强对装备全寿命保障的管理，促进军方与合同商的合作，实现优势互补与风险共担，从而在经济可承受的条件下确保型号装备在寿命周期内实现预定的战备完好性目标。

PBL 策略的主要原则包括：

(1) 购买性能，而不是以交易为基础的货物和服务。

(2) 项目经理对全寿命周期系统管理负责。

(3) 签订以客观的度量标准为基础的基于性能的协议。

(4) 明确产品保障集成方将保障集成起来并实现性能/保障目标的“单一联系点”。

(5) 公私合作。它将保障作为一个综合的、可承受的性能包来购买，以便优化系统的战备完好性。它通过以具有清晰的权利和责任界线的长期性能协议为基础的保障结构来实现武器系统的性能目标。

美国实施 PBL 策略以来取得了显著成效。阿富汗战争期间，有两个项目的保障达到了历史最高水平，它们是美国海军的辅助动力装置(APU)和空军的联合监视目标与攻击雷达系统(JSTARS)，这两个项目都采用了 PBL 策略。在伊拉克战争中，实施 PBL 策略和全寿命周期系统管理的项目超过 12 个。所有这些作战平台的保障均超过了作战需求，其中有几个项目特别出色，如美国 F－117 战斗机、F/A－18E/F 战斗攻击机、联合监视目标攻击雷达系统(JSTARS)的通用地面站、C－17 战术运输机。

2) 增强型基于状态的维修策略

基于状态的维修(CBM)策略是美军在 20 世纪末、21 世纪初开始大力推行的一种维修思想，目的是将以信息技术为代表的各种高新技术应用到维修的全过程，从而提高维修工作的效率与效益，实现维修方式的全面变革。CBM 策略是在传统状态监控和故障诊断技术的基础上，综合了多种先进的技术，准确地判定部件实际状态，并据此决定更换或维修的过程。CBM＋是 CBM 的增强版，它将一些新的或改进的维修技术引入维修实践中，更强调状态的监控、故障的诊断。增强型基于状态的维修(CBM＋)策略实施为在分布式、非线性的战场上向多国、远征、联合兵种部队提供保障奠定了基础。美军通过推进该项目达到逐步实现了一体化保障和以网络为中心的保障，并实现了联合部队的互操作、感知与响应。目前 CBM＋策略已成为美欧维修理论和应用研究领域的热点。

3) 自主式保障模式

自主式保障(AL)模式是美军在开发第四代战斗机 F－35 时提出的一种创新性维修保障模式，它是基于状态的维修策略的具体实现形式。通过一个实时更新的信息系统，AL 模式将任务规划、维修训练和维修保障作业等各种要素集成起来，对武器系统的状态进行实时监控，根据监控结果自主确定合适的维修方案，在装备使用期间预先启动维修任务规划和维修资源调配，在最佳时机进行维修，确保武器平台保持良好的状态。

AL 模式是一种先导式的武器装备保障模式，旨在借助现代信息技术等高新技术，将保障要素综合起来形成一种无缝的后勤保障系统，使飞机能以最低的费用达到规定的战备完好性，从而实现经济可承受的全球持续保障构想。F－35 战斗机的自主式保障系统由三部分组成：

(1) 联合分布式信息系统。该系统由分布于平台、部队和保障基地的各种嵌入式计算设备和数据库构成，能够对各种事件做出响应（如“状态预测与健康管理系统”做出的故障预测），制定装备使用、维修和训练日程，评估维修资源需求和任务要求的合理程度等。

(2) 状态预测与健康管理系统（PHM）。该系统由成员系统、区域管理器和平台管理器组成。成员系统可通过嵌入各组件的监控程序自动检测装备故障，并报告给相应区域管理器。区域管理器汇总各分系统故障信息，融合后传给平台管理器。平台管理器汇总整个平台的故障信息和维修需求，并提交给基地保障信息系统。

(3) 各种功能性管理系统。该系统主要包括动态资源管理器、弹药和供应系统、训练管理和保障系统、维修管理系统、技术数据仓库等。动态资源管理器主要用于飞行日程、训练日程和维修日程的安排与协调；弹药和供应系统主要用于对各种零备件进行申请、协调与管理；训练管理和保障系统主要用于确定训练需求，保留飞行员和维修人员训练记录并对训练资产进行管理；维修管理系统主要用于生成维修命令，管理维修记录；技术数据仓库主要存储各种数据并实时更新数据。

与传统保障模式相比，AL 模式能够更好地满足信息化装备的整体保障需求。传统保障系统是一种被动反应式系统，从状态数据收集到故障诊断和预测整个过程的自动化、智能化水平较低，而且为维持高战备完好率，必须要准备大量的维修备件、保障设备和人员，严重制约了保障效率和效益的发挥。

随着自主式保障系统的成功使用，它在美军其他武器装备中也开始应用，如美国海军提出的自动化后勤环境构想和相应的关键技术，并在海军航空兵 F/A－18、V－22 等飞机上和海军战斗群上加以应用，对降低这些装备的使用保障费用、提高其战备完好性和机动部署能力成效显著。美军认为通过 AL 模式可实现：

(1) 借助信息技术等高新技术，将基于状态的维修和美军整个信息链系统相结合，达到保障信息一体化。

(2) 进一步规范和强化装备自诊断、预测与维修保障能力，使装备不仅仅是维修的客体，也是维修保障主体的重要组成，即将维修主体前伸到从装备自身开始。

(3) 进一步缩减装备保障环节，优化保障体系和资源，达到精确、机动、快捷、经济的保障目的。实现 AL 模式后，装备几乎全部诊断测试、维修和保障活动都将实现自动化，从而最大限度地减少人力和消除人为差错，高效保障装备的作战部署。自主式保障模式在一定程度上代表了 21 世纪武器装备保障的发展方向。

近年来，美军武器装备技术保障思想从“越多、越快、越好”向“适时、适地、适量”的“精确保障”发展。为提高维修保障能力、节约费用成本，充分运用军民合作与竞争机制，在基地级维修中大力提倡合同维修，利用私营企业力量，加强维修保障硬件建设，开展远程检测与诊断系统、综合自动检测设备（IATE）、自动识别技术（AIT）等研究，将各种新技术用于维修设备、设施上，大幅提高保障效率。

4.2.1.2 俄罗斯

俄军把武器装备保障视为作战行动四大保障(作战保障、后勤保障、装备保障、政治保障)之一。俄军的武器装备保障继承了苏联军后勤与装备保障分立并行的体制，按照装备类型区分为核武器、导弹(火箭)、炮兵、坦克、汽车、通信等 17 种类型。俄军装备保障机制分为总部、军区、集团军、师、团、营 6 级，各级均设有装备指挥员、装备保障机关(机构)和部队。俄罗斯通用装备保障由国防部统一管理，专用装备保障实行三军分管。俄国防部总装备部负责统管全军装备科研、采购和通用装备保障工作，陆海空军司令部设技术保障部门，分管本军种专用装备的维修保障。

俄军武器装备保障理论是在可靠性理论和对战时技术保障的总结和预测的基础上形成的。伊拉克战争后，俄军全面改革维修保障思想，逐步形成了“平战结合的联勤保障”“快速机动的应急保障”“优先保障重点作战部队”“固定式保障与伴随式保障相结合”等适合现代联合作战的装备维修保障思想。俄军武器装备维修保障的主要经验做法可概括为以下几个方面：

(1) 形成了面向战时的装备维修保障作业流程，为确保装备维修保障力量能够在战时有效支持作战行动，针对各种强度和样式下的作战，规定了具体的、可操作的装备维修保障作业流程，并将其纳入军队相关条例中。

(2) 加强战场装备保障设施建设，车臣战争后，俄军加强了可能发生战事的最前线和主战区的战场建设，改(扩)建了重点战区的仓库，整修了 30 多个维修保障基地，修缮了战区水、陆、空立体交通网。

(3) 建立部队对装备的试用和试修制度，通过部队装备试用，对装备性能和可靠性、维修性进行评价和验证，掌握装备的使用与维修特点，评价维修所需的全部手段和技术标准等，要求新装备第一次进厂修理时必须经过试修，以全面掌握修理程序和工艺，确定修理深度和范围。

4.2.1.3 英国

20 世纪 90 年代以前，英国国防部对各军种综合后勤保障工作实施缺乏统一的指导原则。1993 年，英国国防部颁发了《在采购过程中应用综合后勤保障的政策》。1996 年，英国颁布了国防部标准《综合后勤保障》(00 - 60)，作为其综合后勤保障的标准体系。1997 年，开始调整武器装备管理体制，成立综合项目组，负责项目全寿命周期管理。1998 年，对 00 - 60 进行了修订，修订后的主要特点有：综合后勤保障涵盖装备系统全寿命各阶段；综合后勤保障战略向国际化靠拢；综合后勤保障实施和综合项目组紧密相连；联合后勤将对综合后勤保障的实施产生重大影响。

英国在武器装备保障方面紧随美国的足迹，但由于内外部环境的不同，英国的装备保障具有不同特点。英国大力推进后勤转型，发展了两种 PBL 形式，即可用性合同(contract for availability)和能力合同(contract for capability)。

可用性合同主要考虑武器装备的可用性，即根据装备的可运行时间或部件的可用性进行支付；能力合同是对购买性能概念的进一步拓展，合同商的主要职责是维护装备的能力(如技术升级)，但装备本身由合同商拥有并以租赁的形式提供给军方(军方不拥有，只支付使用费用)。英国主要以可用性合同方式实施 PBL 策略,并在皇家空军“旋风”战斗机等项目中取得了成功,雷达等重要装备部件产品可用性水平大幅提升,人工维护时间减少近 50%。

4.2.1.4　其他国家

法国、德国国防部武器装备总署不仅负责全军装备保障的统一领导,而且与三军共同承担装备维修保障任务,如海空军装备、战略战术导弹等重大装备维修保障实施等,各军种参谋部负责本军种装备保障实施。

印度国防部国防生产与供应局负责武器装备保障政策、计划和协调,三军司令部相关部门(如陆军军械局、海军物资局和空军维修局)负责本军种维修保障的实施。

日本防卫厅管理局对自卫队的武器装备科研、补给与维修保障实施统一管理,合同本部负责维修保障的合同管理,三军在防卫厅统管下设相应的装备保障机构具体实施。

4.2.2　对我国海洋装备物资保障系统建设的启示

从国际上各国信息化时代武器装备维修保障的特点可以看出,现代化武器的维修方式、体制是变化的,它的变化始终围绕着作战需要,结合部队需求与实际需要主动地采取相应措施,在整个过程中,注重高新技术的应用。我们应顺应时代潮流,运用新方法与新技术,变革海洋装备(船舶)的物流与配置方法。

海洋装备(船舶)的维修保障能力是运行能力生成的“倍增器”。现代海洋装备(船舶)保障难度大、费用高和运行时完好性差等问题日益突出。以美国为代表的世界军事工业强国正大力发展装备保障理论和技术,同时注重装备全寿命周期保障的顶层设计、总体规划、引领指导和统筹管理,形成了作战用户需求牵引、主管部门统筹协调、研制单位主体实施的“铁三角”关系模式。

1) 打造维修保障的信息基础

信息化是世界新军事变革的本质和核心,维修保障的发展也必须以信息技术的推动为前提。海湾战争之后,美军充分利用新军事变革的有利时机,率先以信息化战争为背景谋划军队建设,不断完善信息化体系。随着军事装备信息化程度的不断提升,必须把信息技术的开发和应用作为军事保障变革的核心,加速保障信息化步伐。

为此,应加快建设无缝链接的保障指挥信息系统,提高保障指挥调度自动化能力。彻底解决信息化建设中存在的信息系统不兼容、信息资源不能共享的问题,建立覆盖全军的保障一体化信息系统,从而能够对未来军事行动所需的保障力量、保障资源、保障能力进行精确计算,准确投放,实现集保障管理、保障指挥、保障行动于一体的保障指挥自动化,实现军事保障的实时调度指挥。

此外,应建立完整的全资产可视系统。全资产可视系统能够实时获取保障对象的需求及资源供应的类型、数量和流向等信息,从而实现全时段、全方位、全过程的供应保障。伊拉克战争前,美军根据对战争进程的预测,只储备了 1～2 周的保障物资,其他则通过比较完善的全资产可视系统实现即时保障补给,既避免了物资的不必要流动和浪费,又提高了作战效益。

2）通过维修方式的优化，促进新型复杂装备维修保障能力的生成

目前，我国高新技术武器装备研制生产主要采用中央垂直管理的方式，由各军工集团公司组织实施，大量装备配套生产厂家分布在全国多个省区市，而且每个小专业还可以继续细化，仅靠属地动员模式难以统筹资源进行协调。美军基于性能的保障中采取装备保障集成方，有鉴于此，可以按照“谁管资源，由谁动员”的思路，充分发挥总装厂的“统领”角色作用，采取“总装厂抓配套厂”的方式，逐步形成总装备部与国防科工局统一协调、对口管理，各军工集团公司及相关属地部门组织抓落实的高新技术武器装备动员格局，即采用“行业为主、属地配合”的装备动员模式，才能适应新时期装备动员的特点和规律，提高装备动员的质量和效益。

3）充分利用合同商的装备维修保障力量

充分利用合同商的专业技术队伍和保障基础设施，可减少必须维持的训练设施和人员，显著提高武器系统保障的时效性和经济性。而对于新服役的、技术复杂的武器系统，军方往往无法及时建成建制的保障力量，或者其保障需求会超出建制保障力量的能力范围。在伊拉克战争中，为保障美军使用的大量先进指控系统，美国一些重要的防务合同商向前线派遣了大量专业技术人员，为其生产的系统提供维护、修理和备件供应。因此，在保持军方核心能力的前提下，由合同商提供战时保障的做法可以借鉴。

4.2.3 海洋装备物资保障体系系统设计

海洋装备（船舶）物资保障体系将采用现代化的信息技术手段，整合海洋装备（船舶）物资管理的实际业务和信息，建立现代化的海洋装备物资保障管理信息系统。

4.2.3.1 系统总体设计

该系统将装备保障系统与监控系统进行有效结合，在信息层面上，就是将两套系统的数据进行共享，将用户界面进行有机融合：利用装备保障系统将用户的经验、设备技术资料、维修管理的过程信息化；利用监控系统，将全船各个系统的实时数据信息化、图形化。用户在系统运行过程中，对于出现的各种故障，不但能够通过图形化的人机界面进行监测，还能够获得与设备相关的文字、图纸、图片等技术参数进行故障判断，并获得维修信息。因此，从用户角度出发可实现从设备监测、故障出现、故障判定、设备维修全过程操作。

4.2.3.2 系统网络结构设计

海洋装备（船舶）物资管理信息系统软件是一种新兴技术产物，结合了装备保障、综合平台。系统采用专用的C/S结构进行开发，网络传输过程全程加密，保证了网络安全和系统稳定。TD－SCDMA/WCDMA/CDMA/GPRS有着较为稳定与成熟的技术和设备支持，但受ISP提供商的机站架设情况影响较大，可能在某些区域存在着信号盲区。采用CDMA/GPRS/3G相结合，可以最大限度利用到多家ISP提供商提供的服务区域。服务器主要由服务器设备与服务器端软件组成。采用专用服务器，运行数据服务器软件和Oracle数据库系统。服务器主机以专用网络接入互联网中，具有大数据吞吐量的处理能力。系统体系结构的设计不仅要满足CWBT规定的所有流程和细节，还要考虑平台的搭

建、服务器的负载是否均衡等非业务方面的实现可能性。系统网络结构设计如图 4.1 所示。

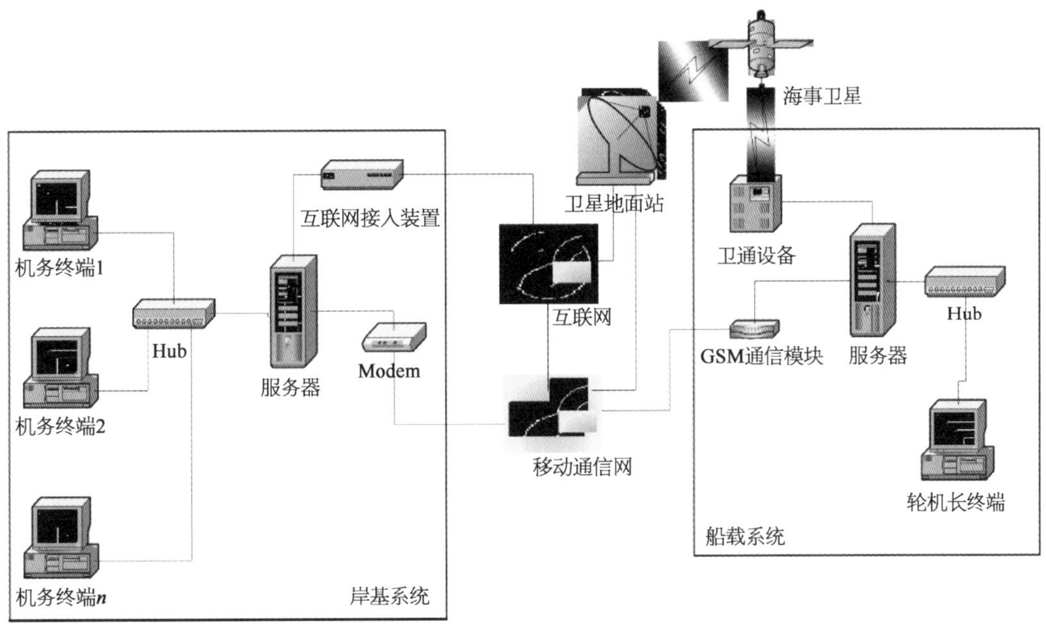

图 4.1　系统网络结构设计

4.2.3.3　功能模块架构设计

增强型基于状态的维修(CBM＋)是利用原位诊断功能和原位/离位预测功能，对武器系统的状态进行监控，并在此基础上采取适当的维修活动，从而提高部件的可靠性，缩减维修工时，减少意外和事故。在战略级，CBM＋是指在对装备的状态进行实时或近实时评估的基础上采取一系列维修行动。装备状态数据通过嵌入式传感器、外部测量设备或便携式设备的测试中获得。从状态与使用监控系统或便携式设备上收集的数据转化为预测趋势和指标，这些趋势和指标能在实际操作环境的基础上预测部件何时出现故障。在企业级，这种预测性方法能够实现预先保障，即在部件出现故障之前，提前采办并交付所需的维修部件。在战役/战术级，CBM＋可将装备的状态数据和使用状况转化为主动维修行动，从而使维修人员实现并保持较高的装备使用可用度。

CBM＋的核心目标是减少海洋装备(船舶)不必要的负担，同时改善或延长部件的寿命，使部件从定期更换转变为必要时才更换。上述转变除了要提高装备的可靠性、可用性和维修性外，还要在处于战争状态时确保武器系统的安全。CBM＋的最终效果是通过一体化保障提高装备的使用可用度，也就是减少对无故障迹象部件的不必要替换，缩减维修工时，降低使用与保障费用。其真正价值在于减少或消除非计划性维修，并通过减少用户等待时间和多余的库存来缩减保障规模。CBM＋工作的起点是对性能不稳定的部件状态进行监控，随着工作的进展，最终使其转化为性能稳定的部件。因此，海洋装备(船舶)

物资保障体系以 CBM＋为基础，进行功能模块架构设计。

CBM＋的发展主要是基于以下几个方面的最新成果：材料故障机制的研究；状态监控与维修技术；故障诊断和预测软件；广泛被接受的通信协议；信息技术、计算机网络技术和维修软件的应用。此外，G. Vachtsevanos 和 P. Wang 指出：模糊逻辑、神经网络等理论和技术也被用于 CBM＋的设计，以提高系统的性能。

CBM＋的发展趋势主要集中在以下三个方面：

1）CBM＋智能预测决策

CBM＋的关键是维修智能化。它对于那些致力于推进使用效率和企业优势的业务智能化系统是必不可少的。在制造或生产设备中经常用到以下四个类型的系统：控制及使用系统、监控系统、维修系统、管理系统。每个系统的成功确保了企业的成功。维修智能化的中心是决策支持。维修决策支持是状态监测与状态维修之间的桥梁，它还是实现减少停机时间、优化备件存储、平衡工作范围和减少拥有费用等业务目标的驱动力量。

CBM＋智能预测决策过程主要包括设备状态监测、设备状态评估和设备状态维修决策。

（1）设备状态监测。设备状态监测是为了实现对设备状态跟踪而进行的采集、识别、分类和解译的活动。机械设备的大多数故障，在其发生前都会有某些征兆，其相应的参数会发生一系列的变化。设备状态监测就是用仪器监测能表示设备状态好坏的参数，这些状态参数应能真正表明设备故障状态，如机械的振动、动静部件的碰磨、金属材料的磨蚀、转子的热应力等。目前已开发的监测技术种类极多，按其监测的征兆可分为以下几类：

① 动力学效应：监测动态部件以振动波、脉冲波和声波等形式散发的异常能量。

② 颗粒效应：监测大小和形状各异的离散颗粒在部件或组件运行环境中的变化。

③ 化学效应：监测化学元素释放到环境中的数量变化。

④ 物理效应：监测设备外观和结构尺寸的物理变化。

⑤ 温度效应：监测设备本身由于温度升高所造成的故障。

⑥ 电学效应：监测电阻、导电性和电位等，以便确定故障。

通过连续监测反映设备状态变化的预警参数，就可以获得故障初期的信息。只要设备运行良好，没有因故障出现而发生状态变化，通过相关公式和运算法则计算出的状态参数就应该保持恒定。

在 CBM＋智能预测决策过程中，设备状态数据的解译和利用至关重要。设备状态分析一般包括设备状态鉴定、设备状态分类、设备状态解译。

（2）设备状态评估。设备状态评估主要包括两个方面：智能状态故障诊断和设备性能衰退趋势预测。它的主要目的有查明隐患和初期异常、鉴定和定位故障根源、预测设备剩余寿命。智能状态故障诊断是一种对设备安全和性能状况决策的过程，主要任务是探察设备异常状态、识别症状、分析症状信息和确定影响生产的故障原因。智能状态故障诊断特别适用于复杂情况，分为三种基本类别：案例故障诊断、标准故障诊断和模型故障诊断。

常用的故障诊断方法有：① 模式识别诊断法；② 参数辨识诊断法；③ 故障树故障诊

断法；④ 模糊诊断法；⑤ 神经网络故障诊断方法；⑥ 专家系统故障诊断方法。

设备性能衰退趋势预测通过预告与设备性能衰退相关的症状信息来实现有计划的维修活动。一旦某个部件被诊断为初始故障源，设备性能衰退趋势预测可以通过内嵌的人工神经网络（ANNs）评定有缺陷部件的剩余寿命和失效程度。由于 ANNs 在非线性时间数列趋势预测中的潜在能力，它可以被用作一种决策支持工具。在设备严重停机事故发生之前，利用它可以有足够的时间制订矫正性维修计划。

（3）设备状态维修决策。设备状态维修决策的目的是为了解决维修过剩和维修不足这对矛盾，并能够根据设备的状态数据动态地安排预防性维修。什么时候维修、维修什么部位，要根据故障性质及其发展趋势而定。在状态监测的基础上进行故障诊断后，很容易确定故障原因，但是在确定具体维修时间时，不能只根据一个部件的故障而定，而要综合考虑全体部件的状态，即把所有部件状态均列入一个运行维修网络图，维修人员根据运行维修网络图，按设备重要程度、故障性质及部位综合考虑安排维修计划，然后按计划进行相应的维修。CBM＋智能预测决策支持系统可以在不干扰正常操作的情况下，支持维修决策，即应该什么时候和在什么部位对设备进行维修。当设备在正常状态运行时，只需进行例行维护。当被监视的设备预警参数指示设备处于功能衰退状态，并有可能导致功能性失效，故障发展趋势分析系统应被启动以分析可能出现的问题。在这种情况下，不需要执行特殊的维修活动，但应该加强状态监测以避免紧急情况出现。当被监测的参数超出预先规定的水平，警报将被激活，首先到案例诊断系统，自动从历史档案中提取故障原因及解决办法。如果警报状态是一种档案库中没有的新情况，系统将会激活标准或模型诊断系统进行故障诊断。当状态预警参数达到预先设定的保护水平时，设备系统就会突然或几乎完全停机，这是设备出现重大故障的结果。在这种情况下，紧急性抢修活动将被执行。

2）远程智能维修

随着计算机网络技术的迅速发展，远程智能维修越来越得到研究人员的重视。远程智能维修利用互联网，使维修机构和人员能够通过安全的网络化设施解决远程设备遇到的维修问题，达到降低维修费用、缩短设备停工待修时间和修理时间、提高维修效率的目的。

远程智能维修使各地的维修专家可以同时对远程设备进行网络会诊，生产管理层也可以在任何时间任何地方了解到设备的运行状态，从而做出相应的生产和维修决策。这样就可以实现对设备全生命周期进行监控，监控设备性能衰退，在性能衰退时规划维修时间，避免工作时突然停机，让设备始终处于近“零故障”运转状态。远程智能维修如图 4.2 所示。

在图 4.2 中，安装在设备中的各种传感器采集原始数据，在状态数据预处理和接口模块中进行简单的数据分析处理，其结果经由网络送达远程的维修中心主控系统。该中心的智能诊断系统对送来的数据和存储在中心数据库里的历史数据进行纵向比较，同时和其他同类产品的数据进行横向比较，如果比较结果正常则将数据送到中心数据库存档，否则对异常数据进行分析，利用人工神经网络或贝叶斯定理推导出设备性能衰退的原因，并

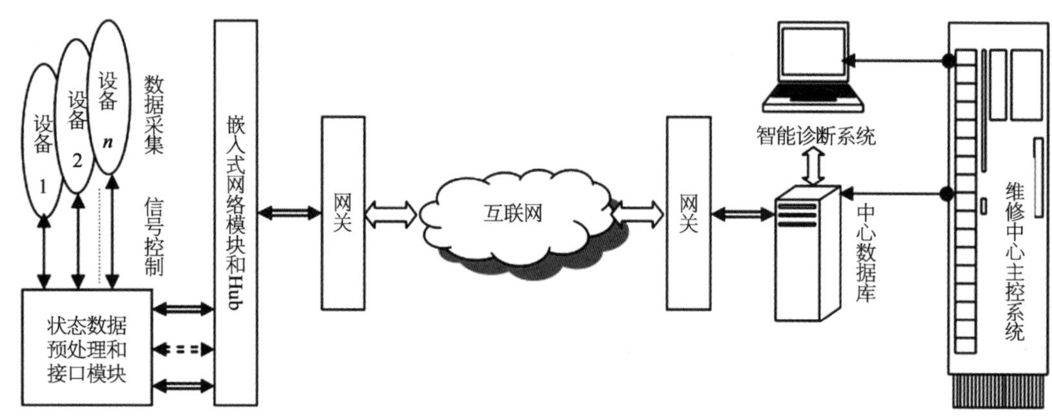

图 4.2　远程智能维修示意图

将结果通知智能维修系统。智能维修系统根据设备所处的性能阶段形成维修方案和具体维修措施，对于简单的维修措施，可以直接通过状态数据预处理和接口模块对其解码并进行格式转换来对设备进行相关的控制与模式调整，复杂的维修活动可以通知现场维修人员进行操作。如果现场安装有摄像机，维修中心还可以进行实时指挥。同时智能维修系统也将结果通知设计和制造部门以使其改善产品性能。其中，状态数据预处理和接口模块的作用是实时采集安装在设备中的多个传感器的信息数据，并对其进行特征值抽取和初步分析评价，预处理结果通过嵌入式网络模块上传给远程维修中心。同时对突然发生的故障自维护和向远程使用者报警。另一方面它可接收通过嵌入式网络模块传递来的远程控制信息，经过预编译和格式转换后形成设备控制器能够识别的格式，然后送达设备控制器以使其做出规定的状态变化和模式调整。嵌入式网络接口模块是现场设备和远程维修中心之间的信息传输接口，承担着信息发送和接收的任务。

远程智能维修是随着高技术设备的大量使用和计算机网络及通信技术的不断发展应运而生的一种先进的维修手段，它将现代通信技术、信息处理技术、计算机网络和多媒体技术应用于设备维修领域，使得信息的获取、显示、存储、处理和设备的实际修理更为方便、快捷、精确和可靠，可以实现设备维修信息的数字化、汇总的自动化、传递的网络化、决策的智能化。

远程智能维修系统与传统的故障诊断技术相比具有以下特点：

(1) 实现了数据的移动，从而改变了一旦设备发生故障，诊断人员就疲于奔命的被动局面。

(2) 增加了用于远程故障诊断的 Web 服务器，可与该技术领域力量较强的设备生产单位、科研院所和有关技术支持单位建立的故障分析诊断中心互联，建立一种协作关系，共同为系统提供远程故障诊断服务。

(3) 克服了地域障碍，用户发出故障诊断请求后，可以在较短的时间内调动服务器的所有技术资源，实现对设备的诊断和维修指导。

(4) 具有丰富的诊断数据库和诊断知识库，提高了诊断智能，并通过多手段、多专家协同对故障进行会诊，可以大大提高故障诊断的准确性和可靠性。

远程智能维修系统可以实现信号采集处理、状态识别自动化；能够实时显示、打印输出分析结果；设备故障能自动报警并对故障性质、程度、部位和趋势做出诊断；能将大量文档资料存储起来，供有关人员查阅历史数据，为运行人员和管理人员提供可靠的决策依据。专家系统的出现使远程智能维修系统更加智能化，它将专家的宝贵经验与思想方法同计算机的存储、运算、分析能力相结合，能模拟专家的推理判断和思维过程，解决状态识别、诊断决策中的各种复杂问题。因此，建立设备远程状态监测和智能维修系统，对发挥整体技术优势、提高维修保障效能具有重要作用，必将成为未来维修工作的重要实施手段。

3）无线智能 CBM+

CBM+系统通常有两种配置方式：

(1) 局域 CBM+(Localised CBM+)：通过维修工程师(技术员)或操作员承担邻近被监测部件的维修任务，是独立的预防性维修活动。为了确定被监测部件的状态，需要定期获取和记录 CBM+数据，然后确定设备的部件状态是否可以被接受。

(2) 远程 CBM+(Remote CBM+)：该系统可以单独使用或与其他商业系统联网使用，包括在可疑部件的邻近地点监测部件的状态。Internet CBM+为远程 CBM+提供了全球远程能力，使得职工远离工厂(甚至在海外)时仍然可以监测设备的状态。

在大多数 CBM+案例中，通常是一个技术员定期(每月或每个季度)使用数据采集器到各处采集数据，采集的数据包括机械振动、温度、油类标准和运转速度等，然后使用趋势分析软件评估设备的健康状况——设备有无故障和故障严重程度。然而，使用数据采集器采集数据的频率受到技术员的时间限制、预算削减和人为错误等约束，除了预先的数据采集硬件、软件和培训费用外，还需要持续的费用用于技术员沿着运转路线采集数据。

为了及时检测出设备故障，可以使用数据采集器每日监测关键设备的状态，但运转费用大大增加。如果按平均时间间隔 30 天进行数据采集，那么有些设备故障就不能及时被检测出来，由于设备故障和故障被检测出后设备迅速退化造成的经济损失可能更加巨大。因此，CBM+的下一步发展是在线监测系统。

与数据采集器相比，在线监测系统具有以下优点：① 能够提供更频繁的设备状态信息；② 从长远看，在线监测系统的总费用低。尽管在线监测系统的初始安装费用高，但它们的运转费用相当平稳，与监测点的数量和监测频率无关。而使用数据采集器监测的运转费用与采集点的数量和每天测量的次数成正比。在线监测系统主要用于监测设备运转过程中的关键环节、设备运转时出现的已知故障、设备是否超出最初设计的运转和记录即时的设备故障历史等。大多数制造业设备由于价格昂贵、安装困难和系统复杂，还不能完全实现在线监测系统。最常见的是将在线监测系统用于设备关键部件上。

无线监测系统比有线监测系统的费用更加合适，安装费用更低，只需安装必要的电缆，即用坚固的电线将传感器和无线网络集线器连接起来。无线智能 CBM+意味着一个 CBM+系统不需要人介入就能理解状态信息并做出决策，技术基础包括：① 使用智能技术构造的传感器(智能传感器)，该传感器能够传送充足、优质的信息；② 可重新设计编程的在线传感器，当能够被检测出的、可识别的模式发生改变时，可编程对该传感器装配新的规则；③ 用于对解译的传感数据进行趋势分析的运算规则、模糊逻辑和神经网络方法，这些方法能够对被监测设备的故障可能性做出判断；④ 能够提供代理数据以替代将要发生故障或已发生故障的传感器的人工智能算法。

无线智能 CBM+系统的关键设备之一是无线传感器。无线传感器在以下场合具有显著优点：① 采集设备中难以接近部件的状态数据；② 采集电力复杂环境中的状态数据；③ 采集移动应用设备的状态数据。

对于无线智能 CBM+系统，传感器节点必须即插即用，并具备异构联网性能。这样，另外的传感器节点易于加入系统，并允许迅速地重新分配已存在的节点。此外，连接到主机、用于从无线传感器网络中接收信息的收发器也必须容易使用和安装。

无线智能 CBM+系统的无线电接收装置从物理层开始，是信息的发射机和接收器。通信协议构建于物理层的上部，定义了如何打包、发送和加密信息，以及如何控制错误校验和修正。最上层是应用层，该层定义了哪些信息必须通过通信协议后才能被传送以及一旦被剥夺协议该怎样处理接收的信息。

推行 CBM+是信息化装备的必然选择。各种信息化装备技术先进、结构复杂，其故障模式与间隔无明显规律可循，采用传统的预防性维修无法奏效，只有采用以状态信息采集、监控、处理为基础的预测性维修才能准确预测、定位并解决此类故障。CBM+是一种预测性维修，可实时监控装备的状态，准确判定部件的实际状态，预测设备的初始故障和剩余寿命，在出现维修需求时才开展维修，适应信息化装备对高精度装备保障的要求，能节约不必要的维修费用，降低武器装备的寿命周期费用。此外，信息化装备本身就具备实现 CBM+的软硬件条件，如在设计时就嵌入了高性能传感器和嵌入式诊断能力，配备高性能的信息系统有利于数据的快速传输和高效处理等，为实现 CBM+奠定了物质基础。

在 CBM+系统的基础上，根据海洋装备(船舶)物资管理在实际的工作流程，分析各业务在日常管理中的出现频率，根据使用频率确定是否单独设定功能模块，同时充分考虑改造成本，对于部分改造成本较高的业务需求暂不进行系统功能需求的模块设计，此系统主要设计的功能模块有计划保养、备件管理、物料管理、修船管理、船舶检验、数据管理、查询统计、其他管理。物资管理信息系统的结构如图 4.3 所示。

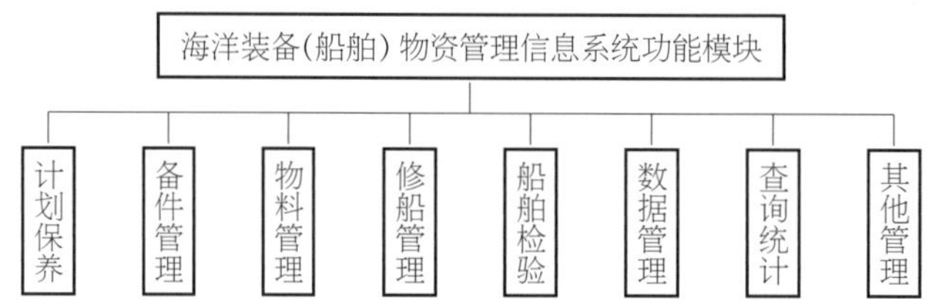

图 4.3 海洋装备(船舶)物资管理信息系统功能模块设计

4.2.4 管理信息系统规划方法

管理信息系统是以人为主导，利用计算机硬件、软件、网络通信设备和其他设备，进行信息的收集、传输、加工、存储、更新和维护的系统。管理信息系统规划是管理信息系统的主要内容之一，对于管理信息系统的设计具有重要的作用。

1）信息系统规划的含义

信息系统规划是总体规划的一部分，根据实际情况，利用先进的计算机技术帮助管理系统实现其总体目标。信息系统规划的主要目标是通过建立现代化的管理信息系统，提升管理效率和经济效益。信息系统规划主要包含三个方面：一是需要哪些信息系统和什么样的信息系统；二是如何实现这些系统；三是如何利用信息系统管理日常工作，提升管理效率。

2）信息系统规划的特点

（1）不确定性。信息系统规划是面向管理的一个长期、关键的问题，因为管理目标的发展环境、战略目标、竞争环境会发生变化，信息系统规划也会发生变化，所以其不确定性较高。

（2）高层次性。信息系统规划具有高层次性，尤其是高层次的系统分析，需要高层管理人的积极参与。在信息系统规划的过程中，高层管理人员的积极参与具有重要的作用，会对信息系统规划的效果产生重要的影响。

（3）全局性。信息系统规划是目标体系整体规划的一个部分，必须根据目标的实际战略、资源进行，同时也是一个管理决策过程，将信息技术与管理实践有效结合起来。

（4）适应性。信息系统规划必须与管理目标的整体发展战略相一致，这样才能发挥它的作用。同时，信息系统规划与其他事物类似，具有生命周期，经历从产生到消亡的过程。信息系统在具体的使用过程中应该结合环境的变化进行不断修改，当其不能满足目标的发展需要时，应该将其淘汰。

3）信息系统规划相关方法

信息系统规划结合管理目标、管理规模、管理特点、发展规划，从信息系统的角度，利用信息技术建立现代化的信息系统。信息系统规划的方法较多，包括关键因素法、战略目标转变法、系统化法（BSP）等。目前比较常用的是 BSP 法。

BSP 是由 IBM 于 20 世纪 70 年代制定的，IBM 根据各种大型信息系统的经验和启示制定了该方法。其概念包含：信息系统开发是将管理任务、战略目标、环境状况向信息模型转化的过程。将实际情况按照一定的信息分析方法映射出来并进行定义，信息系统的开发意义重大；规模管理活动一般包括战略层、控制层、操作层三个层次，信息系统也应该具备这三个层次；信息系统提供的信息应该保持一致；信息系统应该与整体系统保持一致。

在具体应用中，BSP 的使用包括三个步骤：第一，明确总体目标、模块目标，同时整体信息系统目标服从于总体目标；第二，对管理功能组进行定义；第三，信息结构定义，科学合理地划分各个子系统，确定各个系统之间的关系，明确各个系统实施的先后顺序。

4.3 物资保障系统模块

根据海洋装备(船舶)物资保障系统的网络设计和功能模块设计,将系统分成岸基安全决策支持中心和海洋装备物资管理系统模块。

4.3.1 岸基安全决策支持中心

针对海洋装备(船舶)所遇到的各种情况产生一个岸基管理系统,除具有各装备上所有的功能外,能对每一个海洋装备(船舶)发生的问题和信息进行技术支持和交换处理,解决装备上自身难以判断、决策和需援助支持的问题。通过岸基安全保障系统平台的公共界面和用户界面紧密集成各功能模块,模块中的数据交换由公共数据库相关联和处理。这些模块主要的功能技术如下。

1) 配置基线

配置基线(configuration baseline),或称产品结构管理,是对复杂的海洋装备(船舶)进行全生命周期支持的一个关键性内容。配置基线是根据产品上所安装的设备,包括其装配件和子装配件,以及它们之间的关系对产品所作的定义。配置基线对每个海洋装备(船舶)是唯一的,但它的组织结构是可以和其他海洋装备(船舶)所共享的。

配置基线的作用是:将海洋装备(船舶)上的各操作单位进行层层分解,并对每个层次上的设备和相应的数据进行描述,如它们的配置码、位置、装配细节和功能等,以便对这些设备和数据进行查询和改变,并记录和控制所发生的变化。该模块提供了一个公共的框架,按照这个框架可集成所有其他的后勤数据。该模块有以下子模块。

(1) 配置检验子(configuration inspection)。该子模块使用户可以从各个不同的方面来观察配置基线,从而提供对其他不同系统的接口。例如,对于一个操作单位来说,可以按功能将其分解,从而定义该单位中各台设备之间的逻辑关系;也可以按空间位置将其分解,从而定义该单位中各台设备之间的空间关系。该子模块有以下特点:

① 既可以按功能,也可以按空间位置,对配置基线分层进行漫游。

② 对应用漫游器选定的对象生成通用的表格。

③ 对于特定的配置记录搜索配置基线。

④ 按照用户定义的上下文进行浏览。

(2) 配置的识别和列表(configuration identification and listing)。本子模块使系统可以对配置基线的每一个操作单位进行定义和维护。该模块还对同一级别的舰艇设计建立公共的配置基线结构,以便相似的操作单位和同一级别舰艇的变种能共享一些公共信息。本子模块具有以下功能:

① 按照功能、位置和元件定义一个系统的设计配置基线。

② 按照每个设计单元所安装的设备定义建造的配置基线。

③ 按照功能分解配置基线以显示每台设备是如何使用的。

④ 根据位置分解配置基线以显示每台设备在什么地方被使用。

⑤ 支持系统的和用户定义的编号和约定方案。

⑥ 记录安装设备每一个部件的当前状况。

(3) 配置状态记录(configuration status accounting)。本子模块接收来自其他配置管理模块的信息,使配置项目的状态和有关信息成为可视化并提供相关的文件。它还保留配置基线改变的全部历史,从而可以看到某一配置项目在任一指定日期的状态。这些信息对于指明产生某一个具体变化的原因或确定产生某一问题的原因也是有用的。本子模块具有以下功能:

① 记录所有配置发生改变的生效日期。

② 记录改变配置的原因或相应的参考文件。

③ 重新生成某一操作单位在指定日期的配置基线。

④ 根据配置历史对设备进行维护(如跟踪安装设备一个部件的移动)。

⑤ 通过连接配置基线内的实体,观察配置检测的方案和所涉及的装备品状态。

⑥ 通过连接配置基线内的实体,观察任何装备品或可替代部件的设计配置、建造配置和交船配置。

(4) 配置控制(configuration control)。本子模块用于控制对配置基线的更改。该子模块具有以下功能:

① 支持配置更改的建议,对要进行的更改提出需求。

② 连接配置更改建议与配置基线内的相应实体。

③ 对配置更改建议进行估价。

④ 审阅和批准配置更改建议。

⑤ 提出实施批准的配置更改建议的配置更改指令。

(5) 配置检测(configuration audit)。本子模块用于对装备品或装备品组进行功能或物理的配置检测,并以结构化的、正式的格式提供检测结果,从而确认被批准工程更改的一体化,并保证对配置基线的信心。本子模块具有以下功能:

① 提出功能和物理的配置检测的方案。

② 连接配置检测与配置基线内相应的实体。

③ 输入和观察配置检测的研究结果和合成作用装备品的状态。

(6) 配置状态报告(configuration status reporting)。本子模块从其他配置管理模块接收信息并生成相应的配置状态报告。这些报告提供以下配置状态数据:

① 配置检测的结果。

② 对于一些影响系统配置的偏差。

③ 提出工程更改的状况。

④ 授权进行的所有系统配置更改的实施和生效情况。

⑤ 维护工作引起的替代。

(7) 缺陷管理(defect management)。报告并校正维护的设备、文件和维护过程中本身存在的缺陷是后勤管理系统的一个重要内容。本子模块可记录并系统地跟踪缺陷,其具有以下功能:

① 记录设备、文件、过程、数据和其他装备品中存在的缺陷,包括产生原因的检测和校正措施的确定。

② 根据用户制订的准则对缺陷进行排序。

③ 以各种方式,如优先度或日期等,对缺陷进行列表报告。

④ 观察和处理缺陷。

⑤ 对于还没有及时确定的缺陷进行升级。

⑥ 把缺陷与相应的配置、维护和用来校正缺陷的建议的文件相连接。

(8) 注销管理(concession management)。当配置基线中的设备或材料已经不能或不适合继续使用了,本子模块可用来对这些设备或材料进行注销,这时需更改配置中的设备或材料,不能用的设备或材料将与其替代物一起被提出来。本子模块具有以下功能:

① 支持对于配置基线的临时性变化或注销。

② 申请、审阅、批准或拒绝注销。

③ 对于注销提出相应的质量控制记录。

④ 记录注销对于功能、容量、可维护性和安全性的影响。

⑤ 控制注销的生效日期,包括标注出那些超出批准的使用期但仍在使用的设备和材料。

(9) 安全性管理(safety management)。本子模块在危险工作日志中记录不安全的条件和设备,以供安全或验证当局审阅。本子模块具有下列功能:

① 在危险工作日志中记录对于人员、材料、运行和条件产生不安全因素设备的详细情况。

② 审阅和校正危险工作日志的入口。

2) 文件模块

在现今海洋装备(船舶)上需要翻阅和保存的文件数量是十分巨大的,其包括大量的技术文件、图纸、操作手册、维护手册和零件清单等。要全部用硬件拷贝的形式保存这些文件是很困难的,除了受重量和空间的限制外,文件还经常需要更新。因此,采用电子形式存储这些文件具有极大的效益。文件模块(documentation)有以下子模块:

(1) 文件搜索(document search)。本子模块能对数据库中的各类技术文件和其他类型文件进行广泛的搜索。

(2) 文件检验(document inspection)。本子模块应用网页浏览器可以用单一的界面显示手册、数据和文件,应用超链接可以对文件进行漫游。该子模块还支持多媒体文件的显示。其具有以下功能:

① 在网页浏览器中集成了文件显示。

② 通过目录对文件进行层次漫游。

③ 在文件之间无缝超链接。

④ 从数据库格式生成文件。

⑤ 打印文件。

⑥ 通过标准的浏览器插件，支持一系列的文件和媒体格式。

(3) 文件导入(document import)。本子模块可以应用外面出版的工具导入文件。导入时，文件可以被转换成 XML 格式，如原始格式为本模块所支持的，也可以保留其原始格式。所有文件在数据库中存储的格式与数据相同，这样系统对于文件和数据可以采用统一的界面和保密框架。本子模块具有以下功能：

① 连接文件与数据库中的其他信息。

② 支持 XML、HTML 和 PDF 格式。

③ 支持矢量和光栅两种图形格式。

(4) 文件更改(document change)。本子模块可以控制文件和相应介质的更改，其具有以下功能：

① 提出更改的理由和更改的细节。

② 连接更改建议与相应的文件。

③ 对文件更改建议进行估价。

④ 审阅和批准更改建议。

⑤ 实施被批准的更改建议。

(5) 文件历史(document history)。本子模块记录系统中文件所有的更改日期和版本信息。

3) 材料模块

材料模块(material)对于运行系统需要保留的备件、初始供应品、消耗品和其他供应品进行管理，管理的信息包括物品、位置、数量和状态，其有以下子模块：

(1) 存货(inventory)。本子模块管理和维护与支持有关的存货，其具有以下功能：

① 支持维护所用的材料仓库。

② 跟踪装备品的货架寿命。

③ 支持存货盘点工作。

(2) 供应(supply)。当某一装备品的存货低于某一水平时，本子模块自动生成添置要求。模块还能预报下一维护周期中对存货的需求并与当前的存货数量进行比较，如存货数量少于需求时，模块自动生成对下一维护周期的进货要求。

(3) 支持设备(support equipment)。本子模块对专门的和通用的支持和试验设备进行管理。这类设备一般来说都是比较昂贵的，因此对这些设备的移动、使用和质量要求等应该进行跟踪，另外一些信息(如校正记录等)必须保存。本子模块具有以下功能：

① 确定支持和试验设备。

② 把支持和试验设备与相应的维护任务联系起来。

③ 记录鉴定和校正信息。

④ 管理支持和试验设备的调配和归还。

4）人员模块

人员模块(personnel)对与每个操作单位和支持能力相关联的人进行详细记录，特别记录那些是与维护和支持相关联的信息，如技能、能力和合格证明等。这些信息可以通过人事系统转过来，也可以由人工输入。本模块具有以下功能：

① 根据工作的分组、职位和能力定义运行和维护组织。

② 记录指派到每个组织位置的人员。

③ 记录与维护与操作有关的人员的详细信息，如合格证明、技能等级、接受过的培训和许可证等。

④ 确定劳动力的费用。

本模块还能将培训和合格证明等要求与相应的设备相联系，这使得操作单位或支撑能力可以保持有合适的、技术熟练的队伍。其具有以下功能：

① 确定运行和维护系统及设备所需要的培训和技能。

② 记录关于培训课程的地点、教员、设备和材料等信息。

5）运行模块

运行模块(operations)收集各个运行单位和设备的运行数据，供分析和维护等应用。其有以下子模块：

(1) 数据传递(data transfer)。本子模块在任务结束的时候自动将运行单位的反馈信息传递到永久性网络中去。这使得运行单位不必与网络一直保持连接。其能实施运行单位与固定网络之间的反馈数据离线传递以及在运行单位和固定网络之间的数据库同步更新。运行数据库收集的数据要定期向中心数据库传递。模块还能将更新的数据在任务开始前由固定网络向运行单位传递。

(2) 系统管理(system administration)。本子模块还承担系统的日常管理工作，如根据各人的授权限制用户接触数据和文件的范围等。其具有以下功能：

① 创建和删除用户账号。

② 为系统用户发放接触数据的许可权和优先权。

③ 为系统制作备份。

6）分析模块

后勤管理系统还必须对登录的设备数据和运行信息进行分析。分析模块(analysis)具有下列两个分析功能。

(1) 维护分析(maintenance analysis)。本子模块能根据设备在设计阶段得到的理论数据对设备的可靠性和维护工作进行分析，分析的结果用于调整备件和确定候补设备或替代设备。本模块具有以下功能：

① 相对于理论的平均损坏间隔时间(mean time between failures)分析实际的损坏率。

② 相对于理论的平均修理时间(mean time to repair)分析实际的修理时间。

③ 相对于计划的维护日程分析预防性维护的频率。

(2) 费用分析(cost analysis)。本子模块用于对运行单位进行运行和支持费用的分析。其具有如下功能：

① 相对于计划的维护费用分析实际的维护费用。

② 相对于计划的运行费用分析实际的运行费用。

③ 对于配置基线的任一层次制作费用报告。

7）基层结构模块（infrastructure modules）

(1) 平台（Platform）。本子模块为系统的其他模块提供软件平台。其主要有下列组成部分：

① 网页浏览器作为用户界面。

② 在浏览器内的插件（Plug－ins）显示不同媒体的格式。

③ 能支持 Java servlets 和 JSPs 的网页服务器。

④ 支持 JDBC 编程界面的关系型数据库服务器。

⑤ 包括虚拟机和 JAVA 编译器的 JAVA2 平台。

网页浏览器和插件构成系统三层平台的客户层，网页服务器和关系型数据库服务器构成了系统相应的网页服务器和数据库服务器层，JAVA 虚拟机为所有的三层所需要的。JAVA 平台的使用使得系统对于不同的硬件和操作系统平台有最大的可移植性。

(2) 上下文（context）。其具有以下功能：

① 登录和验证服务。

② 安全和通道控制。

③ 根据用户定义的上下文对信息进行过滤。

在登录时，根据系统的用户保密词证实用户的身份，这功能由数据库管理系统提供。

(3) 漫游（navigation）。本子模块使用户能对系统功能和系统中的数据和文件进行漫游。其具有以下特点：

① 客户化的网页、菜单和浏览框的框架定义用户界面结构。

② 对配置数据进行层次漫游。

③ 文件和数据的搜索。

(4) 电子表格（e－form）。为了显示和更新数据库数据，本模块可以在一个网页内组合表格。其具有以下主要特点：

① 在一个网页内无缝地显示表格。

② 将表格超链接于其他表格、网页和文件。

③ 支持标准的数据库表格。

④ 支持对事务的查询、更新、删除和插入。

(5) 报告（report）。本子模块从数据库的数据以 HTML 或 XML 的格式生成报告，以便在网页浏览器中显示，其具有以下功能：

① 把报告集成显示为网页。

② 把报告中的数据超链接到其他有关的表格、网页和文件中去。

③ 根据数据库的内容生成动态的报告。

(6) 交换（exchange）。系统提供工业标准以便在各系统间导入、导出和转换数据。

岸基与船舶两个部分将通过无线移动网络系统进行信息交换，及时解决各类问题。网络作为新型通信技术，基于 XML 的交互式电子技术手册，使得在舰和在岸维修保养成为一体。通过模拟维护和在岸专家的指导，可满足战时快速安全维护的需要。

4.3.2 海洋装备(船舶)物资管理系统功能模块

海洋装备(船舶)物资管理系统整个系统环境是以网络技术为核心，由 1 台服务器、4 台工作站和由一些基层结构模块和应用模块组成的模拟局域网络系统。这些软件模块通过一个海洋装备(船舶)上的安全保障平台的用户界面紧密地集成在一起，各个模块之间通过一个公共的数据库相连接，如图 4.4 所示。

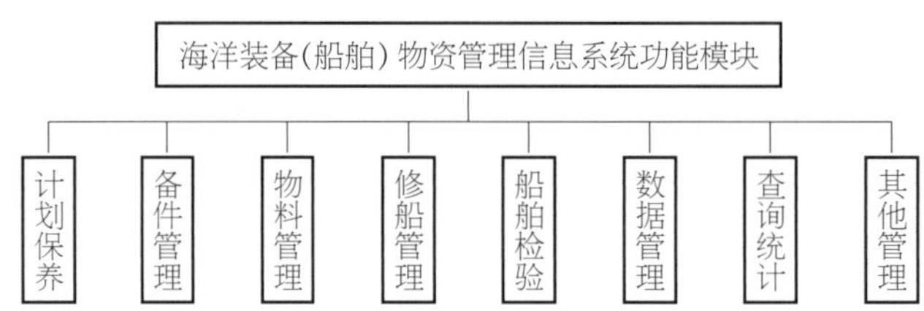

图 4.4 海洋装备物资管理信息系统组成

1) 计划保养模块

海洋装备(船舶)设备计划维护保养的主要工作流程如图 4.5 所示。

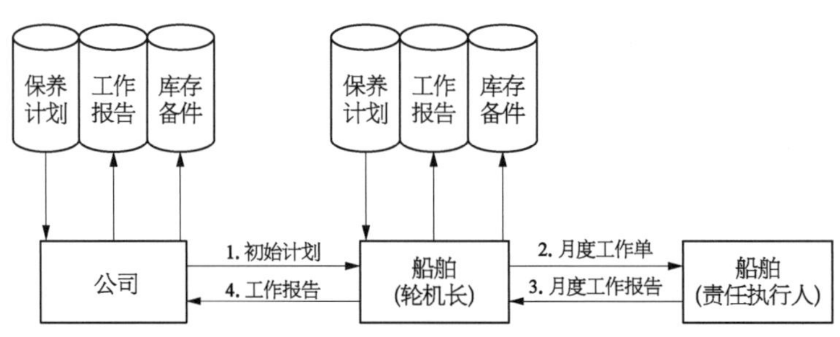

图 4.5 设备计划维护保养流程

管理者在使用系统前必须进行数据初始化，主要完成设备清单、工作卡、工作计划首排、备件手册、随船备件等内容的建立，设备编码按照船舶维修保养体系(CWBT)标准；船舶轮机长对工作计划可按月打印月度工作单派发给具体责任执行人；责任执行人工作完毕后填写月度工作报告交由轮机长；轮机长按月度工作报告检查工作，填写工作报告、修改库存，发给公司；公司设备主管审核工作报告，反馈信息同步到船上。

设备管理方面，可添加、删除、修改设备及其部件的各个属性，建立各台设备及其部件的工作卡，查询当前工作卡的计划及执行记录，全部或选择性打印设备清单、设备卡、工作卡汇集表；计划维护方面，对未首排的计划能输入首排日期，可将系统未首排的计划直接列出，对未执行的计划可修改计划执行月份填写修改原因，系统自动将此信息存入计划修改历史记录中，能以不同颜色表示计划状态（逾期、当月、下月 D/E 级、未来 3 个月 F/G/H 级），可根据船舶、部门、计划月份、计划状态、执行人、计划周期等条件组合查询；计划调整方面，可按船舶、原计划时间、新计划时间、操作日期、设备检索计划调整记录并打印出结果；查询指定船舶的所有定时设备的月运行时间记录和累计运行时间，查询船舶发来的临时工作记录。

2）备件管理模块

备件管理主要数据流程如图 4.6 所示。

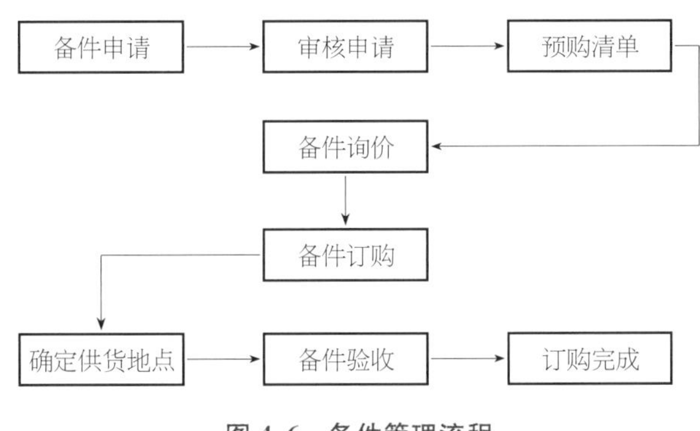

图 4.6　备件管理流程

（1）备件申请：管理系统根据设备状态监测数据制作“备件申请单”，发至公司设备主管。

（2）审核申请：公司设备主管根据船舶申请并核对船舶备件库存及预算计划。若确定需要购买时，制作“预购清单”，发给备件主管。

（3）备件主管根据采购中标公司仓库库存，审核“预购清单”后，下发采购中标公司。

（4）备件询价：采购中标公司根据“预购清单”，选择合格供应商，生成“询价单”，向供应商询价。

（5）备件订购：备件主管根据供应商报价综合选择，并制作“订购单”（大额订购单需要设备部长审核），由采购中标公司向供应商发出“订购单”，同时系统自动将“订购单”发送到船舶或仓库。

（6）送船或仓库：供应商备妥备件，与公司备件主管或采购中标公司确定供货地点和时间。

（7）备件验收：轮机长或仓库根据“订购单”和供应商的“供货单”，逐项验收到船或仓库备件，填写“备件验收单”发至公司。系统根据“验收单”自动修改相应备件的库存量。

（8）采购完成，备件主管填写供应商考核表。

系统设计应能够添加、删除、修改备件信息；可按备件手册的层次结构查看备件属性和图片。在备件采购管理方面，可从随船备件表中选择备件，制作备件申请单；在制作备件申请单时，对低于安全库存量的备件给予提示，并可自动加入申请单中。备件采购时，可选择一个或多个备件申请单，生成备件预购清单。

备件询价单时，可根据备件预计单清，选择多个供应商，生成备件询价单，询价单可以电子邮件的形式发送给供应商。对于进入黑名单的备件供应商，系统有提醒功能。备件报价时，供应商报价后，备件主管可以根据备件询价单号调出询价单，将报价录入存档。备件订购时，设备主管可根据供应商的报价，选择、确定、生成订购单。对于小额订购单（如 1 万元以下），可直接向供应商订购，大额订购单需要设备经理审核。订购单可以电子邮件方式发送给供应商。已确认的订购单自动发送到船上，作为船舶验收的依据。验收单确认后，供应商备件送船后，船舶根据订购单验收入库，并填写备件验收单，发送到公司。公司设备主管确认后，系统自动修改船舶库存数量。备件库存查询可按船舶、备件号查询备件库存量、出入库记录。

3）物料管理模块

建立相应的物料手册，添加、删除、修改物料信息。在物料采购管理过程中，可根据监测结果自动从物料手册中选择物料或手工输入物料信息，制作物料申请单，对低于安全库存量的物料给予提示，并可自动加入申请单中。可选择一个或多个物料申请单，生成物料采购单，也可根据物料采购单，选择多个物料供应商，生成物料询价单。询价单可以电子邮件的形式发送给物料供应商。对于进入黑名单的物料供应商，系统有提醒功能。供应商报价后，备件主管可以根据物料询价单号调出询价单，将报价录入存档。设备主管可根据供应商的报价，选择、确定、生成订购单。订购单可以电子邮件方式发送给供应商。已确认的订购单自动发送到船上，作为船舶验收的依据。供应商将物料送船后，船舶根据订购单验收入库，并填写物料验收单，发送到公司，按船舶、物料编码查询物料库存量、出入库记录。物料管理流程如图 4.7 所示。

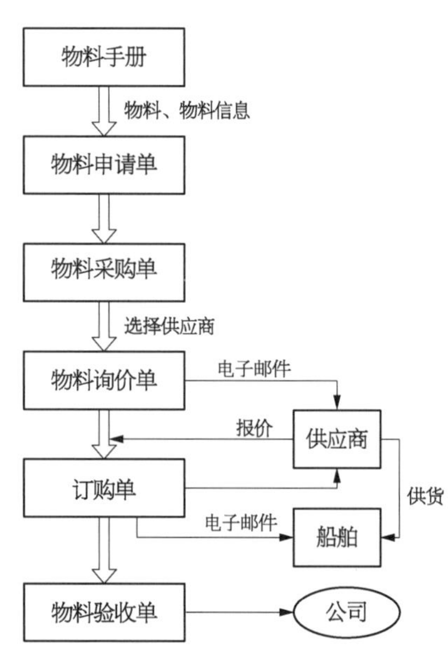

图 4.7 物料管理流程

4）修船管理模块

（1）系统根据监测情况编制修理单，并提出修理申请，发送设备管理处。

（2）设备管理处生成修船通知单，下发到船上。

（3）设备管理处参考船舶编制的修理单审核后生成合同修理单，合同修理单可送发修船厂。

（4）设备管理处在修船完毕后生成结算修理单。

（5）设备管理处录入修船总结。

修船管理流程如图 4.8 所示。

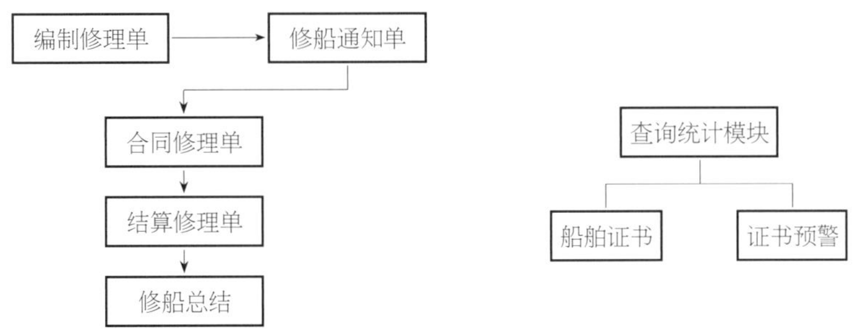

图 4.8　修船管理流程　　**图 4.9　船舶检验模块设计**

5）船舶检验模块

船舶检验包括船舶证书管理和证书预警(图 4.9)。证书管理模块的设定是根据国际航运管理手册并根据实船进行设计的。证书管理主要是显示证书的基本类型,包括证书分类、证书名称、发证机关、签发日期、有效期等。证书管理界面还可以显示船上各类证书的检验记录,并定期审核处理,将检验结果反馈到检验预警和超期预警界面中,最终反馈到各类证书的负责人信息库中,这样可以避免船舶在到港停泊时因超期而不能通过检验的情况。

6）数据管理模块

数据管理模块可以将施工数据挂接到管理系统中来,挂接的数据可以是只对本机有效,也可以是对所有的监测终端有效,该功能可以实现施工设计数据的共享和同步。高级维护功能可以管理所有网络上的共享数据。

7）查询统计模块

查询统计模块设计如图 4.10 所示。

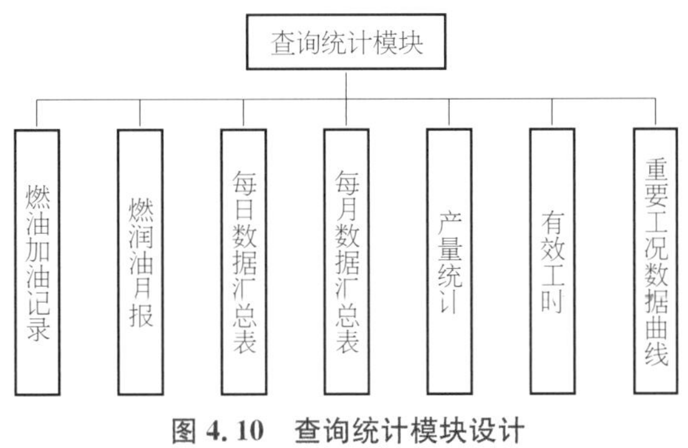

图 4.10　查询统计模块设计

(1) 燃油加油记录。通过该功能可以查询指定日期范围内某船舶的加油记录和大致油耗情况。

(2) 燃润油月报。查询指定船舶的燃润油月报。

(3) 每日数据汇总表。对所有接入系统的船舶进行汇总,对每天船舶的施工状态、完成方量、有效工时等重要数据进行统计汇总,并且提供导出 Excel 表格和打印的功能,使机关管理人员和领导可以直观地了解所有船的施工基本情况。

(4) 每月数据汇总表。与每日数据汇总表类似，但是该表结合了各种月报表的数据，如月度燃油消耗、润滑油消耗等。同时根据系统中统计的月度产量自动计算了每万立方米油耗等重要的施工效益评估数据。

(5) 产量统计功能。产量统计功能包含按天统计(曲线图、柱状图)、按月统计、按年统计、按班次统计、按任意时间区间统计、按月同比统计、按年同比统计。通过各种不同方式的统计模型，可以让管理人员和领导从各个不同的角度来查看船舶的产量情况。

(6) 有效工时统计。有效工时统计功能包含按天统计(曲线图、柱状图)、按月统计、按年统计、按月同比统计、按年同比统计。

(7) 重要工况数据曲线统计。重要工况数据曲线统计包含浓度曲线、流量曲线、流速曲线、装载量曲线、瞬时产量曲线、真空压力曲线、排出压力曲线、台车位移曲线、航行速度曲线、主机转速曲线等。

8) 其他模块

海洋装备(船舶)物资保障管理信息系统还包括节能管理，主要根据船舶油料的库存、领取、消耗和余量进行统计，同时反映当月单位方量油耗量、船舶动态等；设备费用管理主要进行年度预算与核算、单船统计、综合分析，进而对费用进行分析与控制，实现财务成本最小化；数据同步管理包括邮件收发、数据导出、数据导入，该程序在服务器端定期自动运行，负责收发数据交换邮件，系统自动监控需要同步的数据，并在数据交换时自动分船舶生成交换数据包，对船舶发来的数据包解压、解密，并导入到数据库中，完成数据同步；基础数据管理包括通用代码设定、备件供应商、物料供应商、修船厂等信息；系统维护包括用户管理、用户权限设置、用户口令修改、船舶权限设置等内容。

4.4 海洋装备(船舶)物资保障系统发展趋势

4.4.1 贯彻海洋装备(船舶)物资全寿命周期综合保障管理理念

海洋装备(船舶)物资全寿命周期管理是指在海洋装备(船舶)研发、建造、维护和报废的整个寿命周期内，实施、管理和监督与装备物资综合保障相关的所有活动。

美军关于综合保障要求的论证，首先开始于作战部门“基于武器系统能力的规划和需求开发”，保障性需求必须结合任务能力提出。参谋长联席会议主席有专门指令规定使用要求的文件格式，各军兵种综合保障要求(包括保障性定量参数集)都制定了可参照的模板(如美空军指示 AFI 10 - 602)，采用的技术包括任务领域评估(MAA)任务要求分析(MNA)、任务领域计划(MAP)、职能领域计划(FAP)、要求相关矩阵(RCM)、产品保障管理计划(PSMP)、修理源分配过程(SORAP)及相关建模和分析工具。在海洋装备(船舶)物资保障系统发展过程中,也贯彻上述全寿命周期综合保障管理理念,提升保障的全面性和规范性。

俄军强调海洋装备与舰船实战化能力,海洋装备与舰船设计思想和理念充分体现了实用性和实战性的要求,其设备型号基本实现通用化、系列化发展,减少由于型号繁杂、通用性差给保障工作带来影响,而且对于设备维护保养制定了严格细致的规定细则,全面提升装备保障能力。

在海洋装备与船舶进入方案设计阶段时,美军重视强调物资装备的综合保障性能指标,包括可用性、可靠性、维修性等。研制阶段费用虽然只占全寿命周期总费用的 15%,却决定着占 85%的使用和保障费用,这促使物资保障集成商和供应商重视好保障设计和采取全寿命周期优化的保障策略,并促进了物资保障使能技术的发展(交互式电子技术手册、供应链管理、电子标签、预测与健康管理、基于状态的维修等)。

尤其需要注意的是,美、俄等国家在开展海洋装备(船舶)物资保障力量建设时,普遍重视保障装备与主战装备的同步配套发展,将保障装备列入军方装备发展的总体规划和编制序列,在主战装备研制的同时,充分考虑保障要素需求,同步研制保障系统,尽可能降低保障费用,使装备既用得好,也用得起。

4.4.2　军民一体化的多元保障模式

现代化作战对于物资保障的高度依赖性,决定了海洋装备物资保障仅仅依靠军队建制保障力量远远不够,军民结合的多元化保障机制是实现装备保障高效的有力保证。美军高度重视动员民用力量,建立后勤保障预备役部队和高技术装备保障力量,如美军通过“军外经营”战略和“利用民间力量加强军队后勤计划”,将现役军事力量中约 19 万人的装备保障工作(美军仓库维修保障工作的 28%、空军后勤服务的 50%、陆海军后勤服务的 45%)交给地方经营和完成。伊拉克战争中,美军占 20%的现役保障力量承担旅以下伴随保障任务,占 80%的预备役和合同商保障力量承担战略投送和战区直达配送保障任务。海湾战争中,美国从高技术部门和 1 000 多家企业中征召装备后勤保障后备役人员 10 万余人,占美军参战后勤部队总数的 70%。在海洋装备(船舶)物资保障模式建立过程中,将继续推广上述保障模式,提高保障力度。

美军装备保障模式经历了从以军方为主的建制保障到以合同方式来约束的承制方保障的发展,同时第三方保障方式也日益增加。基于全寿命周期的合同商保障已经成为美军装备保障模式发展的重要趋势。对于一些技术复杂、保障难度高、装备数量不多的高新技术装备,在整个使用期内,由装备制造商为主提供保障。美军认为“谁研制、谁生产、谁终身维护至退役处理”的理念与方法不仅能够充分保障装备的战备状态,而且是执行可持续发展战略的必由途径。美军通过制度来进一步规范承制方和军方的行为,明确各自的责任和利益。在维修层级上,军民一体化二级维修保障模式成为发展趋势,用户利用备件进行现场换件维修,故障件直接返回厂家进行修理。

4.4.3 装备保障信息化、智能化技术飞速发展

未来战场是信息化、数字化战场，随着信息技术的飞速进步，带动了装备保障技术的快速发展，如装备故障诊断方面，从过去的机内测试（BIT）和状态监控进一步向涵盖整个装备的预测与健康管理（PHM）方向发展，使装备自身可以具备预测和健康管理能力，进一步减少外部保障设备，缩小保障规模。

美国提出了“自主式保障”（AL）这一全新智能化保障方案，借助信息技术等高新技术，将基于状态的维修和整个信息链系统相结合，达到保障信息一体化，强化装备自诊断、预测与维修保障能力，缩减装备保障环节，优化保障体系和资源，达到精确、机动、快速、经济保障的目的。自主式保障的目标是设计一种主动而非被动反应的保障系统，以最大限度识别问题并自主启动正确的响应，借助信息化手段，将保障要素综合起来，使装备以最低费用达到规定的能执行任务率，大幅提升保障快速反应能力和保障系统的信息化、智能化水平。

4.4.4 我国装备综合保障体系建设发展趋势

目前，我国已按照习近平主席关于推动军民融合深入发展的决策部署，充分发挥工业部门、维修机构和企业维修厂资源优势，构建规范有序、协调有效的物资装备保障工作流程及实施规范，在资源共用、信息共享、技术共研、队伍共建、人才共通等方面进行深入研究。我国按照“通用设备社会化，专用设备军民一体化，特殊设备专业化”总体思路，通过促进军地联合开展维修保障条件建设及保障模式论证，发挥工业部门、部队和军方企业化工厂各自保障资源优势，将逐步达到降低保障成本、提升保障效率的目标。

在海洋装备和船舶安全保障方面，我国将秉持“全寿命周期保障”“基于性能的保障”“信息化精确保障”等先进保障理念，贯彻全寿命周期综合保障要求，未来将通过推进以下几方面工作，建立形成具有海洋装备与船舶特色的综合保障工作体系。

（1）开展海洋装备与船舶全寿命周期保障性设计，加强研制阶段综合保障工作的监督、检查和评价，促进相关工作融入装备研制流程。

（2）开展保障性指标验证与评估、维修性设计准则、测试性设计与分析、修理级别分析、使用与维修工作分析、持续保障成熟度评价等共性技术研究，制定面向使用的海洋装备与船舶通用质量特性要求。

（3）在新研设备中推广保障性设计理念方法，加强装备各阶段保障性设计力度，加强支撑装备综合保障的基础技术研究，逐步在研制中实践应用。

（4）建立专业化装备综合保障机构，形成适应装备保障需要的专业人才队伍，推进装备保障工作的专业化、常态化开展。

未来，我国将在海洋装备与船舶建设中全面提升综合保障信息化、网络化、智能化水平，并以全寿命周期信息采集和数据挖掘为目标，建立装备全寿命周期保障信息管理平台，实施对装备使用、维修、质量等信息和装备保障工作的有效管理。开展交互式电子手册、故障诊断与健康管理、远程诊断支持等信息化技术开发，完善信息化保障产品体系，全面推进信息化保障系统建设，提供装备远程专家支持、测试信息管理、测试自动判读、装备

维护使用信息管理、技术资料管理等技术保障信息化支持，持续提升综合保障工作信息化、网络化、智能化水平。

参考文献

[1] Mclean C, Wolfe D. Intelligent wireless condition-based maintenance [J]. Christopher Mclean [J]. Sensors, 2002.

[2] 叶林，于新杰. 机械设备现代维修技术——状态维修[J]. 机械科学与技术，1999(3)：457－458.

[3] 周杰，宋蛰存. 机械系统状态监控与故障诊断综述[J]. 森林工程，2004(2)：29－30.

[4] 李之，颜宁，陈智勇. 基于 Internet 的远程装备维修技术研究[C]//面向信息化的维修——中国兵工学会首届维修专业学术年会论文集. 北京：解放军出版社，2003：100－107.

[5] 龚九功. 美海军海上协同作战能力[J]. 国外舰船工程，2003(4)：28－29, 41.

[6] 龚九功. 美国海军舰船仿真设计[J]. 国外舰船工程，1998(2)：1－8.

[7] F B 迪蒂蔡，S B 霍伊尔，H L 普鲁伊特. 自治舰船概述[J]. 情报指挥控制系统与仿真技术，1996(4)：1－16.

[8] 李若虹. LPD－17 型两栖舰采办改革尝试[J]. 国外舰船工程，1998(5)：33－34.

[9] 赵孟林. 实现技术手册数字化，提高武器装备后勤保障水平[J]. 航空工程与维修，2000(2)：2.

[10] 王自力，顾永宁. 船舶碰撞研究的现状和趋势[J]. 造船技术，2000(4)：7－12.

[11] 李志国. 美军武器装备维修与保障的现状及其启示[J]. 国防科技，2014(6)：83－86.

[12] 贾云献. 基于多状态信息的 CBM 建模研究及原型软件开发[C]//面向信息化的维修——中国兵工学会首届维修专业学术年会论文集. 北京：解放军出版社，2003：100－107.

[13] 虞和济. 故障诊断的基本原理[M]. 北京：冶金出版社，1989：1－15.

[14] 莫布雷 J. 以可靠性为中心的维修[M]. 北京：机械工业出版社，1995：3－25.

[15] Moubray J. Reliability — centered maintenance: Second edition [M]. New York: Industrial Press Inc, 1997.

[16] Williams J H, Davies A, Drake P R. Condition — based maintenance and machine diagnostics [M]. London: Chapman & Hall, 1994.

[17] 涂忆柳，李晓东. 维修工程管理研究与发展综述[J]. 工业工程与管理，2004(4)：7－12.

[18] 叶林，于新杰. 机械设备现代维修技术——状态维修[J]. 机械科学与技术，1999(3)：457－458.

[19] 周杰，宋蛰存. 机械系统状态监控与故障诊断综述[J]. 森林工程，2004(2)：29－30.

[20] 李之，颜宁，陈智勇. 基于 Internet 的远程装备维修技术研究[C]//面向信息化的维修——中国兵工学会首届维修专业学术年会论文集. 北京：解放军出版社，2003：100－107.

[21] 张红梅，刘沃野，董良喜. 美军 PBL 理论及对我军装备保障的启示[J]. 装甲兵工程学院学报，2010(10)：18－21, 81.

[22] 龚立东，张宝珍. 美军实施基于性能的保障(PBL)过程中的问题和改进对策[J]. 航空维修与工程，2015(9)：36－38.

[23] 曹福. 挖泥船设备管理信息系统规划与设计[D]. 宜昌：三峡大学，2015.

[24] 邵世纲，杨泽萱，张欣. 国外武器装备综合保障发展态势及启示[J]. 航空标准化与质量，2019(3)：52－56.

第 5 章　装备上作业人员的健康和安全综合保障系统

生命重于一切！对于海洋装备和船舶上人员健康和安全的保障是装备保障系统的重中之重。因此，本章主要介绍了人员健康和安全保障系统技术的各个组成模块及关键技术问题，以便读者了解其组成和作用。

5.1 作业人员健康和安全综合保障系统的重要性

随着海洋资源的开发及远洋运输业的不断发展，海洋装备和船舶作业人员数量也不断增加。据统计，截至 2018 年年底，全国注册船员总数达 157.5 万人，同比 2017 年年底增长 6.2%，由于重大海上事故导致的死亡人数 2011 年至少 1 426 人，2012 年至少 875 人，2013 年至少 1 508 人，2017 年的海上人员伤亡总数为 3 301 人。

在 2006 年 2 月 2 日，载有近 1 400 人的埃及“萨拉姆 98”号客轮在红海海域沉没，酿成了震惊世界的重大海难，此次事故共造成 409 人丧生，600 余人失踪，仅 388 人生还。据悉，恶劣天气是造成客轮沉没的主要因素，但驾驶人员玩忽职守、船龄严重老化、船员缺乏必要的应急训练等也是导致这次海难的重要原因。这次海难再次引起了各国政府对船舶航行安全和装备上作业人员健康和安全保障的高度关注。

2014 年 4 月 16 日上午，一艘载有 475 人的“岁月”号客轮在韩国全罗南道珍岛郡屏风岛以北 20 km 海上发生进水事故，并在 2 h 20 min 后沉没。事故客轮载有 375 名前往济州岛修学旅行的京畿道安山市檀园高中学生和 14 名教师，生还者只有 172 人。

2015 年 6 月 1 日 21 时 30 分，隶属于重庆东方轮船公司的“东方之星”客轮，在从南京驶往重庆途中突遇罕见强对流天气，在长江中游湖北监利水域沉没。截至 2015 年 6 月 13 日，经有关各方反复核实，逐一确认，“东方之星”客轮上共有 454 人，其中 12 人成功获救，442 人遇难，遇难者遗体均已找到，自此搜救工作结束。

综合分析这些事故可以发现，影响船舶航行安全的因素主要有人为因素、船舶因素和环境因素三个方面。在 20 世纪，国际上许多海事组织对大量海上事故进行了统计、调查分析：德国不来梅航运经济研究所的报告指出，1987—1991 年发生的 330 件事故中，75%是人为因素造成的；澳大利亚运输部 1988 年的报告指出，在已调查的事故中，75%是人为因素造成的，仅 25%是机械故障或结构问题；英国海洋污染咨询委员会报告指出，1990 年英国水域发生的 182 起漏油事故中，66%是人为失误造成的；英国船东保赔协会的报告指出，1987—1991 年的 1 444 件索赔案件中，66%是人为因素造成的，其中货损索赔案件的 50%、污染索赔案件的 50%、人身伤亡索赔案件的 65%、财产损失索赔案件的 80%和碰撞事故的 90%是人为因素造成的。图 5.1 和图 5.2 来源不同

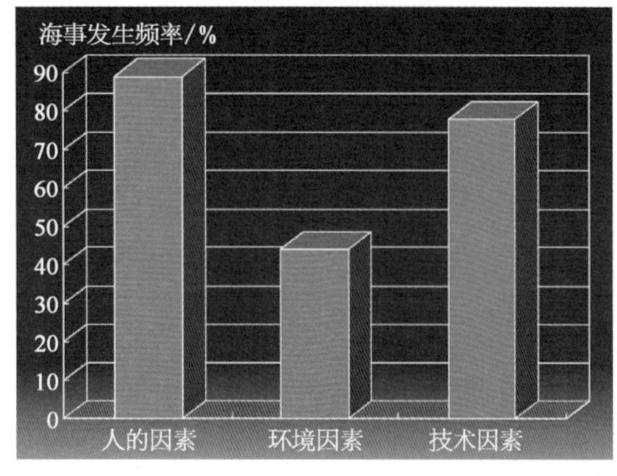

图 5.1　新西兰海事调查统计资料

的相关统计分析资料和数据表明：在人为因素造成事故这一点上，结论是大致相同的，即大多数人认为 80%左右的事故是由于人为失误造成的。因此，对人员进行管理，保障人员的身体健康和心理健康对海上航行安全至关重要。

同时，研究开发海上人员安全综合保障系统，包括安全登离轮防坠保险装置、专用救生包、海上人员落水报警与搜救系统、手套、防滑鞋等，为保护海上人员安全，减少海事伤亡事故具有很大意义。

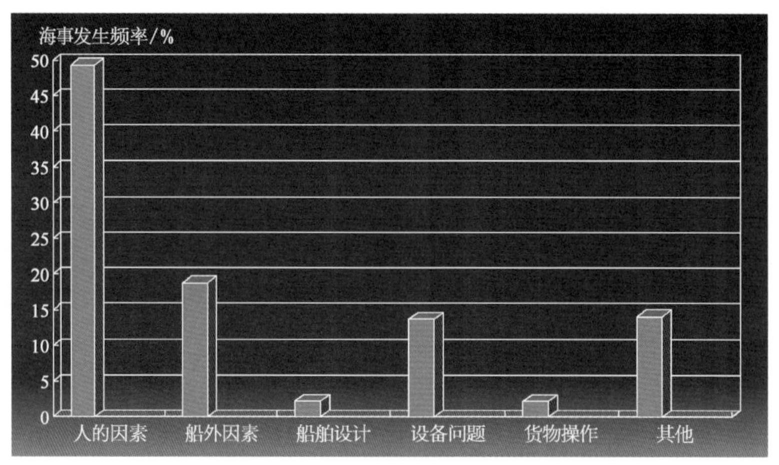

图 5.2　挪威 1981—1997 年期间发生的 5 820 件海事统计结果

5.2　作业人员健康和安全综合保障系统发展现状

5.2.1　健康管理发展现状

美国是最早提出并实践健康管理概念的国家。这首先是因为美国是世界上最为发达的国家，随着经济的发展，人均寿命延长，这就导致了人口老龄化现象，老年人口易患的各种慢性病导致了美国对于医疗卫生的需求出现了过度增长。人口老龄化的现象和人们对健康的追求促进了人们对于疾病预防的兴趣。自然地，保险业就蓬勃发展开来，这是因为健康保险能够为人们在不幸患上重大疾病时提供资金保障，避免因病致贫。此外，由于人们对疾病的厌恶和恐惧，事前的健康管理逐渐被人们推崇。20 世纪 60 年代到 90 年代，健康管理理念空前发展，由此导致对于疾病的预测和管理的研究空前发展。与此同时，企业也逐渐认识到在员工福利中加入健康保障福利的重要性。这是因为，只有保障了员工及其家人的健康问题，才能将员工长久地留在公司，为公司的发展留住人才。对于美国政府而言，为了促进社会的稳定发展和人民安居乐业，美国政府也在政策上大力支持健康管理方面的研究，因此这一时期的美国在老年人口的健康管理方面也取得了显著的成就。

经过 20 多年在健康管理方面的理论和实践方面的研究之后，美国除了在健康管理理念方面全球领先，也在相关的仪器开发方面成果卓著，这些仪器为人类评估健康状况和提供健康管理指导提供了十分有益的参考。科学的健康管理不仅能够降低疾病的发生率，提高老年人口的生活质量，更重要的是，健康管理能够防患于未然，极大地节约了医疗资源，并在疾病加重前提出预警，促进了资源的合理配置。

我国现代意义上的健康管理是最近 10 年才发展起来的，虽然目前还处于起步阶段，但在国家的政策支持和社会的广泛关注下，我国的健康管理领域研究很快，首家健康管理公司早已在 2001 年成立，健康管理师已经成为我国官方机构认可的职业。截至目前，我国已经有上万家健康管理方面的机构，这些机构主要提供疾病预防、身体检查和建议咨询方面的服务。

5.2.2　个人健康管理平台发展现状

国外对于健康管理软件的相关研究和开发较早，早在 1998 年英国国家医疗服务体系(NHS)就提出了为每位居民建立覆盖终生的电子病历的设想，目前已基本完成。在 2010 年左右，美国政府建立了国家健康信息网络(NHIN)，该网络连接了跨各个医疗机构的全国范围内的电子病历。目前，国外市场发展比较完善的移动端健康管理系统如下：

(1) 苹果 Healthkit。Healthkit 是美国苹果公司推出的一款可以收集和分析用户健康数据(如睡眠、心跳、血压、行走步数等)信息的软件，并且用户可以在其提供的平台上和好友分享健康和健身数据。苹果公司首先将该健康管理软件应用在 IOS 8 系统中，并与耐克和美国梅奥诊所进行合作。此外，Healthkit 应用也是苹果公司旗下产品 Apple Watch 的核心，为其带来了更大的市场。但是数据所有权却是 Healthkit 的一大难题，苹果公司曾考虑与大型公司合作以做到共享数据，但这就意味着 Healthkit 不能在 iPad 中使用。

(2) Google Health。Google 于 2008 年推出了 Google Health 作为其系统使用者的健康管理软件。Google Health 允许 Google 用户通过手动或通过调用其健康服务供应商数据的方式来记录用户健康信息，将潜在分散的记录信息整合到同一个配置文件中，从而全面的管理用户的各项健康数据信息。Google Health 可为其使用用户提供包括生命体征记录、服药信息记录、病症信息及可能产生过敏反应的药物。该平台为用户提供了一个随时随地调出自己健康信息记录的端口，并且 Google 公司为保护消费者隐私拒绝共享该数据。但在 2012 年由于其影响力不足、使用人数过少被迫关闭暂停服务，其中一个重要的原因就是 Google Health 没有利用“集体智慧”去完善数据，也没有与保险公司或医疗机构合作去服务用户，显然在这个云服务不断发展的时代是不明智的。

(3) Epocrates。作为全球第一家主营移动医疗的上市公司，Epocrates 拥有排名第一的、包含处方药和非处方药在内的移动药品查询字典，可以为用户提供各种药品的药性、价格、不良反应、与其他药品的冲突关系、是否在医保范围内等情况的查询服务。为了让医患信息交流更加流畅，Epocrates 还与手机开发商合作共同建立了完善的医疗服务体系，方便进行药品信息查找，借助手机系统开发商的数据处理系统建立了可存储上千次查询结果的数据库，并通过对这些数据的分析自动生成治疗方案。据统计，2017 年 Epocrates 已供超过 450 万医务工作者使用，占美国医生总数的 70%以上，在医疗界产生了巨大的影响。

国内市场上存在的许多个人健康管理服务系统的运行模式基本都是通过软件或外置硬件设备，在用户开放权限后实时获取用户的血压、心率、体重、饮食等多项数据，存入后台数据库进行保管，并在需要时调用并管理健康数据。但不论是国内还是国外，该领域发展研究还不是很成熟，作为一个新兴技术，正处于迅速发展阶段。

国内有关健康管理的软件在近几年如雨后春笋般出现，功能包括寻医问药、中药咨询、挂号帮助、医院科室咨询、饮食信息管理等等，多种多样的功能方便了各种需求的使用者。综合来看，国内健康软件市场还是缺乏统一性，软件质量良莠不齐，且大多是以盈利为目的，但也有很多知名软件。

(1) 丁香医生。“丁香医生”的最初市场定位是一款面向大众的药品信息查询及日常安全用药辅助工具。用户可以在“丁香医生”App 上管理自己的病历、进行疾病问答，并且其强大的搜索功能可以帮助用户查询药品价格、鉴别真假、能提供药物相关作用信息，并提醒用户按时服药。此外，“丁香医生”还为使用者提供附近药店信息。“丁香医生”的突出特点是其背后有一个具有多年医疗领域研发经验的团队——丁香园支撑，为其提供了大量的专业资料、文献等理论支撑。

(2) 阿里健康。阿里健康作为阿里巴巴集团在其“Double H”(health and happiness)战略中医疗健康领域的航母产业，在功能和后台支撑方面都处于国内领先地位。阿里健康在 2016 年 10 月联合 20 余家生产智能设备和服务的厂家一同推出了“智能关爱计划”，该健康管理平台可通过智能设备将检测到的各种类的健康数据通过 GPRS、Wi-Fi、蓝牙等方式上传到云平台，平台收到数据后结合用户的历史健康数据，生成健康趋势报告，并建立类似电子档案的健康档案。阿里健康功能的逐步完善，也为天猫医药馆提供了强有力的医疗增值服务，扩展了天猫医药保健的服务领域，使其为消费者寻医问药做到一站式服务。阿里健康不仅可以直接服务于患者，还为包括阿里健康大药房、天猫医药等相关行业提供代运营业务及医药 O2O 服务。

(3) 薄荷健康。薄荷健康是一款主要针对有控制体重需求的用户开发的一款健康管理软件，通过对用户输入的饮食及运动的记录，综合用户的身高体重心率等各项体征给出用户当日的健康估分，并以此为重要参考来为用户制定合理的健康管理方案。该软件收录了 20 多万种中国常见的食物可查询各种食物的热量及食用功效，截至 2016 年年底食物搜索次数超过 2.3 亿，并且薄荷健康提供了健康社区功能，用户可以在社区内发表自己的健康状态并分享给服务器上所有的用户。薄荷健康还拥有自己的健康顾问，推出了相应的健康与减重相关的收费课程，实现了瘦身与健康的同步管理。

在如今各个领域都发展越来越快的时代，通过人们的不懈努力，物质生活和精神生活水平都得到了很大的提高，但人类作为地球上历经了一千多年进化的物种，作为生命，生老病死是每个人必须经历和不得不面对的问题。但在私人医生还未普及的中国，医院虽多也不能做到 24 h 随时服务于每个患者，工作压力的增大导致生活节奏的加快，由此带给身体健康上的压力也越来越大，这就使人们在不知情的情况下长期处于亚健康状态中，很多人即使对自身健康状况不满意，也因缺少时间不愿去医院或诊所就医，这就导致了人们体内亚健康因素不断积累，以致出现各种病症。

个人健康管理作为一个新兴产业，已经慢慢进入人们的生活中，私人医生的出现也证明了这一点。建立海洋装备与船舶作业人员健康档案进行健康管理，给出健康建议并针对出现的病症进行治疗，这无疑对海上人员的健康水平的提高提供了有力的支持。

5.2.3　海上人员安全综合保障发展现状

避免发生海上事故，保证航行安全，是海洋装备与船舶工作人员所共同关心的问题。结合国际安全管理规则，国际海事界对保障海上安全有着一致看法：海事安全要从人、设备、环境、管理等要素出发加强安全管理。

海洋环境复杂多变，随时可能发生各种危及船舶和人命安全的事故。为了避免严重后果，将损失减低到最低限度，船公司及有关主管机关除了加强对船舶和人员安全管理外，还必须制订各种应急预案并做好平时的演习训练工作，以便在发生紧急情况时能正确熟练地使用各种应急设备。一旦船舶发生海难事故，船上人员最终能否获救不仅取决于当时海面风浪大小，海水温度高低等因素，而且还在于遇险人员是否及时发出了遇险报警，救生设备是否安全可靠以及救助机构的行动是否快速高效。完善的海上救生系统是保障海上人命财产安全的重要因素，而完善的海上救生系统至少应包括遇险报警与寻位系统、救生设备、海上搜索与救助系统。

5.2.3.1　遇险报警与寻位系统

船舶海上遇险后，首先应该利用各种手段尽快发出遇险求救信号，向外界传递遇险求救信息。在这些信息中，船位信息对遇险搜救是极为重要的，知道遇险船的船位能更快速、更有效地进行救助，减少人员伤亡和船舶损失。

遇险求救的实质就是遇险通信，而成功的遇险通信必须具备畅通的信道和可靠的通信设备。全球海上遇险与安全系统(GMDSS)实施后，船舶、岸台及其他设施由于采用了数字选择呼叫(DSC)、窄带直接印刷电报(NBDP)、国际海事卫星(NIMARSAT)、卫星应急无线电示位标(S－EIPBR)、航警电传(NAVTEX)、增强群呼(EGC)等先进的通信技术，极大提高了海上船舶移动电台的遇险报警自动化程度和通信效率，对船舶的正常通信、呼叫值守、遇险呼叫、定位搜索和遇险通信起了很大的促进作用。该系统可以避免人为因素对遇险报警的影响，当海上发生遇险事件时，岸上的搜救机构及遇险船舶附近的其他船舶能够立即得到遇险报警，以最短的时间延迟进行协调救助，实现最大限度地保障海上人命与财产的安全。另外，遇险人员及时使用搜救雷达应答器（SART）等示位设备，持续发出寻位信息，更有利于搜救机构及早发现遇险船舶和遇险人员。因此，在未来海上安全系统中，GMDSS仍然是不可缺少的重要组成部分之一。

鉴于许多落水人员因未能及时被发现而丧生的事实，为船上工作人员，特别是从事舷外作业的人员配备有效的报警装置是非常必要的。从技术角度考虑，设计制作这种装置并不困难，而且国外也有类似的产品。据了解一种被称为个人示位标（personal locator beacon）的装置可以在人员落水后自动在规定的遇险频率上连续发射遇险报警信号，触发船上的报警器，发出声、光等警报信号。另外，个人示位标发出的信号还可作为寻位信号，船上人员通过专用仪器，可以在 1.5 海里范围内发现落水人员的位置，为后期的营救工作创造条件。

5.2.3.2 救生设备

救生设备是保障海上工作人员生命安全必须配备的安全设备，它通常是指救助艇、救生艇筏和个人救生设备等。由于过去救生设备简陋和效能差，致使无数海上工作人员因此而丧生，所以无论现在还是在将来，高效能的救生设备在救生系统中都将占有非常重要的一席之地。

1）救助艇

救助艇是为救助遇险人员及集结救生艇筏而设计的。它的主要作用是救助他船上遇险人员或本船的落水人员，因此救助艇首先必须拥有较高的艇速，能够在最短的时间到达出事地点。为达到这一目的，一些生产厂商通过采用新工艺，使用轻质材料制成充气式救助艇，由于这类救助艇的重量非常轻，容易获得较高艇速；还有一些厂商采取加大机器的推进功率或改进推进方式等方法谋求获得较高的艇速，并已成功生产出一系列产品。目前，有些产品的艇速已达到 35 节以上，成为实际意义上的快速救助艇（fast rescue craft，FRC）。

操纵性能好坏是衡量救助艇性能优劣的另一项重要指标。救助艇常常需要在恶劣的海况下对水中人员实施救助，因此必须具备良好的操纵性能。救助艇的操作性和快速性都要受到许多外界因素影响和制约，如海面风力大小，海浪的浪高、陡峭程度、周期，船员的经验和操作水平等。一般认为救助艇的操纵性能应该能满足在最大浪高 3.5 m 情况下操纵救助艇，进行救人操作；5.5 m 是船上救助艇释放回收装置可以允许的最大浪高。

由于运用喷水推进方式，某些救助艇不仅可以避免在救助落水者时艇艉螺旋桨碰伤人员，而且还能减小艇吃水，拓宽了救助艇的使用水域。

2）救生艇筏

救生艇筏是指从弃船时候起能维持遇险人员生命的艇筏。海难发生后，船上人员即面临着海上求生。海上求生一般分为三个阶段：弃船阶段、海上待救阶段和获救脱险阶段。其中，弃船阶段是指从发出弃船信号开始行动，救生设备备妥，直至人员安全撤离难船的一段时间。这个阶段既是海上求生的开始阶段，又是最为关键的一个阶段。大量海难事故已经证明：遇险人员由于没有来得及撤离难船而最终遇难的并不在少数。因此在弃船阶段，遇险人员首要任务就是尽快撤离难船。事实上，影响撤离时间的因素主要是人员到达集合站的时间、救生艇筏封闭程度、降落时间和人员接受培训情况等，这些因素均可以一定的技术参数加以界定。例如，SOLAS公约规定救助艇应在5 min以内降落下水，货船应在10 min内将所有的救生艇筏降落于水面。由于使用了全封闭式救生艇，放艇的准备时间显著缩短，但登乘耗时却增加了，总的降落速度平均提高了1 m/s。因此，通过加强人员培训、改进设备、增加技术含量，可以降低撤离阶段的耗时，为后期的海上求生创造条件。

长期以来，对弃船逃生人员造成威胁的是冷水和由此造成人体体温过低问题，因而人们在弃船时应避免进入水中，采取“不湿身地撤离到救生艇筏内”的方法，当前普遍使用救生艇筏作为撤离工具。然而，有了救生艇筏并不能保证人员总是安全撤离。首先，在施放救生艇过程中，波浪容易引起救生艇与母船频繁碰撞，其碰撞程度是由横摇加速、摆动幅度、救生艇重量、碰撞部位、撞击面和艇体材料等决定的。船艇之间的剧烈碰撞经常是导致艇毁人亡事故的直接原因之一。其次，救生艇筏的降落过程中，大船剧烈晃动，出现严重的横倾和纵倾，最终导致船上人员无法通过施放救生艇离开难船。大量海难事故已经证明：弃船阶段是整个海上求生存活链上的一个较薄弱环节。因此，解决好这个问题是实现人员安全、快速撤离的关键所在。

然而，至今还未解决救生艇因安放过高，在降落时会由于横摇而碰撞舷壁的问题。传统的重力式吊艇架无法从根本上避免这种碰撞情况的发生。自由降落救生艇的应用标志着在这方面研究已进入了一个崭新的阶段。这种艇通常置放于船艉部，它离开大船的动力是依靠其滑落时产生的脱离大船的推力，这种设计不仅可以避免在放艇时，救生艇同大船发生不受控制的接触危险，而且还可以将救生艇的降落时间降到最低限度，可以使救生设备完好无损地到达水面，实现安全快速撤离遇险人员的目的，代表着今后救生艇主要发展趋势。

另外，救生艇的保温性能对遇险人员至关重要的，全封闭式救生艇能保护艇内人员免受风浪侵袭，有利于海上待救，因此全封闭式救生艇应该是未来船用救生艇的主要形式。然而，全封闭式救生艇的干舷较高又设有封闭式顶盖，在救助水中人员时会造成困难。Seasafe Boats公司开发的Dolphin Safe Rescuer救生艇设计较好地解决了这个问题：这种艇艉部甲板设计成阶梯形状，其作用是保护瞭望人员免遭风浪侵袭，同时也有助于水中人员登乘救生艇。与常规在救生艇一侧登艇方法相比，采用这种方式水中人员更容易进入艇内。

3）救生筏

气胀式救生筏是目前船舶的一种主要救生设备，由于它具有施放容易、成型迅速，紧急时会自动胀起且保温性能好等种种独特的优点，自1960年SOLAS公约规定各种类型船舶均需配备一定数量的气胀式救生筏以来，当船舶在海上发生紧急事故时，往往能及时发挥其救生作用，救援了许多遇险船员和乘客，因此在未来的海上救生系统中，气胀式救生筏仍然会扮演着重要角色。当然,目前使用中的气胀式救生筏还存在着一系列问题,有很多方面亟待改进。如采用抛投式方法施放救生筏时,有时会出现筏底向上的情况,致使救生筏不能正常使用。此外,救生筏的登筏软梯在水中太轻,容易漂在贴近筏底的方向,造成登筏困难。在水面部分软梯标志不够明显,船员反映难以找到攀登,而且在扶正方面的设计和质量存在问题。对于采用吊放式方法降落的救生筏因单点悬吊,其摆动问题在工艺上比救生艇更为复杂:首先加速度使每个乘员都受到一个反方向的作用力,其次因单点悬吊及由此产生的旋转运动使加速度的方向难以确定,因此无法采取保护措施,但值得注意的是气胀式救生筏可以通过形状改变,消除一部分因碰撞而产生的能量,进而可以保护筏内的人员。总之,高质量的救生筏是救人命于危难的关键设备,随着救生筏技术的日臻成熟,在未来的海上救生系统中会发挥更大的作用。

4) 海上撤离系统

客船上人员众多,一旦发生紧急情况,引导乘客安全快速撤离难船就将成为一项非常复杂而关键的工作。传统的以救生艇筏作为撤离手段的方式明显存在着操作复杂、撤离速度慢、出现故障的概率较高等问题。目前出现的海上撤离系统较好地解决了上述问题。

海上撤离系统(marine evacuation system, MES)是用来迅速将大量乘员通过通道从登乘站转移到漂浮平台再登乘到相连的救生艇筏或直接登入相连的救生艇筏的设备。该系统可以为各种年龄、身材和体质的人员提供从登乘地点到漂浮平台或救生艇筏的安全通道,是一种安全、高效、快捷的撤离设备。SOLAS公约和国际救生设备规则(LSA)均明确提出有关海上撤离系统的构造、性能和使用等方面的规定,规范了海上撤离系统的设计和建造。尽管目前SOLAS公约没有制订强制措施要求客船必须配备该系统,还是有许多船东要求在自己的船上装备MES,而且国际短途航行的客船使用MES越来越普遍,甚至有人预测未来的货船也将装备MES。

5) 个人救生设备

个人救生设备主要是指救生圈、救生衣、救生服和保温用具等供个人使用的一类救生设备。这类救生设备可以为水中穿着者提供浮力或/和保温能力,延长遇险人员水中生存时间,增加获救机会,为最终获救创造一个有利条件。近年来,船舶装备的个人救生设备在性能、功效及形式均有较大的发展。如救生圈的救助范围正呈现出扩大的趋势,向远投、弹射方向发展;救生衣除满足浮力大、穿着方便的基本要求外,正朝着全装式、保温型方向发展。但值得注意的是由于个人救生设备与救生艇筏的性能不同,当这两种救生设备共同使用时必然产生矛盾,出现如登乘困难、行动不便等问题。

从海上求生角度的看,救生系统的各个组成部分,特别是个人救生设备和救生艇筏在弃船过程中必须共同使用,这就要求在设计制造个人救生设备时应充分考虑这个问题,另外还应特别强调个人与个人救生设备、个人救生设备与救生艇筏之间的熟练配合使用问题。事实上,如何使救生系统的各组成部分之间配套协调性更好将是未来的和长期任务。

5.2.3.3　海上搜索与救助系统

目前,海上救助机构由于各方面的技术和设备的限制,海上救助主要还是依靠船舶之间的互助,即依靠在出事地点附近作业的船舶或途经该处的船舶进行及时救援。其救助功效的发挥取决于:

(1) 通信联络和指挥系统的完善程度。

(2) 救生艇、船舶和直升机等设备的技术状态和人员的素质、经验。

(3) 气象海况情况。

(4) 出事地点与船、基地之间距离远近。

未来的海上搜索与救助系统中最突出的特点是搜救机构运行高效,反应迅速。搜救机构,如各国的海上救助协调中心(RCC)和救助分中心(RSC)职责清楚,分工明确,而且各个救助机构具有非常强的协调能力。由各救助机构及其他组织所构成的救助网络覆盖各个海域,可以保证全球各海域的遇险船舶都有机会得到救助。每个搜救机构除了配备自己的专职的搜救人员外,还拥有包括快速救助艇、大马力救助船舶和搜救直升机在内的许多先进搜救装备和设施,具备立体搜救能力。随着海上搜索与救助系统不断完善和发展,高新技术的应用和立体搜救能力的提高,必将进一步减少船、货,特别是海上人命的损失。

5.3　作业人员健康和安全综合保障系统架构

无论是国内还是国外,人的安全与生命健康是最重要的事情。在开展海洋装备与船舶上人员安全保障研究方面各国均投入了巨大的人力、物力和财力,然而随着近年来航运业的快速发展,全球范围内的船舶碰撞、搁浅、火灾、爆炸、污染等事故屡屡发生,并造成了严重后果。随着船舶物联网的发展应用和大数据挖掘技术的实现,将人员生命健康管理模块引入和应用到海洋装备与船舶上成为可能。该管理模块以装备上人员档案资料数据为基础,通过对数据的管理,对人员健康状况的时刻监控与分析,对船上人员分布情况的实时跟踪,在智能处理器的支持下形成对装备人员健康和安全系统的管理。

所有海洋装备与船舶人员的健康档案都是由人员健康档案管理系统统一管理,以岸基数据库作为支撑,将人员健康档案存储在数据库中,并进行实时更新(图 5.3)。通过判断装备工作人员健康状况,并给出操作建议和意见。海洋装备人员也可自行查询健康监控状态,并可在登录后输入医疗数据。

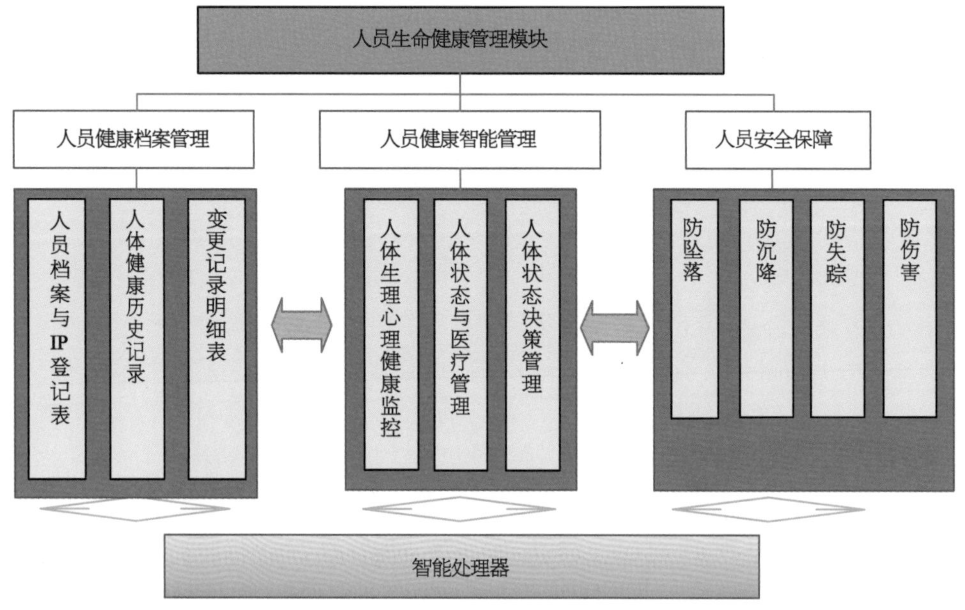

图 5.3 人员生命健康管理模块结构

5.4 作业人员健康和安全综合保障系统模块组成

5.4.1 人员健康档案管理模块

5.4.1.1 人员健康信息类型与存储

健康信息是指与人类健康相关的行为模式，主要包括人体生物信息和疾病相关信息。人体生物信息是指我们每时每刻都会产生的健康相关的信息，如血压、心率、脉搏、血糖等；疾病相关信息是指我们每年定期体检的相关数据指标和就诊记录、检查结果、服药信息等，健康信息是一种宝贵的卫生资源。对健康信息的存储是海洋装备与船舶作业人员建立健康档案的重要环节。

健康信息记录形式主要有文本文件、图形文件、图像文件、视频文件等类型。目前，大多数医疗机构主要以文本文件和图形文件两种记录形式记录健康信息。

文本文件是健康信息的主要记录方式，一般以文字列表的方式呈现，如图 5.4 所示。文本文件存储相对简单，通常以对象模型创建关系型数据表结构实现存储，如检查报告、服药记录、既往病史和费用清单等。

XX 市第一人民医院生化检验报告单

姓名：XXX　　科室：　　病 员 号：　　样本号：
性别：　　病区：　　标本种类：血　　送检医生：
年龄：　　床号：　　临床诊断：　　备　注：M社区

序号	代码	项目	结果	提示	单位	参考值
1	TBIL	总胆红素	22.8		umol/l	3.0~24.0
2	DBIL	直接胆红素	8.3		umol/l	0.0~10.0
3	IBIL	间接胆红素	14.5		umol/l	2.0~17.0
4	TP	总蛋白	87.1	↑	g/L	60.0~82.0
5	ALB	白蛋白	46.8		g/L	35.0~55.0
6	GLO	球蛋白	40.3	↑	g/L	20.0~35.0
7	A/G	白球比例	1.16	↓		1.30~2.50
8	ALT	谷丙转氨酶	14.6		u/l	0.0~50.0
9	AST	谷草转氨酶	15.6		u/l	0.0~50.0
10	ALT/AST	谷丙/谷草	0.94			0.20~1.50
11	AKP	碱性磷酸酶	84.8		Iu/l	30.0~120.0
12	GGT	谷氨酰转酞酶	23.0		u/l	0.0~50.0
13	BUN	尿素	5.31		mmol/l	1.70~7.14
14	CREA	肌酐	72.0		umol/l	30.0~110.0
15	UA	尿酸	362.0		umol/l	90.0~416.0
16	CRP	C反应蛋白	13.40	↑	mg/l	0.00~10.00
17	ASO	抗链球菌溶血素O	649	↑	Iu/mL	0~200

送检日期：2011-05-27 10:41　检验医生：　　报告日期：2011-05-27 10:48　审核：
注：本结果仅对该检验样本负责！

图 5.4　生化检验报告单

核磁共振、扫描、超声波等医学成像技术的相继诞生为医务人员带来了更为精确的诊断信息，但同时也产生了大量图形文件，如眼底彩照和心电图。眼底彩照是眼底检查产生的眼底彩色照片，能直观地观察到一部分对准瞳孔的眼底，是检查玻璃体、视网膜、脉络膜和视神经疾病的重要方法，如图 5.5 所示。心电图是利用心电图机从体表记录心脏每一

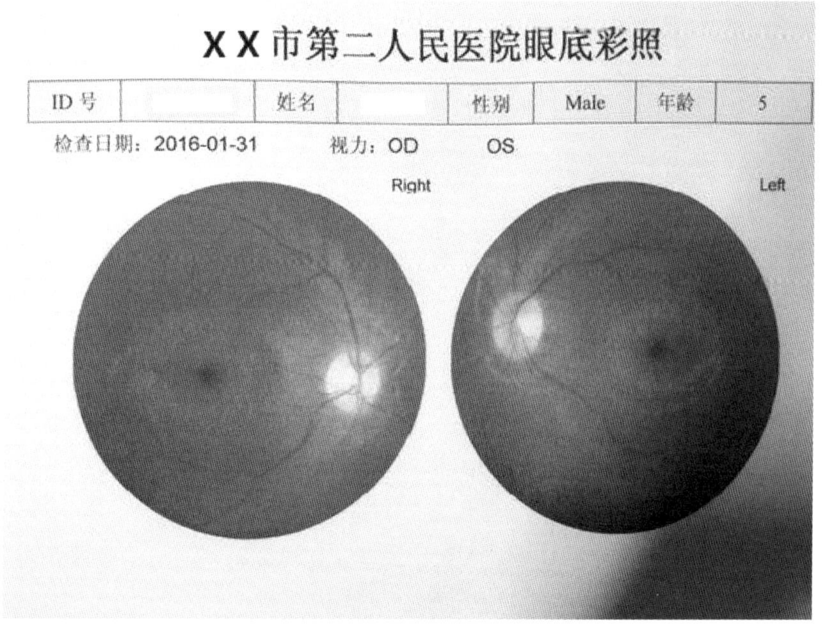

图 5.5　眼底彩照

心动周期所产生的电活动变化图形的技术，它对心脏基本功能及其病理研究方面，具有重要的参考价值，如图 5.6 所示。由于图形文件占用空间较大，传统关系型数据库已经开始不能满足图形文件的存储需求，分布式文件系统成为解决图形存储的技术手段之一。目前，Google 公司设计并实现的分布式文件系统（google file system，GFS）和 Apache 开源社区的 Hadoop 中的分布式文件系统是两个主流的能够实现图形文件分布存储的系统。

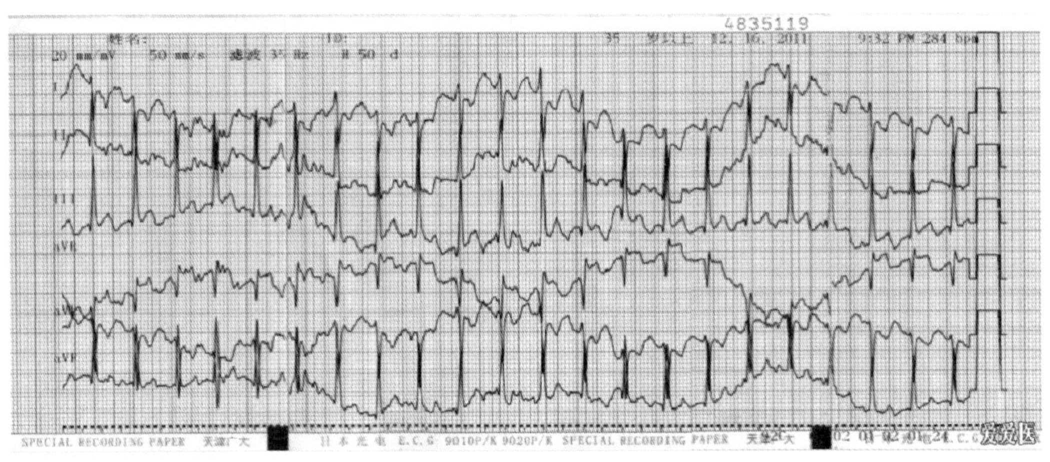

图 5.6　心电图

5.4.1.2　人员健康档案管理系统构建

大数据时代给人类带来的不仅仅是数据变大、资源增多，更多的是思维模式的改变，以及随之而来的数据挖掘技术不断突破、数据利用能力飞速发展。在此背景下，所有有价值的数据都将很快会被完善和利用，而海洋装备与船舶人员电子健康档案的有效管理和应用，可以为海洋装备与船舶人员健康状况监控提供丰富的历史数据和参考依据。实践证明，海洋装备与船舶人员健康档案管理系统的不仅需要建设云数据中心，还需要设计各数据库之间合理的数据采集方法，其中采集包括初始档案建立时的数据采集和档案后续更新时的数据采集。

1）系统架构设计

结合装备上人员健康档案管理系统的需求分析，本系统采用基于 Java EE 平台的 MVC 模式开发，从而达到降低应用程序耦合性的目的。采用 MySQL 数据库作为系统的主存储数据库、采用 SSH 开源框架作为系统开发主框架。为了有利于系统的开发、维护、部署和扩展，个人健康档案管理系统采用标准的三层架构，即表示层、业务层和数据层，三层之间密切联系，相互依存。分层的中心思想是“高内聚、低耦合”，拆分大问题为若干个小问题并逐个解决。

(1) 表示层。表示层直接与用户交互，完成数据录入、数据显示等与外观显示有关的工作。通过表示层用户能够使用浏览器对个人健康信息管理系统进行访问，当用户身份信息验证成功后方可进入业务层，完成各项功能操作。

（2）业务层。业务层除了完成一些有效性验证工作来保证程序运行的健壮性外，还需要对表示层的信息进行收集、整理、分析和存储等操作，并关联表现层和数据层。在个人健康信息管理系统中，业务层通过对用户权限的识别为不同用户提供不同的功能，如系统管理人员可以使用系统管理功能，完成对本系统数据库、用户组、用户、角色、模块的管理。同时，健康类移动设备的接入、数据格式的转换、健康数据的统计处理等功能均在业务层完成。

（3）数据层。数据层是专门与数据库进行数据交互的一层，提供数据库连接、数据库命令操作、返回数据等功能。数据层最主要的业务功能是通过响应业务层的SQL语句实现数据的读取和写入。在数据层中使用对象模型到数据库表的映射来实现数据操作，所以设计简单的数据表结构便于类属性和类之间关系的确定。对象模型向数据库表映射应满足如下规则：

① 一个对象类映射一张数据库表。

② 当类之间有一对多关系时，以类属性的方式实现，一张数据表不对应多个类。

③ 超类仅提供类共同属性，不定义父类表。

④ 一张数据表至少应有3个字段。

分层设计思想的采用明确了个人健康信息管理系统的各个功能结构，不仅能加快系统的开发进程，还能降低系统的开发维护成本。

2）系统模块设计

（1）用户登录模块。为用户提供进入系统的端口，用户的角色在登录模块中自动进行识别。根据角色类型不同，用户会进入不同的页面，使用不同的功能模块。为提高了系统的安全性，同一账号和密码在同一时间只能有一个用户登录该系统。

（2）系统管理模块。对个人健康档案管理系统中的系统管理功能模块进一步细分设置了用户安全性管理和系统安全性管理，其中用户安全性管理包括用户组管理、用户管理、角色管理、模块管理等子模块，角色的权限分配和用户的角色分配分别在角色管理和用户管理中实现。系统数据安全性管理包括系统备份、系统恢复、日志管理等子模块。

（3）档案管理模块。档案管理功能是用户直接使用的功能模块，主要包括个人档案管理、健康数据管理、健康服务管理三大功能模块。

个人档案管理主要包括就诊报告和健康档案两种档案管理分类，其中就诊报告以文件管理的形式管理用户的就诊信息记录，如就诊医院信息、科室信息、医务人员信息、检查报告等。个人健康信息管理系统作为一个PHR的管理平台需要为个人用户维护最基本和完善的健康档案信息。健康档案应该符合国家标准、信息覆盖全面、实现全生命的特性管理。

健康数据管理模块主要实现对个人体征数据、心血管数据和其他相关健康数据进行分类管理。个人体征数据和心血管数据拥有数据测量技术相对成熟、数据变化相对稳定、数据异常对身体健康影响比较严重等共同特征，被广泛应用于健康检查和慢性疾病的预防。

除了健康信息管理几个核心功能外，个人健康信息管理系统还为用户提供周到细致的健康服务，如医疗保健知识科普、就诊信息推荐、个人健康信息共享、投诉与建议等。

5.4.1.3　关键技术

1) B/S 结构框架技术

B/S(Browser/Server)结构，即浏览器/服务器结构。随着互联网技术的兴起，C/S(Client/Server)结构弊端日益凸显，B/S 结构作为一种 C/S 结构变化和改进的结构，其优势明显。B/S 模型原理如图 5.7 所示。

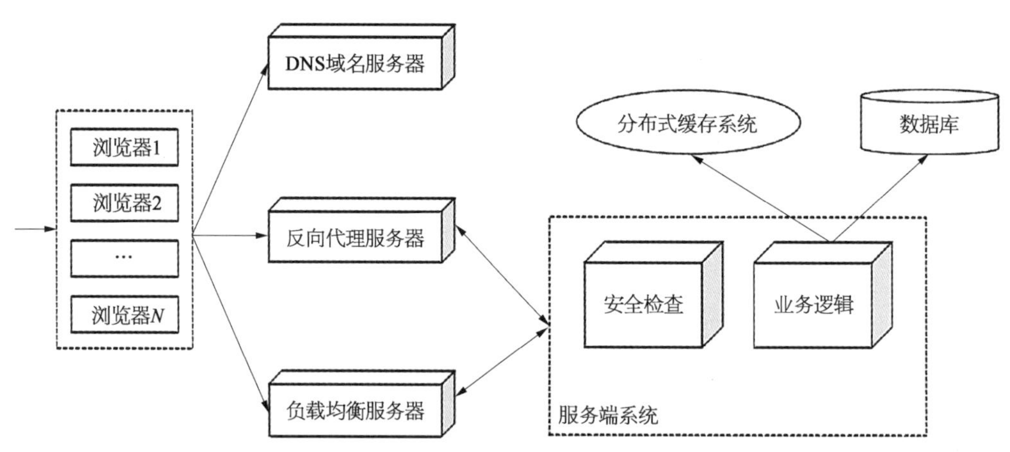

图 5.7　B/S 模型的基本架构图

B/S 结构实现的思想是利用万维网浏览器技术，使得一部分简单的事务逻辑优先在前端实现，服务器负责更为主要的事务逻辑。当用户需要对数据库访问时，仅需要通过浏览器向 Web 服务器发送访问请求，服务器接收到请求后，将访问结果信息响应到浏览器，浏览器把数据再呈现给用户，这便是 B/S 结构的主要工作过程。

目前，所有的 C/S 结构客户端都需要以安装到本地的形式才能使用的，它大量占用用户的存储空间，造成磁盘、内存等资源的浪费。而 B/S 架构的用户操作都是通过通用浏览器来实现的，其主要的业务逻辑都是在服务器端完成，仅仅一小部分事务需要浏览器处理，这样的处理过程可以减轻用户电脑负担，减少系统开发、维护、升级的成本。就目前的技术而言，B/S 结构的广泛应用，在某种程度上实现了全球数据共享。B/S 架构作为一种优势突出的软件系统构造技术，使原本需要独立的专用软件才能实现的功能，现在仅需要使用通用浏览器便可完成。

2) Java EE 平台

Java EE 是一个开发分布式企业级应用的规范和标准。Java EE 平台为开发人员提供了一组功能强大的 API 方便用户进行网络应用程序开发。开发人员通过此平台可以建立可重用且灵活的 Web 应用程序，目前 Java EE 平台已经成为全球企业级应用信息系统使用最广泛的 Web 程序开发技术之一。

随着应用体量的增大和系统的业务逻辑复杂度增长，客户端界面代码量将会非常大且逻辑臃肿，不容易进行维护与升级，然而 Java EE 使用分布式多层应用模型，将应用逻辑按功能划分为不同的组件，将两层模型分为四层，层与层之间相互独立，且每层分配特定的服务。分层的思想使得客户端仅需要解决数据的接收和显示两个问题。典型结构如图 5.8 所示。

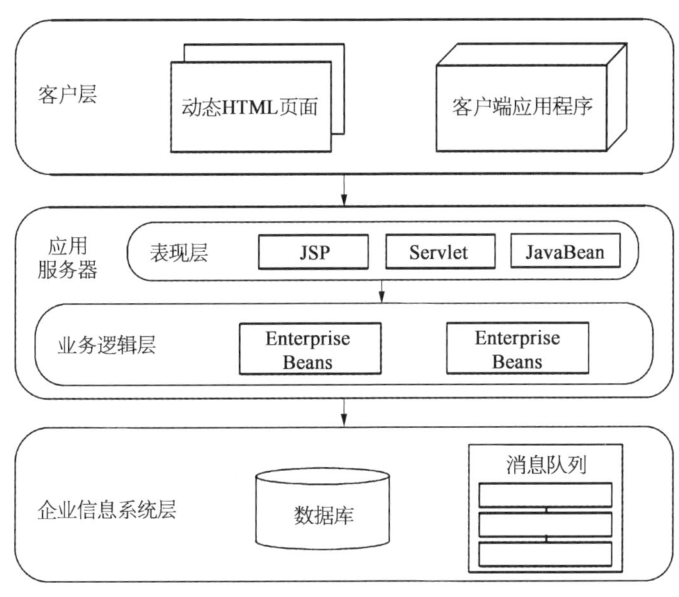

图 5.8　Java EE 体系多层结构图

客户层：与系统用户直接进行交互的一层。客户层将服务器后台处理的结果数据信息呈现给用户，Java EE 平台支持多类型用户，如 HTML、Java Applet 等，通常是浏览器。

表示层：主要由 Web 容器管理，用于接收用户请求。表示层将接收到的数据传递给业务逻辑层，并将业务逻辑层处理的结果返回给客户层。通常表示层的功能由 JSP 页面或 Servlet 等实现。

业务逻辑层：为表示层提供服务，用于处理业务逻辑，提供必要的接口。业务逻辑层将表示层提供的数据进行相应的处理后存入企业信息系统层，同时也将处理的结果返回给表示层。

企业信息系统层：企业信息系统服务主要在这一层实现，如数据库系统。

众所周知，Java 是平台无关的语言，所以基于 Java EE 平台的产品在市面可以在任何操作系统和硬件配置上运行，因此 Java EE 平台开发的产品可以减少因平台升级、项目移植而造成的二次开发。Java EE 平台为软件应用开发人员开发高效率、高灵活性和易用性的 Web 应用提供了一个优秀的平台。经过近几年的努力发展，Java EE 在企业级应用程序部署平台中始终保持领先地位。Java EE 平台同时不断为开发人员提供新型用法、模式和框架技术来提高应用程序的安全性与再用价值。

3）时序图

UML（unified modeling language）是对象管理组织（object management group，OMG）发布的统一建模语言。UML 通过使用一套标准的建模符号，使开发人员在开发、设计软件应用时使用标准、通用、规范的设计语言。软件设计开发人员可以像看土木设计图纸一样对软件系统的框架和开发设计规划进行保存交流。

UML 建模系列中的时序图是一种能够详细表达对象与对象之间或对象与系统外部的参与者之间交互关系的 UML。它强调对象间消息传输的顺序，所以可以认为时序图是由一组协作对象及它们之间传输的消息组成，也可是看成是一种详细表达对象之间产生动态联系的图形说明文档。时序图还可以详细直观地描述一组对象的行为依赖关系，既详细又直观地表达出操作和消息的时序关系。

在应用开发建模时时序图主要有以下三种特点：

(1) 时序图展示对象与对象间交互的次序，将信息传递以对象与对象间的交互进行建模，通过描述消息在对象与对象间传输关系（发送和接收）来动态展示对象与对象间的交互。

(2) 时序图作为 UML 图中的一种，它更加强调对象与对象间交互的时间次序。

(3) 因为时序图是以时间为基础描述对象与对象间的交互次序，所以时序图可以更加直观地表示出并发进程。

时序图通过对动态行为建模，强调了信息展开的时间次序，提供了清晰可视的轨迹，可以极大地简化软件系统框架和开发设计规划的保存和交流。

4）MVC 模式

MVC 模式是开发交互式应用系统的一个优秀设计模式，受到广大开发者的普遍欢迎。MVC，即模型、视图、控制器的首字母，它把应用程序抽象为功能截然不同的三部分。MVC 结构如图 5.9 所示。

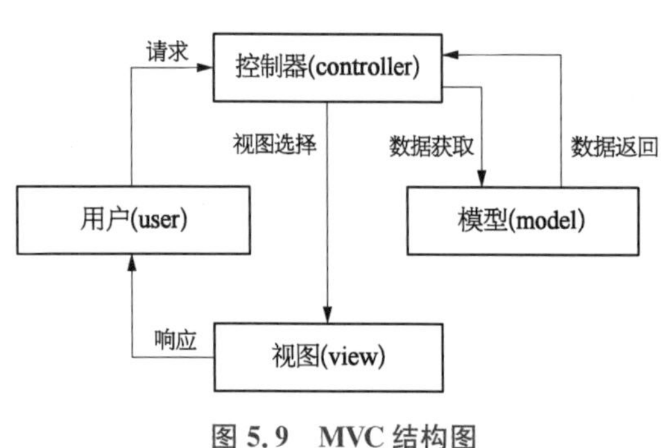

图 5.9　MVC 结构图

模型层主要负责封装数据、提供接口和执行操作等。在 MVC 的三个部件中，模型需要处理的任务最多，并且模型与数据格式无关，所以它可以为多个视图提供数据，做到一次获取便可以被多个视图重用，减少重复代码、提高可重用性。

视图层主要负责将模型层的数据传达给用户，并实现用户与系统的交互。视图作为一种输出数据并允许用户操纵的方式，并不会有真正的处理发生。当模型产生变化时会通知视图，视图便可以得到模型的数据，但不能改变数据，一个模型匹配多个视图，同样一个视图也可以与不同的模型有关联。

控制层主要负责连接视图层与模型层，如模型的选择、视图的选择等。控制层不会处理任何数据，它只把用户在界面中进行操作所产生的信息，如点击按钮、输入文本等传递给模型，告诉模型做什么，另外决定呈现给用户哪些界面。

MVC模式被推荐为SUN公司Java EE平台的设计模式,JSP和Servlet两种技术可以协同工作充分发挥MVC的优势。JSP作为显示(视图)层技术,不处理任何业务逻辑,只是将用户在界面操作所产生数据传给Servlet处理,并接收Servlet处理返回的数据用于界面显示。使用MVC模式的首要目的是实现系统的控制器和视图分离。模型层与视图层分离优势十分明显,它使系统拥有不同表达形式,假如其中一层需要改动,其他各层基本没有进行大范围修改的必要,如此就可以提高系统的可维护性。在页面和逻辑中不出现决策的特性同时可以提高应用的性能和扩展性。MVC模式在交互式应用系统开发的强大优势使其成为Java EE应用,特别是Web应用中一个非常重要的设计模式。

5.4.2 人员健康智能监测与管理模块

船员保持在一个良好的健康状态对船舶航行的安全性至关重要。标识船员健康的生理因素主要包括船员身体健康程度和疲劳两方面。船舶长期在海上航行,船员不仅要能够长时间持续工作,还要承受不同航区气候的变化,当船员产生疲劳时,船员的不安全行为会增加,船舶操纵质量下降,避碰反应速度变慢,导致船舶安全事故或潜在安全事故增加。因此,船员的身体健康与否会对船舶航行安全构成直接影响。同时,驾驶员的大脑疲劳在生理上表现为感觉迟钝、动作不准确且灵敏性降低。标识船员健康的心理因素表现为注意力不集中、思维迟缓、反应慢、心情烦躁等。当驾驶员在船舶航行中处于不良的心理状态,如紧张、激动、孤独,就很容易造成感知错误,继而错误判断,进而造成操作失误。显而易见,防止海上事故必须把人的因素放在重要的位置,开展人的因素的研究和管理是当前迫切需要进行的。

5.4.2.1 对人员进行管理

要实现人员生命健康的安全管理,必须实现人与物、物与人以及所有物品与网络的连接,进而实现"管理、控制、营运"一体化的一种网络。这里的"人"也是"物"的泛意,并要满足以下条件才能被纳入"物联网"的范围。

(1) 要有数据传输通路。

(2) 要有一定的存储功能。

(3) 要有CPU。

(4) 要有操作系统。

(5) 要有专门的应用程序。

(6) 遵循物联网的通信协议。

(7) 在网络中有被识别的唯一编号。

5.4.2.2 人员模块

海洋装备与船舶上的人员身上要有确定的IP地址。通过在海洋装备人员身上安装不同的传感器,实现对该人员的健康参数进行全面监控,并且可实现将监测数据实时传送到相关的医疗保健中心。如果数据出现异常,保健中心将通过设备进行反馈,及时提醒该人员注意事项或通知该人员及时去医院进行检查身体。

5.4.2.3 人员能力信息

本模块对与每个操作单位和支持能力相关联的人进行详细的记录。特别记录那些与维护和支持相关联的信息，如技能、能力和合格证明等。这些信息可以通过人事系统转过来，也可以由人工输入。本模块具有以下功能：

(1) 根据工作的分组、职位和能力定义运行和维护组织。

(2) 记录指派到每个组织位置的人员。

(3) 记录与维护与操作有关人员的详细信息，如合格证明、技能等级、接受过的培训及许可证等。

(4) 确定劳动力的费用。

本模块还能将培训和合格证明等要求与相应的设备相联系，这使得操作单位或支撑能力可以保持有合适的、技术熟练的队伍。其具有以下功能：

(1) 确定运行和维护系统及设备所需要的培训和技能。

(2) 记录关于培训课程的地点、教员、设备和材料等信息。

5.4.2.4 在海洋装备(船舶)的重点位置设置固定RFID阅读器

通过在海洋装备(船舶)的重点位置设置固定的RFID阅读器，以便根据读取到的工作人员的RFID胸卡判断其所在位置，从而实现对全体人员的行动线路跟踪和全员位置分布，为调度医务人员及时诊疗与救护提供支持。在此基础上，集成门禁系统、监控系统、考勤系统，防止外来人员随便进入，提高综合管理能力。

同时，可在RFID腕带上集成体温状态监测和生理状态监测，在实现人员定位的同时可便利地实现无线移动护理，对在海洋装备与船舶上发生突发事件时的人员管理和救护尤其有价值。

5.4.2.5 海洋装备与船舶上医疗物品管理

1) 医疗设备管理

医疗设备管理的最终目的是使医疗设备处于良好的运行状态，确保对人员的安全效益最大化。基于RFID技术的医疗设备管理通过标签植入，智能实现入库出库、科室管理、资产盘点、保修报损、防盗报警等功能。此外，还可以通过功能完备的信息系统，实现设备定期维护保养以延长使用寿命，实现设备档案电子化提升工作效率，实现设备使用监管以确保设备利用率。

2) 用血安全管理

为了在海洋装备(船舶)上发生的工伤事故进行及时处理，将物联网技术用于血液管理，从献血开始就将每个血袋上记录献血这基本信息和血液生物信息的RFID标签，从而简化筛选和存储流程，提高血库内部处理效率，降低出错率和血型配错率。

3) 对器械包的管理

采用纽扣式的耐高温、耐高压的高频无源标签，通过系统跟踪管理器械包的打包制作过程、消毒过程、存储过程、发放过程、使用过程及回收过程，在这全过程中，使用一个标签进行唯一标识和跟踪管理。回收后的高频标签，通过系统指定仍可以用于下一个器械包的循环过程的跟踪管理中。利用这种管理方式，可以及时提醒存储中是否有消毒过期的问题、分发和使用过程中是否有错误,回收后可以逐个清点包内的各种器械的数量,这样既增加了整个过程的监控和管理,也能够降低发生医疗事故的可能性。

4）医疗垃圾的管理和控制

在海洋装备与船舶上设置专用的医疗垃圾装置,安装定位标签可以实时定位,并且对其运行的区域在系统中做了特殊区域设置。当垃圾装置违规推出了区域,定位系统就会实时报警,并记录其违规运行历史轨迹的情况,并且可以发现在这个过程中接触垃圾装置的人员。当垃圾装置越界的时候,系统可以及时提醒(如标签蜂鸣、系统端弹出提示或短信提示等)。另外,事后还可以很容易查看历史轨迹,快速确认可能出现交叉感染的范围。

5）医疗废物管理

海洋装备与船舶上的医药废物必须进行严格的管理,是近几年研究的一个方向。国外一些先进医院通过对医疗垃圾的收取、称重、运输、焚烧等过程的数据进行收集和分析,避免医疗废弃物的漏装、遗失、丢弃,记录规范整个流程的耗时,全程监控医疗废物转运,确保医疗废物被妥善运输到指定地点。

6）医药供应管理

基于 RFID 技术的医药供应管理可以实现药品装配迅速、识别和杜绝仿冒药品、减少不必要库存、提高生产率、门诊智能摆药取药等。在美国食品药品管理局(FDA)的要求下,该国制药商从 2006 年开始利用 RFID 技术追踪易仿冒药品的生产、存储、运输、销售的全过程。

7）无线自动库存管理

一种正规药品在出产后,都配有一个 RFID 识别码,购买后可以依次判断药品真伪与相关生产信息。一旦该药品出现质量问题需要下架召回或搜寻购买者,厂家可以通过后台跟踪迅速定位。结合定位功能,可以在药品进出库的地方放置触发器,当成箱的药品进入仓库后不需要一一扫描,系统自动读完数据并记录保存。当药品要被出库时同样被系统记录,自动减去库存,降低人工录入敲错键盘的风险。

5.4.2.6　关键技术

通过对海洋装备与船舶上工作人员的健康监测,并结合健康档案进行分析,由 Web 管理平台端的医生用户给出装备上工作人员的健康分数和建议,存储在数据库,并展示给客户端的个人用户。针对系统中积累的大量用户数据,进行合理的处理和使用。当系统中的数据积累到一定数量,会通过健康反馈算法,调用用户输入的各项体征信息自动评估每日的健康指标并给出一个合理的分数,并且在分析用户各项体征指标是否正常的同时,根据用户的当前身体出现的问题提出合理的膳食方案建议,减少了人力成本。

该模块运用机器学习的方法,在前期使用大量的人体健康体征指标数据集作为训练集合进行训练,同时执行程序所建立的多元回归分析预测模型得出结果。在前期的数据积累阶段,医生用户为个人用户的每日健康状况进行综合评分,当数据积累到一定数量时,系统综合计算出用户的健康得分,省去大量的人工成本,并且使得结果更加准确。在该模块中,用户可以折线图的形式查看最近 7 天的健康得分记录,这就更直观地为用户展示了其身体健康水平的变化情况,也能为用户的工作安排、服药、治疗等操作建立数据支撑。

1）算法介绍

首先利用 PCA 算法，将体征信息中的各项值（血糖值、高低压值、心跳频率、体温值）映射到一维空间，设系统获取的数据集为四维向量 $X=\{x_1, x_2, x_3, x_4\}$，首先进行去中心化计算，即每一位特征值减去各自的平均值，之后计算协方差矩阵 $\frac{1}{n}XX^{\mathrm{T}}$，并对特征值从大到小进行排序，选取其中的最大值，将其对应的特征向量作为行向量组成特征向量矩阵 Q，此时就完成了将四维向量转换到一个特征向量构建的新空间中，即一维向量 $p_1=QX$，作为一个单独的维度——体征值，参与后面的计算。

将每一个样本的属性{体征值，摄入热量值，BMI}=P=$\{p_1, p_2, p_3\}$ 作为三维向量，使用优化后的径向基函数神经网络算法，由简单的线性函数从输入层传递至模式层。模式层中将样本分成不同类别，这个过程使用了 DPA 聚类算法实现，激活函数为

$$g_i(P)=\exp\left[-\frac{(P-\mu_{\mathrm{I}})^{\mathrm{T}}(P-\mu_{\mathrm{I}})}{2\delta_{\mathrm{I}}^2}\right] \tag{5.1}$$

式中 μ——标准化的单位长度，是训练集样本标准化后得到的平均数；

T——权重，是根据实验结果设置的可调值。

在求和层中，要求模式层中的样本（即神经元）按类别根据训练集的特征进行有选择性的分类，然后对两种类型的神经元进行求和，公式为 $S_{\mathrm{D}}=\sum g_i(p)$ 和 $S_{\mathrm{N}}=\sum y_i g_i(p)$。

将求和层的两个和相除，即得到最后的结果。由于各类之间有很复杂的关联关系，因此最后用回归函数式 $\dot{Y}=\frac{S_{\mathrm{N}}}{S_{\mathrm{D}}}$ 进行替代，得到最终值。

2）算法实现

为验证算法的有效性，选取能够真正反映人体生理参数的特征，分别为每日摄入热量值、饮水量值、心跳频率值、血压值、体温值、血糖值和 BMI 值。样本选择方面，选择同一个人 100 天的健康数据作为样本进行训练，其中 80 天的数据作为训练集、剩余 20 天的数据作为测试集进行交叉验证。数据预处理方面，先使用数据映射、数据归一化和数据清洗的方法对样本数据进行简单的预处理，之后使用组成成分分析方法进行特征选择。构建模型阶段，使用改良的径向基函数神经网络作为预测模型，使用特征选择后的样本作为训练集，放在模型上进行训练，将训练得到的特征集保存在本系统数据库中。系统在运行过程中不断积累数据，在历史数据不断增多的情况下，系统给出的评分会越来越准确，推荐的健康信息也会更加精确。装备上的工作人员只需每天自行输入当天的健康数据和系统采集到的数据，算法就可以依据训练出的特征集对病人的健康状态进行百分制打分。

3）判别标准

采用神经网络中使用频率很高的“常见指标准确率”作为判别标准，来确定模式层中的神经元个数。实验结果中词的标准定义见表 5.1。

表 5.1　标准定义

真实结果	实验结果	
	正常	异常
正常	TP	FN
异常	FP	TN

在表 5.1 中，TP、FP、FN 和 TN 的含义如下：

TN：true negative，即模型预测结果为负，并且预测正确。

TP：true positive，即模型预测结果为正，并且预测正确。

FN：false negative，即模型预测结果为负，并且预测错误。

FP：false positive，即模型预测结果为正，并且预测错误。

在神经网络模型的设计过程中，分类器的评价是一项重要指标，对算法的准确性有很大影响。国内外顶级期刊论文均使用准确率作为成果的衡量标准，准确率的定义式为

$$\text{accuracy rate} = \frac{TP + TN}{TP + TN + FP + FN}$$

经过反复试验可以得出，聚类个数为 4 时，准确率最高，因此确定模式层神经元个数为 4。

5.4.3　人员安全保障模块

5.4.3.1　系统组成和功能设计

针对海洋装备和船舶工作人员存在的各种安全问题，按照层次化结构的理念，设计了具有海上人员安全多级防护格局的海上人员安全综合保障系统，包括安全登离轮防坠保险装置、专用救生包、海上人员落水报警与搜救平台、手套、防滑鞋等，可分为四个层级。

1）一级防护——防坠落

一级防护主要包括安全登离轮防坠保险装置，由一个防坠救生器和马甲式安全带配合使用。新型防坠器的防坠功能通过抗棘齿双盘式制动系统，有效控制人体失控下坠，作业时可随意拉出绳索，使用方便，在正常上下船（速度小于 2 m/s）时不影响正常作业，但当人体急速下坠时，可以迅速锁住，防止人员继续下坠。马甲式安全带为双肩背带式，在腰间有可扣紧的腰带，两大腿根部有环式扣带。

此安全装置主要有以下作用：

（1）保持海上工作人员登轮时的工作位置，防止坠落。

（2）升高或放松时起到保护作用。

（3）坠落时拉住人体。

2）二级防护——防沉降

二级防护包括专用救生包，海上专用救生包采用救生包和救生衣一体化的设计，运用特殊的材料和工艺，集安全性、背负性、舒适性、防水性、耐用性于一体。采用发光带结构

可以在光线较暗环境中便于施救人员发现和确定水中遇险者的位置。采用海水触动式的紧急充气式救生衣，海上作业人员入水 5 s 内救生衣会自动充气，使其头朝上浮起。其中，海水触动充气式救生衣装备有多个气囊，装备有打捞带，在遇紧急情况时，打捞带充气膨胀，向外凸起，从而便于施救人员打捞。救生包中的口哨功能可以使遇险者发出求救信号，从而便于施救人员发现和确定目标。

3）三级防护——防失踪

三级防护包括海上人员落水报警与搜救系统。该系统由报警终端、搜救平台两部分组成。当人员落水时，可手动激活或自动激活终端，终端采集佩戴者定位信息，优化处理后，按照指定的发射频率，通过 AIS 链路向外发送遇险求救信息，信息内容包括人员身份识别号、位置信息等。当遇险位置在 AIS 基站覆盖范围内时，可由 AIS 岸基系统接收并通过移动通信公网转发给搜救任务控制中心，由搜救任务控制中心组织搜救。当遇险位置在 AIS 基站覆盖范围外时，遇险求救信息由遇险位置周边航行并安装 AIS 船台的船舶接收，周边船舶根据险情实施搜救。同时，安装有北斗一代定位终端的船舶接收到报警信息后，还可以通过北斗卫星发送求救信号给搜救任务控制中心，以便岸端辅助指挥搜救工作的进行。系统工作原理如图 5.10 所示。一旦终端搜索过程中出现故障，将不能得到人员落水的实时定位信息，这时搜救平台将启用落水人员漂移轨迹预测功能。

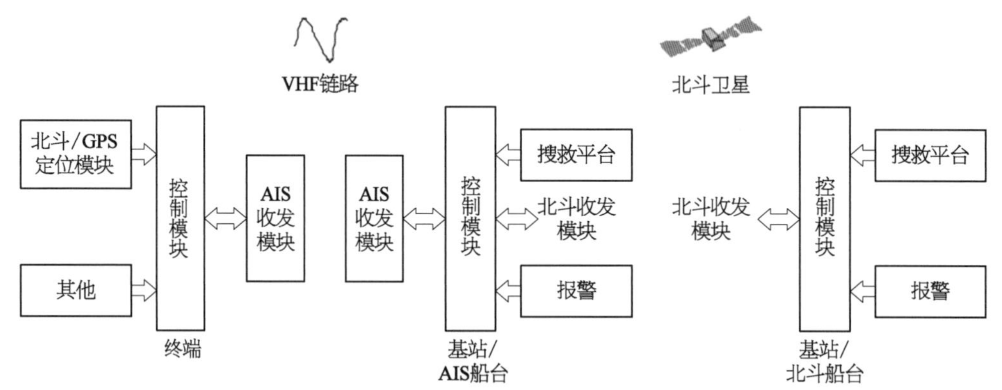

图 5.10　人员落水报警与搜救系统工作原理框图

（1）报警终端主要包括系统控制中心、北斗/GPS 定位模块、供电单元、AIS 信息收发单元、天线、LED 报警指示灯、开关单元。系统控制中心采用意法半导体提供的低功耗微控制器 STM32F103CBT6，北斗/GPS 双模定位通过 TM1612 芯片实现，AIS 信息收发单元采用型号为 CMX589 的芯片，天线采用内置 PCB 形式的 162 MHz 的微带天线。辅助电路设锁相环电路和功率放大电路，以达到终端小型化和低功耗的设计目标。

报警终端只具备单一报文的播发方式，要实现向 AIS 覆盖范围外的岸基监管中心播发报警信息，需要周围同时安装 AIS 接收机和北斗接收机的船台作为中转中心，然后通过北斗卫星转发岸基监管中心。未来可以开发具有双电文播发方式的终端，即终端自身既具有 AIS 播发功能，也具有北斗短报文播发功能，实现终端远距离、近距离的联合播发，大大扩大报警信息的覆盖范围。鉴于北斗的短消息通信功能，还可以在终端上设计按键和显示屏，实现终端和外界的短消息通信。

(2) 搜救平台依托于报警终端，分为服务端和客户端两部分。客户端部分安装在搜救船和搜救人员随身携带的移动终端设备上，能够实时显示落水人员的位置等信息，便于在现场实时展开救援措施。服务端部分安装在船台或搜救任务控制中心，能够采集落水人员的位置信息并发布到客户端，管理人员可以根据服务端上显示的落水人员位置及附近海域的引航艇、拖轮分布情况，实时制定搜救方案并进行调度指挥。

4) 四级防护——防伤害

四级防护主要包括手套、防滑鞋。防伤害装备主要应用于海上作业人员在攀爬时防滑倒、防刺伤等。

海上工作人员因为其工作环境的特殊性，要求手套和鞋子高度防滑、防水、防腐、防静电，还要满足夜间作业的特殊要求。针对这些特点，设计了海上工作人员专用手套、防滑鞋，手套和鞋面均采用防水柔软小牛皮，鞋底采用进口防滑轮胎材料，武警空军部队抗静电鞋底配方。同时，在表层加入适合夜间作业的3 M反光材料。

5.4.3.2　模块关键技术

1) 功耗处理

佩戴者落水后，终端就会立即启动开始工作，进行定位和发送求救报警信息。由于终端体积结构的要求，一般采用电池等存储式能源进行供电，储能式能源携带的能源能量有限，难以保证长时间的持续工作，合理分配和利用有限的能源资源是一个需要考虑的关键问题。因此，终端设计在采用AIS链路对外发射报警信息的基础上增加了AIS信息接收功能，以发送为主，在没有接收到附近船舶的AIS信息时，终端以较低频率对外发送报警信息，以减少终端功能耗散；在能接收到附近船舶的AIS信息时，终端自动提升AIS求救信息发送的频率，从而为搜救人员提供快速、实时的遇险者位置信息。

2) AIS天线设计

佩戴者落水后，终端需要保证有足够的有效传输距离将落水人员信息实时传送给周围船舶或AIS岸基系统。考虑到终端为随身携带的便携式救生设备，天线的设计不仅要求尺寸小、质量轻、机械强度好，而且要求水平面全向辐射、受周围环境影响小、对人体辐射伤害小等；同时，考虑到电池的有效工作时间要求，终端发射功率也须严格控制。因此，综合考虑各种因素，采用内置PCB式的162 MHz的微带天线作为终端的AIS天线，以保证落水信息的有效传输距离的同时，兼顾终端的便携性和良好的续航能力。

天线的长度一般以波长的1/4为标准。介质内的导波波长的计算公式为

$$\lambda = c/(f\sqrt{\xi}) \tag{5.2}$$

式中　ε——介质的介电常数；

f——微带天线的工作频率；

c——光速。

在162 MHz的频率下，波长太长，直接影响终端整机的体积。因此，在此采用螺旋形

式的 PCB 天线来实现，而馈电方式则选用微带线馈电。

3）落水人员漂移预测模型

由于意外造成终端报警信息的中断或终端与佩戴者中途脱离，都会影响搜救者对落水人员的搜救。鉴于此，在搜救平台软件的开发中，增加落水人员漂移预测功能。搜救者手持的移动设备上的搜救平台不仅可以实时显示终端发送的报警信息，而且还可以根据遇险的初始时间、位置和海洋环境状况预测落水人员漂移位置。

根据拉格朗日方程，假设落水人的初始位置为 $\vec{S}_0$，初始时刻为 t_0，则经过 Δt 的时间，落水人的位置：$\vec{S}=\vec{S}_0+\int_{t_0}^{t_0+\Delta t}V_{\mathrm{drift}}\mathrm{d}t$。

由此可知，欲得落水人员的位置，关键在于确定落水人的漂移速度 V_{drift}。落水人员在不考虑垂向运动的情况下，受风、流两类力的共同影响。根据牛顿第二定律，目标的加速度方程为

$$\frac{(m+km')\mathrm{d}V_{\mathrm{drift}}}{\mathrm{d}t}=F_{\mathrm{w}}+F_{\mathrm{c}} \tag{5.3}$$

式中 V_{drift}——落水人的漂移速度；

F_{w}——风对落水人的作用力；

F_{c}——流对落水人的作用力；

m——目标的质量；

m'——附加质量，源于附着在目标表面水离子的加速度；

k——附加质量系数。

又

$$F_{\mathrm{w}}=1/2S_{\mathrm{w}}D_{\mathrm{w}}\rho_{\mathrm{w}}V_{\mathrm{w}}^2 \tag{5.4}$$

式中 S_{w}——落水人露出海面部分的横截面积；

D_{w}——风的作用力系数；

ρ_{w}——空气密度；

V_{w}——海面风速。

$$F_{\mathrm{c}}=1/2S_{\mathrm{c}}D_{\mathrm{c}}\rho_{\mathrm{c}}V^2 \tag{5.5}$$

式中 S_{c}——落水人浸没海面以下部分横截面面积；

D_{c}——流的作用力系数；

ρ_{c}——海水密度；

V——落水人员相对于周围海水的漂移速度。

落水人员落入海水中的初始时间，在外力作用下具有较大的加速度，不过在短时间内所受的外力会达到平衡。此时，$F_{\mathrm{w}}+F_{\mathrm{c}}=0$，即 $1/2S_{\mathrm{w}}D_{\mathrm{w}}\rho_{\mathrm{w}}V_{\mathrm{w}}^2=1/2S_{\mathrm{c}}D_{\mathrm{c}}\rho_{\mathrm{c}}V^2$。

由此可知，在已知风场的情况下，落水人相对于周围海水的漂移速度 V 由相关的属性参数决定，表示为：$V=RV_{\mathrm{w}}$，称 R 为风致漂移系数。落水人员的漂移速度等于落水人相

对于周围海水的漂移速度与周围海水流速 V_c 的矢量和，即

$$V_{drift} = V + V_c = RV_w + V_c \tag{5.6}$$

将 V_{drift} 代入拉格朗日方程即可计算任意时间内落水人员的漂移位置。

参考文献

[1] 刘宁. 居民电子健康档案应用中亟待解决的问题及应对策略[J]. 医学信息学杂志，2014(5)：25－28.

[2] 刘宁，李钰铭，焦俊博，等. 居民电子健康档案更新机制研究[J]. 医学信息学杂志，2014(9)：35－38.

[3] 周力虹，刘璐，赵一鸣. 英国居民数字健康档案建设经验及对我国的启示[J]. 信息资源管理学报，2014(2)：94－100，113.

[4] 孟群，胡建平，汤学军，等. 电子健康档案标准符合性测试研究[J]. 中国卫生信息管理杂志，2013(1)：31－34.

[5] 蹇奕苹，李朋，余中心，等. 居民电子健康档案应用符合性测评及其问题分析[J]. 医学信息学杂志，2014(8)：7－13.

[6] Bar-Dayan Y，Saed H，Boaz M，et al. Using electronic health records to save money [J]. J Am Med Inform Assoc，2013(e1)：7－20.

[7] Eastaugh S R . Electronic Health Records Life cycle Cost [J]. Journal of Health Care Finance，2013(4)：36－43.

[8] Hripcsak G，Albers D J. Next — generation phenotyping of electronic health records [J]. Journal of the American Medical Informatics，2013(1)：117－121.

[9] 张振，周毅，杜守洪，等. 医疗大数据及其面临的机遇与挑战[J]. 医学信息学杂志，2014(6)：1－8.

[10] 柴文磊. 云计算模式下电子健康档案服务系统的开发[D]. 保定：河北大学，2013.

[11] 张远鹏，董建成，耿兴云，等. 区域电子健康档案系统的分布式应用程序框架模型研究[J]. 医学信息学杂志，2011(2)：22－25.

[12] 张鑫. 基于中间件的分布式电子健康档案系统的研究与实现[D]. 上海：东华大学，2014.

[13] 朱晓卓. 论电子健康档案的隐私特性及保护[J]. 中国卫生事业管理，2014(8)：603－604，625.

[14] 黄吴健，帅仁俊. 电子健康档案的加密研究[J]. 计算机工程与设计，2012(10)：3833－3837.

[15] Bernat J L. Ethica land Quality Pitfalls in Electronic Health Records [J]. Neurology，2013(11)：1057－1061.

[16] 俞国培，包小源，黄新霆，等. 医疗健康大数据的种类、性质及有关问题[J]. 医学信息学杂志，2014(6)：9－12.

[17] 吴民. 美国推广电子健康档案的新举措：MU 标准[J]. 医学信息学杂志，2011(7)：15－17，21.

[18] 刘月星，张涛，宗文红. 美国区域卫生信息化及有效使用电子健康档案的启示[J]. 中国医院管理，2014(5)：79－80.

[19] 成崔芳，黄鹏飞，张寿桂. 海上人员安全综合保障系统[J]. 集美大学学报(自然科学版)，2016(3)：120－124.

[20] 闫俊涛. 基于 GPS 的自定位海上搜救报警系统[D]. 北京：北京邮电大学，2014.

[21] 赵冬. 小型化海上个人应急搜救示位标的设计与实现[D]. 西安：西安电子科技大学，2014.

[22] 张丹. 个人健康管理服务系统的设计与实现[D]. 北京：北京邮电大学，2019.

[23] 贾顺贺. 基于 Java EE 平台的个人健康信息管理系统设计与实现[D]. 南京：南京邮电大学，2018.

[24] 李腾耀. 基于 Android 的移动健康管理系统的设计与实现[D]. 北京：北京邮电大学，2018.

[25] 何勇，刘英学. 航海人员行为安全分析的综合评价研究[C]//第三届行为安全与安全管理国际研讨会论文集. 上海，2015：161 - 166.

[26] 吴大刚，肖荣荣. C/S 结构与 B/S 结构的信息系统比较分析[J]. 情报科学，2003，21(3)：313 - 315.

[27] 彭望龙. 基于 J2EE 的移动存储设备电子文件安全管理系统的设计与实现[D]. 南京：南京理工大学，2012.

[28] Li H, Zhou M, Xu G J, et al. Aspect-oriented programming for MVC framework [C]//International Conference on Biomedical Engineering and Computer Science. IEEE, 2010：1 - 4.

[29] 陈乐，杨小虎. MVC 模式在分布式环境下的应用研究[J]. 计算机工程，2006(10)：62 - 64.

[30] 徐孝成. 基于 Shiro 的 Web 应用安全框架的设计与实现[J]. 电脑知识与技术，2015(6)：93 - 95.

[31] 张亦. 健康体检管理系统的设计与实现[D]. 南京：东南大学，2014.

[32] 胡雯，李燕. MySQL 据库存储引擎探析[J]. 软件导刊，2012(12)：129 - 131.

[33] 陈伟炯. 船舶安全与管理[M]. 大连：大连海事大学出版社，1998.

第 6 章　装备上设备及缆线的安全保障系统

海洋装备及船舶上的设备及缆线的安全保障是装备安全管理的一个重要组成部分，只有将装备上的设备及缆线调整到稳定、安全运行的状态，才能保证装备正常、高效的运行。因此，建立一套以安全可靠为中心的海洋装备(船舶)设备管理和安全保障体系已经成为趋势。要建设一套完备的海洋装备(船舶)设备管理体系，随时掌握设备的各种基础资料，才能对设备的运转了如指掌，才能做到该保养时进行保养，该更换备件的时候更换备件，该船检的时候进行船检，提高船舶设备管理的针对性和有效性。物联网的出现和迅速发展为海洋装备与船舶上的设备从设计管理、生产管理、采购管理、车间管理、能力管理、库存管理、物流管理、财务管理和成本管理、运行维护管理、备品备件管理、维修改造、异动、报废等各项工作随时提供船舶设备的运转信息，为当前设备管理提供新的决策分析方式和保障手段。因此，本章将对基于物联网的海洋装备与船舶上设备及缆线的安全保障的系统架构、设计方法、模块组成及其应用进行详细的介绍。

6.1 设备及缆线的安全保障系统研究现状

6.1.1 设备维护系统研究现状

1）美国

20 世纪 70 年代，美国海军全面开展综合后勤保障的研究，从设备的保障性设计入手，把综合后勤保障方法贯穿到装备寿命周期的全过程。20 世纪 80 年代，美国国防部发现大部分装备采办周期长、维修与后勤保障工作繁重、战备完好性差，认为有必要突出强调设备维护系统，将战备完好性与保障性置于装备研制的最优先位置。1983 年发布的新版本军用标准《后勤保障分析》(MIL - STD - 1388 - 1A)中定义了保障性。美国海军提出装备的战备完好性的概念，并把使用可用性作为海军武器系统和设备战备完好性的主要量度，使之成为装备的可靠性、维修性、保障性的综合指标。这些政策、技术与方法有效地促进了设备维护系统的建立和发展，保障了装备能尽快形成并持续保持战斗力，在美国海军装备建设及实战应用中起到了巨大的作用。20 世纪 90 年代，美国国防部总结了 80 年代以来的采办经验，进一步提高设备维护系统的重要地位，在 1991 年发布的国防部指令《防务采办》(DoDD5000.1)和国防部指示《防务采办管理政策与程序》(DoDS000.2)中规定："性能指标中，必需包括可靠性、可用性和维修性之类的关键性保障性要素。"1997 年，在发布的军用手册《采办后勤》(MIL - HDBK - 502)中明确规定，"确保设备维护系统包含到系统性能要求中""将设备维护系统综合到系统和设备设计要求中，使设计者从一开始就指向保障性目标"。美国海军把设备维护系统作为不可分割的一个组成部分直接纳入装备采办工作中，并将保障性和持续保障作为装备系统性能的关键要素。

2）英国

20世纪90年代中期，英国海军进行了较大规模的调整，与之相适应的是根据需要进行了机构的精简和合并，与舰船后勤保障有直接关系的、负责后勤工作的最高指挥机构——舰队保障司令部也进行了精简，原来的5个部门/机构精简为3个，即舰船保障局、海军基地和供应局、海军飞机总监及工作队。

（1）利用地方的技术力量优势，保障海军舰船装备，把地方研究使用成熟的理论直接用于舰船设备维护保障工作。1995年，为了在海军舰船上开展“以可靠性为中心”的设备维护，海军与地方的咨询公司签订了合同，研究并论证如何将这一理论用于舰船及潜艇船体预防性维修计划的制定工作中。

（2）利用地方管理方式和经营方法直接管理海军设备维护系统工作。20世纪90年代由于经费减少等原因，英国皇家海军在舰船保障方面进行了重大改革，由地方船厂负责接管部分海军的舰船维修工作。1996年，英国两家舰船制造厂家共同成立了舰船保障有限公司，该公司就管理并经营朴次茅斯海军基地的舰船设备维护机构与国防部签订了一份为期5年的合同，皇家海军水面舰艇（包括3艘航母）的60%驻泊于该基地。

（3）利用地方先进的设备修理技术直接为海军舰艇装备服务。近年来，英国水下修理公司在船舶水下修理方面有很多新技术或成熟技术直接应用于海军舰船，1996年该公司为潜艇的消声瓦修理研制水下直接使用的黏合剂和相应的表面处理技术，使过去必须入干船坞进行的修理工作得以在水下进行。该公司还在同一年将在商船上使用过的、新的、有效的水下修理概念应用于护卫舰水线下钢板的修理。使用沉箱和专门研制的与船体表面弯曲度相同钢钢板进行水下换板修理。

3）我国

我国设备维护系统建设工作起步较晚，实际工程经验积累不足，实施过程中面临非常多的问题，使得设备维护系统建设工作效果与工程项目的综合保障需求还存在较大差距。但经过长期不断的学习、摸索和实践，取得了一定的成效。在管理上，具备了初步的系统管理经验；在技术上，初步建立了应用技术体系；在人员上，初步培养建立了设备维护技术人员队伍。在某型舰作战系统的项目论证、方案设计和技术设计阶段中对设备维护系统的开展进行了详细策划，策划中提出成立技术专家组的建议，确定了关键技术攻关项目。例如，设备维护系统具体工作的实施方法与程序、实施要求、验证方法、信息收集管理方法、监督管理方法等。

6.1.2 船舶损管监控系统研究现状

船舶在战时因受导弹、鱼雷、水雷和炮弹等武器的攻击或平时因事故而造成的各种损害，对船舶的生命力和战斗力构成极大的威胁。第二次世界大战中海战的战例统计分析表明，驱护舰的沉没绝大多数是由于不沉性的丧失造成的，而航行能力和战斗力的丧失由不沉性降低引起的占46%，由火灾和爆炸引起的占12%。第二次世界大战后主要海战中典型战损实例，特别是马岛战争中“谢菲尔德”号驱逐舰的沉没和美军“斯塔克”号护卫舰在波斯湾被击中事件表明,随着反舰武器命中精度和打击威力的不断提高,舰船战损的可能性和受损程度会越来越大。同时,舰船在平时也会因碰撞和搁浅而破损导致进水甚至断裂,或者因事故而起火和爆炸。各国海军多年来的实践经验表明:舰船因为初次损伤而直接丧失生命力的是少数。因此,及时、准确地发现损害并迅速、正确地采取措施是挽救其生命力的关键之一,即损害管制是保障舰船生命力和战斗力的主要手段之一,是舰船的最后一道防线,正确、积极地进行损害管制对舰船的生存有着重大的作用和意义。要提高舰船的生命力,除了在舰船设计和建造中采取各种措施外,更重要的是要有一个功能完善、响应迅速的损管系统,即有效的损害管制必须依靠先进、可靠的损管系统。在早期各国海军都是以人工操作为主,但已不适应现代海战的需要。因此,各国也改变了舰船损管的主要方式,将以计算机为主的大量的新科技应用其中,特别是随着计算机技术的进步,以计算机为基础的、具有信息处理量大、反应时间快、辅助决策能力强等优点的现代化损管监控系统正日益受到各国海军的重视,已成为损管监控系统的发展趋势。

1) 国外

1984年,美国海军在FFG30护卫舰上试验的Ballast通用损管系统最主要的功能是对船舶的稳性进行监控,并具有模拟训练功能。该系统接收损害信息经处理后向损管决策者提供稳性状态、最佳对策及实施后稳性的变化等,整个过程只需花几分钟的时间,而若靠决策者本人完成上述工作则至少需几个小时。

1985年,美国海军首先在斯普鲁恩斯级驱逐舰"DDG969"号上装备了一套名为SNIPE的、以IBM-PC为主控计算机的损管辅助系统,但主要是以灭火为主,尚未涉及舰体平衡及损管控制问题。其在结构组成上分为稳定计算、损害(火灾)控制、事故处理、灭火等168个功能模块组成的13个分系统。

1992年,美国海军结合研制统 的舰船监控系统(SMCS)开发了战斗损管系统(BDCS),其样机安装在提康德罗加级巡洋舰"CG68"号上。该系统能结合传感器信息和人工输入信息自动产生损管状态报告,且通过局域网与全舰监控系统相连。在此基础上,又研制出更符合作战使用要求的综合生命力管理系统(ISMS),安装在阿利·伯克级IIA型驱逐舰上。

加拿大海军自动化程度最高的哈利法克斯级护卫舰上安装的综合损管监控系统,共有800多个损管监测和控制点,具有火灾探测和抑制、消防总管状态和控制、通风系统状态和控制、液位管理(稳性监控)等功能,是一种可靠性很高的、先进的局部网络型损管监控系统。

法国"查理斯·戴高乐"号航空母舰上安装了由法国公司ECN RUELLE为法国国防部开发设计的损管控制系统(SAMA),该系统有5个损管控制点、1个损管预防点。5个损管控制点有1个损管控制中心(PC-SECU)和4个局部损管控制点(PZ),都装配有1个SAMA操纵台和1个SECU操纵台。损管预防点安装1台与SAMA连接的电脑,充分发挥计算机和网络技术优势,使操作人员和指挥人员能实时全面地随时掌握受损情况和系统设备状况,并能及时对全船各系统进行全面调整监控,确保舰船旺盛的生命力和强大的战斗力。

总之，发达国家海军舰船损管系统已达到计算机控制下的全船自动监测、报警、辅助决策、自动或半自动控制的水平。

2）国内

20 世纪 80 年代以前，国内船舶损管技术水平较低，基本上还是几张图、几部电话、几组仪表组成的简单损管方式，但随着计算机在新造船舶上的应用和人们认识水平的不断提高，不少研究设计单位已为研制先进的损管监控系统做了大量的准备和基础研究工作，并初见成效。如 JDX 型“安全保障综合监测报警系统”已初具规模，具有重要舱室的烟/火报警、全部水密隔壁的进水报警、油水舱的液位测量、防火门和水密门（盖）状态指示及自动关闭、露天门灯光泄露监视、动力装置有关参数的延伸显示及辅助系统的运行和故障报警等七项功能。

20 世纪 90 年代中期，随着总线网络通信技术在损管监控系统中的应用，特别是 CJS 型损管监控系统研制成功，使国内损管监控系统的技术水平得到了极大提高。

目前，我国在该方面的研究与国外有数十年的技术差距，虽然近年来在机舱自动化方面有一定的进步，但涉及油水导移、平衡调整等大部分的损害管制工作仍然依靠人工来完成，效率低下，开展船舶损害管制工作时仍然完全依靠人员发现灾害情况后逐级上报，指挥员在收到报告后根据船舶受损情况及损管抗沉计算结果做出相应的决策，然后指派人员处理，如果未及时发现或战时发生战斗减员情况时，造成的延误对舰艇安全将有致命的影响。舰艇损管方式的落后已经严重影响到舰艇在现代战争中的安全，改变现状的要求已变得非常迫切。

6.1.3　缆线监控系统研究现状——智能电缆卫士（SCG）

智能电缆卫士（SCG，图 6.1）是应用于中压电缆的一体化监测系统，也是 DNV GL 的独家监测器，其模型可有效改善配电系统的可靠性指标：系统平均停电持续时间（SAIDI）和系统平均停电频率指数（SAIFI）。SCG 的在线实时故障检测和在线局部放电监测功能，可精确定位故障及缺陷位置。换句话说，它有助于精确的财产和风险管理策略，并且

图 6.1　智能电缆卫士（SCG）模型图

主动维修方式降低了成本，使得投资效益最大化。此系统提高了可靠性和安全性，并且降低了意外断电的负面影响，使得中压电力网络更加智能化，收益远超投资。

SCG具有以下两大功能：

(1) 功能1：SCG的在线实时故障检测，包括精确定位故障。SCG可检测并定位任何故障，无须依赖电网接地和短路水平，即使不存在短路电流也能正常检测并定位。利用SCG可即时定位故障，精确度可达1%。这有助于减少维修时间和降低SAIDI。在中性点不接地系统，单点接地不会造成停电事故，SGC可检测到接地故障并精确定位，快速检修可以避免停电事故，同时降低SAIDI和SAIFI。

(2) 功能2：SCG的在线局部放电监测，包括精确定位缺陷。SCG可检测因任何缺陷导致的局部放电并进行定位，同时监测其变化情况。此功能的定位精确度同样可达1%，从而有助于电网运营商在缺陷导致故障前更换有缺陷的电缆。这一功能有助于同时降低SAIDI和SAIFI，同时帮助电网运营商以最低成本规划维修作业。相比在彻底停电后进行故障分析，在大多数情况下，此功能可帮助电网运营商更准确、更快速地确定缺陷的根本原因。

1) SCG对局部放电进行精确定位

SCG的传感器和控制单元安装在被持续监测局部放电的电路两端，回路长度可为4～12 km，电缆回路两端的SCG系统采集数据并通过互联网将其传输至SCG服务器，电网运营商可随时通过安全的网站界面查看局部放电的变化情况或故障。若发生故障或高强度的局部放电活动，系统将向客户发出警报，并提供故障或局部放电的精确位置。SCG解决了关键的时间同步问题，因此能够对局部放电进行精确定位。

2) SCG精准定位缺陷位置

精准定位缺陷位置则是在出现50 Hz短路电流之前，各种故障通常伴有高频行波电流以接近光速的速度穿过传感器这种现象，这与局部放电非常类似。SCG通过精确记录高频行波到达各电缆电路端头的时间，以实现精确、可靠的检测和定位故障。

SCG不仅有在线实时故障检测和在线局部放电监测功能优势，还有以下综合优势：帮助电网运营商减少并合理规划维护费用；避免因大范围停电产生的负面影响，以减少索赔情况发生；最为重要的是，SCG可助力电网运营商打造创新的、值得信赖的电网管理形象。

6.1.4 机舱监控系统研究现状

机舱自动化系统是保障船舶稳定工作的前提，同时也是未来船舶自动化系统发展的重要方向。国外船舶工业比较发达，特别是以美国和日本为首的一些国家，其船舶制造工艺及配套装备都处于世界领先水平。我国自改革开放以来经济发展很快，在船舶设备发展方向投入了大量的资金，在船舶自动化系统方向上充分借鉴西方发达国家的发展经验，努力实现船舶全面自动化操作，降低船员的操作难度，提高船舶系统运行的稳定性和可靠性。船舶机舱自动化系统主要实现的工作是使用现代化技术应用于船舶机舱进行自动化管理工作。机舱是船舶的重要组成部分，它包括了对船舶电站相关参数、风机、各类油泵及锅炉等的监控工作，同时还需要对发电机、泵、螺旋桨等进行实时控制。机舱自动化系统最早是使用继电器来实现控制目的，随着计算机技术的不断发展，各种计算机和嵌入式技术不断应用到机舱自动化系统中，集成度也越来越高。现代船舶对于电力系统、船舶电机的控制要求越来越高，这就要求船舶机舱自动化系统具备很高的稳定性和可靠性。现场总线技术可以应用于纯数字式的控制系统，现场总线技术在船舶工业中具有非常广泛的应用，如实现控制室和各个舱室之间的通信连接、实现电站的全面自动化等。基于总线技术的机舱自动化系统可以将船舶的各个控制部分有机联合成一个整体，可以有效降低工作人员的工作压力，对于提高我国船舶机舱自动化水平以及实现船舶全面自动化控制具有非常重要的意义。

当前船舶机舱自动化系统的实现方式有很多种，但是基于现场总线技术是主流控制方式，总线技术又包括了多种，分别是 CAN 总线、HART 总线、LonWorks 总线等，其中又以 CAN 总线应用的最为普遍。现场总线最早应用于各种工业现场，是一种能够实现多节点及双向通信的系统，可以非常方便地实现现场测量和设备控制，而且是目前国际上唯一一个具有国际标准的总线技术，具有通信距离远、抗干扰能力强、稳定性高、可驱动节点数多(最多可以达到 110 个，完全满足机舱自动化系统要求)等特点。

在船舶机舱自动化系统中，CAN 总线可以有效提高数据传输的实时性，同时它采用非破坏仲裁技术，这一点在现实控制中尤为有用，主要体现在：当机舱内不同的控制节点同时向总控制室发送数据时，这个时候会出现数据冲突，CAN 总线在内部分为多个优先级，优先级高的数据会先发送，优先级低的后发送，这样就大大减少了数据冲突所延误的时间，更加不会出现网络瘫痪的情况。

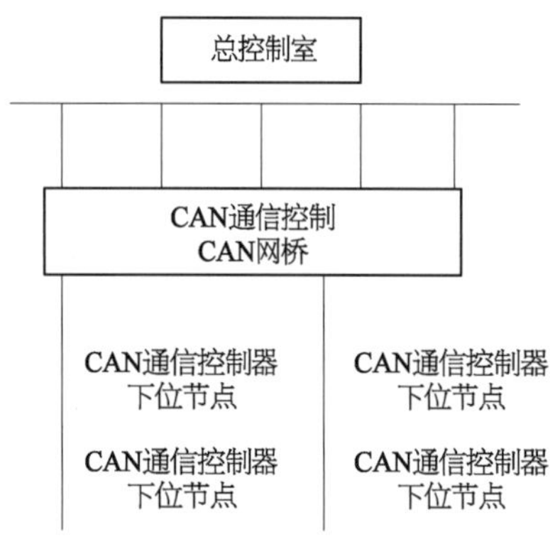

图 6.2　基于 CAN 总线的机舱自动化系统

图 6.2 所示为基于 CAN 总线的机舱自动化系统结构图，总控制室通过 CAN 通信控制不同的下位节点。CAN 总线的数据传输是基于在发送的报文中加入 ID 的概念，当数据在 CAN 总线上传输时，CAN 协议给每一个报文分配一个 ID，这些不同的 ID 不仅可以区分开不同的报文内容，同时可以携带报文的优先级别信息，根据这些 ID 报文就可以识别将由哪个节点进行接收，在发生数据冲突时根据报文携带的优先级别信息进行判别后进而决定哪个报文优先发送。

在机舱自动化系统中，所有的控制信息基本上可以分为两类：一类是点对点的控制，即对单个节点进行控制；另一类是一点对多点的控制，即中央控制室同时对多个节点进行控制。使用 CAN 总线进行数据传送一般都要经历以下过程：

(1) 首先将标识符、数据等信息发送给 CAN 控制器，CAN 控制器的作用是将数据进行封装并按照一定的格式进行格式化。

某个节点获得访问总线的权利，所有节点开始接收数据，在接收数据完成后开始根据该数据帧所携带的 ID 信息决定是否需要这些数据。但是这样会导致不同节点经常产生中断来判别总线上的信息，所以一般在应用中采用滤波机制来过滤一些不需要读取的数据信息紧急制动或联锁，使用 CAN 总线保障各个模块的安全运行。

监测报警模块具备的功能包括对船舶控制系统参数的系统结构，该模型可以分为两层，下层网通过网桥和上层网相连接，下层网的节点数量可以达到数百个，完全满足船舶机舱自动化的控制需求，网桥不仅能够将不同节点的信息进行整合接收，同时也隔离了不同节点之间的联系，防止整个系统中某一些节点出现问题而影响整个系统，有效提高系统的稳定性。

（2）基于 CAN 总线的机舱自动化系统。机舱自动化系统主要包括主机监控系统、船舶电站自动化系统等。

① 主机监控系统。主机监控系统是船舶机舱全自动化系统的重要组成部分，主机监控系统包括监测报警模块、远程控制模块和安全防护模块。系统可以有效实现各个子模块的独立工作，并使用 CAN 总线将各个子模块联系起来，任意一个或几个子模块出现故障，并不会影响整个主机监控系统的运行，这样可以有效降低工作人员的操作压力，并大幅提高船舶系统运行的安全性。远程控制系统通过主控室的控制面板来发送控制指令，使用 CAN 总线和现场设备连接，安全防护模块可以在船舶机舱出现紧急情况，如发动机温度高、齿轮箱锁保险未到达指定位置、阀门未关闭等，系统会根据实际故障情况来采取采集及传送、数据处理、监测报警及报表打印。通过数据总线将监测的参数传送到监控中心，对监测的数据进行处理，在主机上可以设置各参数的安全限值，在超过限值后进行报警，同时对历史报警和监测参数进行记录，在需要时归纳报表并进行打印。远程控制模块可以实现半自动和全自动化的远程控制，在船舶的运行中需要进行很多操作，其中，让主机按照预先设定的曲线来运行就是一种非常常见的情况，并且需要调节多个部位的螺旋桨速度和对应的主机速度。远程控制模块可以实现全自动化的按照既定曲线运行，而半自动模式则可以根据现实需求来增加或降低主机转速等，还可以根据需求进行转向。

安全防护模块是以上两个模块的有效补充，在船舶机舱自动化系统工作后，在系统内可以预先勾选多种故障模式，当系统出现故障时会首先判断故障的类型并迅速进入故障处理程序，根据现场需求确认采取何种操作，并按照紧急程度进行声光报警，有效保障系统运行安全。

② 船舶电站自动化系统。船舶电站是为船舶提供电力，保障船舶自动化系统运行的必要组成部分，船舶电站同陆基电站有很多不同的地方，主要表现在工作环境恶劣、需要频繁并车、电站容量小等，其安全性和稳定性对于保障船舶发挥战斗功效具有重要作用。

船舶电站自动化系统实现船舶电站的自动化控制，对船舶电站运行参数进行实时监测，并进行显示和报警。图 6.3 所示为船舶电站自动化系统的功能，主要包括：

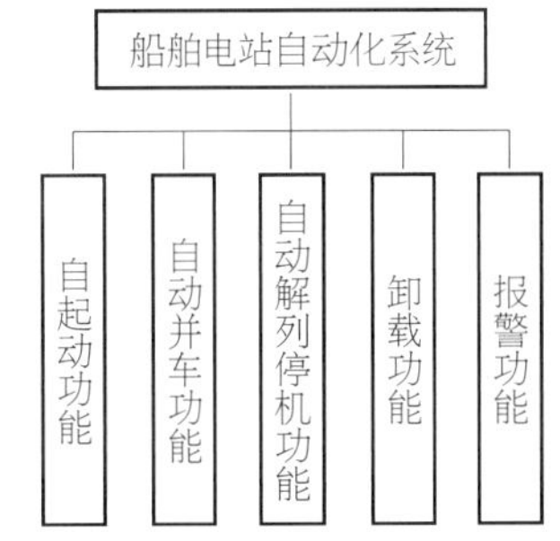

图 6.3　船舶电站自动化系统功能

（a）自起动功能。该功能主要针对船舶电站当前运行机组发生故障时能够自动起动备用发电机组，这里的发生故障范围比较宽泛，它不仅包括了通常意义上的一些故障，还包括了电网负载过大(超过额定负载的85%),此时就需要起动备用发电机组。

(b) 自动并车功能。该功能主要是指当前运行机组和将要并车机组的电压差值、频率差值和相位差值等均在要求范围内即可进行自动并车。自动并车功能是船舶电站自动化的重要组成部分,是保障船舶电站稳定工作的前提。

(c) 自动解列停机功能。该功能是指当船舶运行负载小于额定负载30%时需要进行解列停机操作。

(d) 卸载功能。该功能是指当前负载已经超过了额定负载的90%,同时已经完成自动并车,此时需要能够向系统发出卸载指令,优先将一些不重要的负载提示进行关闭,并发出报警信号。

(e) 报警功能。该功能是船舶电站自动化系统的重要功能之一,保障船舶电站在出现故障或出现过载时及时发出报警并采取措施。

6.2 需求分析和设计方法

6.2.1 设备数据库建设需求分析

需求分析的目的是调查和分析海洋装备和船舶用设备数据库的需求,确定目标系统的运行环境、功能和性能要求,获得一个优化和可行的目标系统方案。

需求分析包括以下实施步骤:

(1) 系统的调查和分析。

(2) 船用设备分类和编码。

(3) 总体结构的确定。

(4) 主要功能的确定。

(5) 运行环境的确定。

(6) 需求分析评审。

通过需求分析可知,海洋装备和船舶设备及缆线安全保障要建设的电子服务数据库与传统的数据库不同,它是一种支持远程访问的Web数据库。一般采用浏览器/服务器(B/S)结构,用户端只需浏览器就可访问数据库。海洋装备(船舶)上设备及缆线数据库包括以下内容。

1) 海洋工程用设备数据库

海洋装备(船舶)上设备产品的主要特点是:

(1) 生产周期长,多人、多专业,大规模协同生产的成果。

(2) 产品复杂,零部件多,关键设备价值高,材料、设备追溯要求高。

(3) 产品交付后的质保、维护管理复杂。

设备的安全保障，不但是生产过程中必须掌控的关键因素，更是交付运行后必须时刻掌控的关键需求。

要保障运行中设备的安全，必须要有一个庞大的、高性能的海洋工程用设备数据库，向用户提供海洋工程装备(船舶)中轮机、舾装、电器、冷藏通风设备、船用家具和材料等各类设备的相关信息。数据库也必须具备以下功能：设备数据和图形的输入、修改和删除，分类和关键字查询，数据分类统计分析和数据备份等。因此，建立一个海洋工程设备数据库是极其必要的。

有此系统设备数据库，可以通过网络获得所需的信息资源、技术状态及其产品情况，不但可以销售自己的产品和实时为客户服务，大大降低成本、提高效率、竞争力和利润，还是后期服务的必备工具。

通过实时监控、管理、分析所有设备的信息，海洋工程用设备数据库用于存储海洋工程专用设备的相关信息，如设备代码、名称、规格、型号、技术参数、图片和制造厂商等数据。具体包括以下各方面数据库：

(1) 轮机设备数据库。

(2) 舾装设备数据库。

(3) 电器设备数据库。

(4) 冷藏通风设备数据库。

(5) 油气处理系统设备数据库。

(6) 钻井系统设备数据库。

(7) 升降系统设备数据库。

(8) 海洋工程家具数据库。

(9) 海洋工程用材料(钢材、油漆、涂料、燃油等)数据库。

2) 客户数据库

为了建立船用设备采购系统，并为客户提供个性化的服务，还需以下数据库：

(1) 制造商数据库。

(2) 代理商数据库。

(3) 客户数据库。

3) 设备代码管理系统

由于各个设备厂商、海洋装备制造商甚至用户对设备的代码都有自己的一套方法，要统一也不是太容易，设备代码管理是一个必备系统。

(1) 必须建立基于某个代码为基准的设备代码系统。

(2) 以此基准代码为标准，建立海洋工程装备主要生产厂商代码的转换系统。

(3) 主要设备生产厂商代码转换系统。

(4) 代码管理系统。

4) 数据库管理系统

设备数据库拥有海量信息资源，同时还包括动态信息，为网站服务提供数据。但这些数据必须通过专用的用户界面进入数据库，并且管理人员需了解数据分类统计分析结果。因此，需提供以下功能：

(1) 设备数据的输入、修改和删除。

(2) 商品查询和检索，可根据分类和关键字查询，如规格、产地、厂商、品牌等。

(3) 数据分类统计分析。

(4) 设备需求、供应市场预测。

(5) 数据备份和管理。

(6) 与 CAD/CAM 系统标准接口。

5) 设备数据监控、管理、分析系统

(1) 历史档案信息。

(2) 监控信息数据。

(3) 处理与管理。

(4) 设备维护分析。

(5) 紧急处理方案。

6.2.2 建立以物件为对象的物联网

物件是一个泛指的概念，是装备产品、系统、设备、区域总段、中间产品、部件、零件、材料等的统称。物件、物件组合、物件流动、历史、环境、状态、价值等信息是由初期设计开始产生，通过设计管理、生产管理、采购管理、车间管理、能力管理、库存管理、物流管理、财务管理、成本管理、运行维护管理等描述来表达其属性，并给人们的制造实践活动提供了具体的路线。

海洋装备和船舶设备及缆线安全保障系统所需建立的物联网具有以下特性：

(1) 对于感知层，需要被感知的物体及信息的多种多样，而对于感知信息的实时性有很高的要求，若改为人工实现，其所需的人工成本无法估计。除此之外，还有很多被感知的信息对于精确度有很高的要求，通过人工手段几乎是无法实现的。另外，人工去测量会存在严重安全隐患。其在传感层的必要性显而易见，然而要实现该技术还有方方面面的问题需要克服，如感知层的组网方式、防碰撞方式、频率和电磁干扰等问题。只有当这些技术都成功解决了，才能保证感知层的稳定性。

(2) 对于网络层，物联网信息的传输需要采用安全级别较高的专用网络，或者在对要传输的信息进行处理的基础上利用移动网络(如 4G、5G 技术)。

(3) 应用层具有识别和预警机制，面对未来的数据信息和安全隐患可能带来的严重危害，可以建立针对不同级别的物联网平台。所要建立的服务平台，首先需要信息处理和信息融合能力，在接收到包含安全隐患的信息时，需要能够及时识别并做出预警。然后到其面对突发事件时，能够及时做出合适的应对处理方案。

6.2.3 装备上设备及缆线安全保障系统总体框架

装备上设备及缆线安全保障系统采用层次化构架，设备使用单位为最底层，二级单位为中间层，管理中心为最高层。系统构架根据实际业务的需求，可以灵活扩展成更多层级的架构。

设备及缆线安全保障系统由设备监测管理预警系统、设备保管预警系统、设备监控预警系统、设备信息管理系统四部分组成。通过各单位内网连接，各个系统采用模块化形式，既能综合使用，也能分别使用，灵活方便，可充分利用现有设备或系统，减少重复投资，避免浪费。

设备使用单位除了部署所有的标识器、控制器（读写器）、主控制器、视频监控系统等硬件之外，还将部署多个软件系统。

6.3　模块组成和设备

6.3.1　分析模块

设备管理系统还必须对登录的设备数据和运行信息进行分析，本系统具有以下两个分析功能：

1）维护分析

维护分析（maintenance analysis）模块能根据设备在设计阶段得到的理论数据对设备的可靠性和维护工作进行分析，分析结果用于调整备件和确定候补设备或替代设备。其具有以下功能：

（1）相对于理论的平均损坏间隔时间（mean time between failures）分析实际的损坏率。

（2）相对于理论的平均修理时间（mean time to repair）分析实际的修理时间。

（3）相对于计划的维护日程分析预防性维护的频率。

2）费用分析

费用分析（cost analysis）模块用于对运行单位进行运行和维护成本费用的分析。其具有以下功能：

（1）相对于计划的维护费用分析实际的维护费用。

（2）相对于计划的运行费用分析实际的运行费用。

（3）对于配置基线的任一层次制作费用报告。

6.3.2　设备维护模块

一般来说有两类维护模式：预防性维护和校正性维护。前者的活动是根据某一周期性规律进行的维护，是可以预报的，如每个月或一定的运行时间后进行维护工作，这类维护的重点是对维护工作进行预报。后者的维护活动一般是在设备发生故障后进行的，它是难以预报的，这类维护的重点是发现故障并进行诊断。

本模块是针对每台设备进行这两类维护的要求进行开发的。模块将按照要求提出进行维护工作；安排维护日程；对资源进行调配以完成相应的维护工作；对维护工作的细节进行记录，以作为维护历史加以保存。

本模块有以下子模块：

1）故障诊断

故障诊断(fault diagnosis)模块提供与每台设备的失效模式和症状数据的接口。这些数据是设备在设计时进行失效模式和影响分析(FMEA)时生成数据的一部分，能帮助维护人员诊断设备失效的原因。

(1) 确定发生故障的设备。

(2) 选择观察到的故障症状。

(3) 根据观察到的症状确定可能的故障模式。

(4) 确认实际的故障原因。

(5) 显示相应的校正维护要求。

2）维护要求

维护要求(maintenance requirements)模块对每台设备提供维护要求，这些要求是设备在设计时作为后勤工程分析的一部分建立的，并在实际使用中不断加以完善。在设备维护模块中，该子模块存储在“维护要求程序”(maintenance requirement routine)中并与相应的支持信息相连接。这些要求包括：

(1) 维护过程的操作步骤。

(2) 对人员在技能上的要求。

(3) 所需的支持和试验设备。

(4) 所需的备件和消耗品。

(5) 有关维护文件和图纸。

(6) 维护级别的确定，如在舰维护或在岸维护。

(7) 所有“维护要求程序”的索引和交叉参考资料。

3）维护预报

维护预报(maintenance forecasts)模块对每个操作系统根据后勤分析中建立的预防性维护要求和实际使用的反馈信息(如设备运行时间等)安排维护并进行预报，这些预报是安排维护日程和工作的基础。它具有以下功能：

(1) 根据维护要求，对每台设备建立维护计划。

(2) 收集每台设备的维护计划，构成对一个操作系统的总维护计划。

(3) 当每台设备的维护计划或维护要求更新时，自动更新操作系统的总维护计划。

(4) 按照用户指定的周期，预报维护工作。

4）维护日程安排

维护日程安排(maintenance schedules)模块将对一个操作系统的一个维护周期中的

维护工作进行安排。其具有以下功能：

（1）对于用户指定的周期制订维护日程安排。

（2）将当前的维护工作推迟到下一个维护周期或将下一个维护周期的工作提前到当前周期来进行。

（3）协调维护周期与配置更改的关系。

（4）将维护工作根据用户、车间或其他准则进行分类。

（5）对安排的维护工作进行估价。

5）维护工作

维护工作（maintenance actions）模块记录所进行的维护工作的细节，并能审阅和补充维护需求。其具有以下功能：

（1）对维护工作生成工作卡片。

（2）记录每个工作的工作细节。

（3）生成没有定义维护程序的维护工作。

6）更改维护

更改维护（maintenance change）模块用于更改维护要求和维护程序，其具有以下功能：

（1）提出更改的理由和更改的细节。

（2）连接更改建议和相应的维护要求和维护程序。

（3）对更改建议进行估价。

（4）审阅和批准更改建议。

（5）执行被批准的更改建议。

7）维护历史

维护历史（maintenance history）模块保存每台设备的所有维护历史。这些历史记录了所有进行过的维护工作，可以用于确定将来的维护需求，对将来的维护工作进行估价。其具有以下功能：

（1）以设备为基础记录维护历史。

（2）按照用户定义的周期生成对某个操作单位、系统或设备进行的维护报告。

（3）记录维护需求的变化。

6.3.3　损管系统管理模块

海洋装备与船舶发生各类进水、火灾事故后，需要快速采取损管行动，以保证装备的安全。损管工作的实施需要海洋装备与船舶上多个专业战位配合，需要多类监控系统的共同参与完成。以上层建筑舱室着火后的消防处置为例，不仅需要损管消防系统的灭火保障，还需要电力系统切断着火舱的电力供应，并需要船舶减速，甚至船舶转向以将火灾烟气吹离舷外。因此，船舶的损管过程需要损管监控、动力监控、电力监控、航行监控的共同参与，需要船指挥所、机电部门指挥所、航海部门指挥所的共同配合。

因此，建立损管系统，应用各类监控台位监测点和控制点的信息，利用指挥所之间的信息交互，打通动力、电力、损管与消防监控各自的信息孤岛，实现任务全流程智能实施，并从全船任务驱动的角度，融入平台及其他系统共同组成的船舶信息系统。

1）损管系统物理方案

该系统物理方案由一台数据库服务器及多台计算机组建局域网。每台计算机之间均能通信，根据用户的登录信息确定层级关系。当最高级别用户发送信息后，其他用户均能收到信息，并从数据库服务器中解析对应的具体指令。然后用户根据指令进行操作，操作完毕后反馈至数据库服务器，然后执行下一个指令。

管理层通过人机交互来完成。损管监控台能够以图形化的方式显示损管系统的状态，并能将控制指令传送到各个现场控制设备及数据处理设备，实现人机交互。控制层是核心的现场控制设备及数据处理设备。损管系统分布在全船各舱室，采集数据信息传送到网络，接收控制指令将其发送到相应的设备，执行指令相应的操作。数据层包括各种终端设备，如传感器、本地处理控制器、执行器等。管理层、控制层、数据层三层模型的建立，将人机交互和控制的功能及数据层和控制层分离，增强了可维护性和安全性。该方案是基于数据来分配和执行任务，其优点之一是实时性强，每个用户都能第一时间接收到消息，同时获取每个用户对应的操作步骤，也能共同查看实施进度和当前状态。损管系统网络如图 6.4 所示。

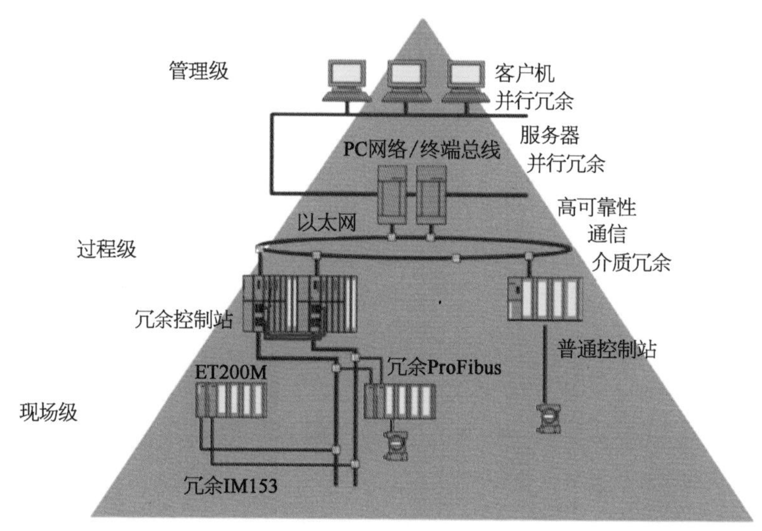

图 6.4　损管系统网络图

(1) 损管管理级实时显示船舶的抗沉防沉、灭火、液舱、舱门、辅机等损管状态，架构如图 6.5 所示。损管管理级与过程级、现场级的主要信息通过双冗余以太网传输，与安全运行密切相关的显示和控制信息通过现场总线或硬接线来完成，确保可靠性。

(2) 过程级通过传感器实时采集损管系统主要设备的运行参数和状态信息数据，经处理后上传至全船以太网，并进行显示；现场控制设备接收管理级指令，经处理后对各类

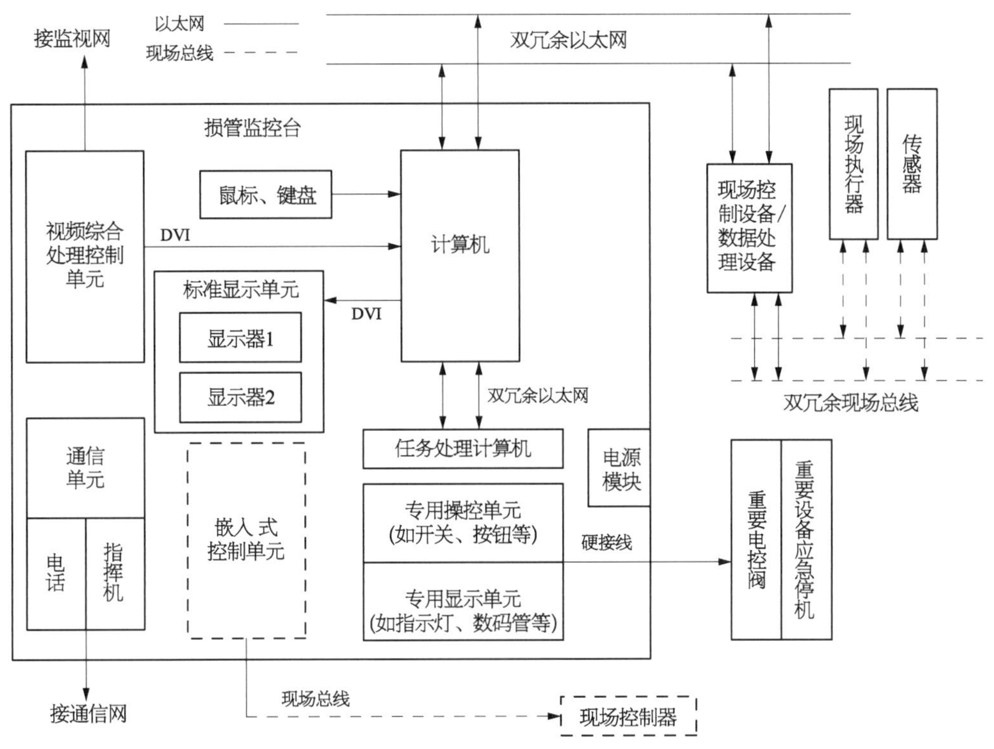

图 6.5　管理级架构图

传感器和执行机构进行集中控制和参数设定。

过程级均由柜体结构、可编程逻辑控制器(简称“PLC”,含电源、处理器、通信模块、开关量输入/输出模块、模拟量输入/输出模块等若干模块)、触摸屏等组成。

(3) 现场级主要为传感器。传感器完成损管系统主要设备运行数据和状态、报警信息的实时采集,并以离散量和模拟量信号的形式上传至 PLC。损管监控系统中主要有温度、烟雾、浸水、转速、压力、液位等各类传感器。温度传感器负责监测主机、辅机的滑油温度、冷却水温度和舱室的空气温度;烟雾传感器负责监测火灾可燃物不充分燃烧引起的烟雾;浸水传感器负责监测水密性故障引起的漏水现象;转速传感器负责监测主机、辅机的转速;压力传感器负责监测主机、辅机的滑油压力;液位传感器负责监测燃油舱油位或液舱的水位。通过程序对传感器的参数进行配置,一旦传感器参数异常,损管监控系统会发出报警信号,并通过执行机构实现应急操作。

2) 系统模块

船舶损管系统的主要设备包括损管监控台、现场控制设备、信号处理设备、执行元件等,此外还包括采集温度、烟雾、浸水、转速、湿度、压力、液位等损管系统实时参数的先进传感器或测量仪器。该系统又根据功能的不同分为浸水报警与水密门信息监控管理模块、火灾报警与防火门信息监控管理模块、防喷预警与防喷器智能信息管理模块、各类油料与化学品泄漏预警管控处理模块和其他灾害预警与管控决策支持管理模块等

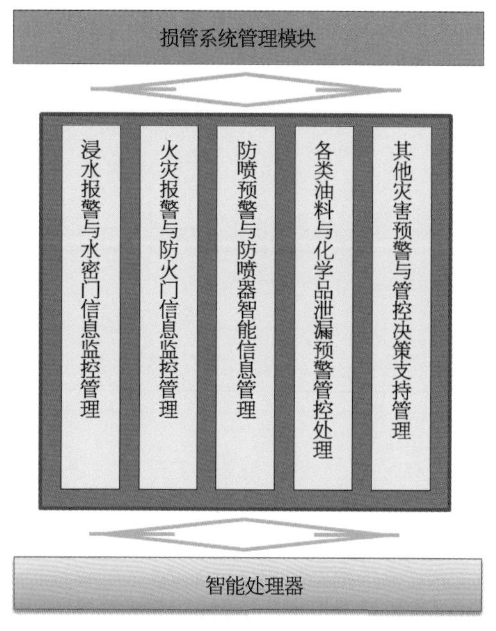

图 6.6 损管系统模块结构

五大模块(图 6.6)。

(1) 浸水报警与水密门信息监控管理模块：实时监控船舱内液体液位、舱门和舱盖，当船舶处于火灾、三防状态、灯火管制或在风浪中航行时，监测相应功能的门和盖的开闭情况。

(2) 火灾报警与防火门信息监控管理模块：当舱室发生火灾时，确定火灾位置，根据不同类型传感器发出的烟雾、温度、火焰信号，初步判断火情，实时监测火情，指导损管部门进行人员疏散、风油遥切、隔离火源等灭火操作。

(3) 防喷预警与防喷器智能信息管理模块：监控船上防喷器的启停、运行或故障报警信息。

(4) 各类油料与化学品泄漏预警管控处理模块：显示各液货船、燃油舱和淡水舱的装载量，便于损管部门及时、持续掌握目前船舶的续航力、自持力状况，同时为防沉抗沉系统中总体性能计算软件提供所需液舱液位参数。

(5) 其他灾害预警与管控决策支持管理模块：监控舰上重要的辅机，如舵机、消防泵、辅锅炉、生活污水处理装置、冷藏装置等的运行、故障或启停，系统显示船体水密性、浮态、姿态等状态信息，指导疏排水、浮态调整、姿态调整等抗沉防沉操作。

通过上述模块的有机组成，船舶损管系统已达到计算机控制下的全船自动监测、报警、辅助决策、自动或半自动控制的水平，这种智能化网络型综合损管监控系统将能充分发挥计算机系统的优点和能力，使决策者能实时、全面、随时掌握全船受损情况及设备、系统的状态，及时对全船各系统进行正确调整、配置，将全船损管资源(人力、物力)按最佳方案顺序投入损害管制行动中，并不断地根据情况的变化做出正确的调整，从而使损管反应时间最短，有效地防止或降低二次损害发生的可能性，使船舶迅速恢复正常状态。同时，这种系统还能根据损管模型方便地设置模拟的损害，较真实地模拟出各种损害发生后的实际现象，从而在平时可以低成本地训练决策者的判断能力和损管分队的熟练程度，使战时即使在丧失损管监控系统后，也能较正确地进行判断指挥和损害控制。

6.3.4 缆线监控系统模块

在海洋装备与船舶电力电缆维护管理方面，综合监控系统具有重要意义。在海洋装备与船舶电力电缆设计中，综合监控系统起到的作用是有效监控一次设备运行状态。研究可知，以往综合监控系统对电网一次设备的监控采用的有线网络技术，其缺点是布线难、成本高、维护困难，综合监控系统的设计和使用将对一次设备的监测转变为无线网络，采用无线监控技术有效提高了监控效率。

6.3.4.1 电力电缆综合监控系统的架构设计

1）系统组成

电力电缆综合监控系统由三个部分组成，分别为前端系统、网络传输系统和监控中心系统。

2）工作原理

前端系统摄像头将采集的信号经过模拟线缆传输到视频编码服务器中，信号在视频编码服务器中经过编码和压缩之后，经过网络传输系统，传输至监控中心系统。

6.3.4.2 电力电缆综合监控系统的设计

1）前端系统

电力电缆综合监控系统的前端系统主要是由三个部分组成，分别为网络视频编码器、信号采集摄像机和云台，主要作用是对重点区域进行视频监控。视频监控设备一般设置于电缆终端塔/场内，通过在电缆终端塔/场内安装具有红外夜视功能的网络高速摄像机、红外对射与报警主机等监控设备，既可以全天候对电缆终端塔/场内的重要设备进行 360°范围监控，也可以对终端场外的周围环境进行监控，减少人为巡检工作量，节省人力资料，提高经济效益。前端系统通过信号采集摄像机采集模拟信号，再将模拟信号传输至网络视频编码器中，模拟信号在网络视频编码器中会被压缩和编码处理，然后输出数字信号。通过数据通信网络，电力部门将数字信号传输至监控管理中心，监控管理中心将数字信号解压得到视频信号，并且通过信号转换在显示屏进行播放。

2）网络传输系统

网络传统系统采用是光同步数字传输网络。该网络的组成部分是不同类型的网元设备，组成载体是光缆路线。光同步数字传输网络通过这些不同类型的网元设备，可以实现不同的功能，如同步复用、交叉连接和网络故障自检、自愈等。长距离传输会使得光信号在传输过程中受到影响，但是光同步传输网络的自愈功能可以对光信号进行放大和整形处理，得到质量较高的光信号。如果光同步数字传输网络的某个传输通道出现故障，交叉连接功能可以有效保护复接段的通道，并且将信号接入保护通道。

3）监控中心系统

电力电缆综合监控系统是由三个部分组成，分别为监控客户终端、监控管理系统和图像监控服务器。远端和近端现场监测设备的管理由监控中心负责，为了确保还原后的信号能够准确传输至主控计算机中。主控计算机接收到还原信号后会在屏幕上显示相应的图像，并且自动详细记录下监测设备和仪表的运行情况，此时监控中心的外置大屏幕会与主控计算机屏幕显示同样的图像信息。监控中心系统能够随意切换和控制前端系统的信号采集摄像机，一旦现场出现紧急情况，前端系统摄像头会在联动机制的作用下自动发出声光报警，并且将摄像头对准紧急情况发生区域，自动录像并进行光盘刻录。

6.3.5 机舱监控系统模块

1）现有机舱监控系统的问题

通过对现有的建造时间较长的舰艇机电设备的使用，发现其监控和报警系统主要存在以下问题：

(1) 监控、报警、操纵设备与机电装备采用分散式控制模式，现场设备与监控设备之间连接大多是一对一 I/O 接线方式，(一个 I/O 点对设备的一个测控点)，传送模拟信息和开关量信息，没有形成监控网络，信息采集量不强，系统不开放，可靠性和可维护性不高。机电控制中心和驾驶室很难实时从整体掌握机电设备的运转情况，如发生突发事件，难以做出正确判断和形成正确指挥决策。

(2) 传感器质量差。绝大多数未采用数字信号显示，数据精度难以达到要求，显示误差较大。

(3) 辅助监测设备少。对一些重要数据的监测只能通过一对一的方式获得，随机误差较大。

(4) 数据采集采用人的全程实时监控。机舱的恶劣环境会加剧值更员的疲劳，使其很难集中精力进行长时间的实时监测。由于机舱设备多，这种监测模式必然要求增加人员编制，造成人力浪费。

(5) 机舱环境差，装备工作条件恶劣，一定程度影响了传感器的精度，由于缺少远程监控报警，当装备运行出现故障时，只能通过值班员个人紧急排除故障，装备的可靠性很大程度依赖值班员的个人操作技能。

针对这种现状，在机舱监控系统发展的基础上，结合船舶工作的特殊性，可以设计一种好的机舱监控、报警系统，提高机舱管理水平，减少人员编制，减少操作失误，提高船舶机电设备运行的安全性和可靠性。

2) 机舱监控系统的设计

以现场总线技术采集各驾驶仪器和机电设备的数据，通过计算机把驾驶、通信、机舱等自动化内容通过网络集成为一个有机的系统，实现全船的综合集中监视、实时控制和网络化管理。系统主要分为管理层和监控层，二者之间的技术参数无缝结合，实现数据共享。监控层分为物理层和技术层，物 A～I 分别表示测控单元。监控系统工作过程：测控单元把收集到的信息处理后实时传送到数据服务器，分别应用于实时趋势、历史趋势和远程监测，服务器根据请求从实际数据库中获取信息，传送指挥操纵人员浏览，并通过定时刷新更新数据。物理层以单片机为核心，能够脱离上位机独立完成现场信号的采集和发送及对控制信号的响应，实现物理量到计算机数据的转换。技术层以软件和工业控制计算机为核心，接收物理层发送的数据和计算机指令，通过数据库实现与高层管理的无缝链接。各层之间的有机结合构成了船舶的自动监控管理系统，其基本工作原理如图 6.7 所示，全船的实时监控系统组成如图 6.8 所示。

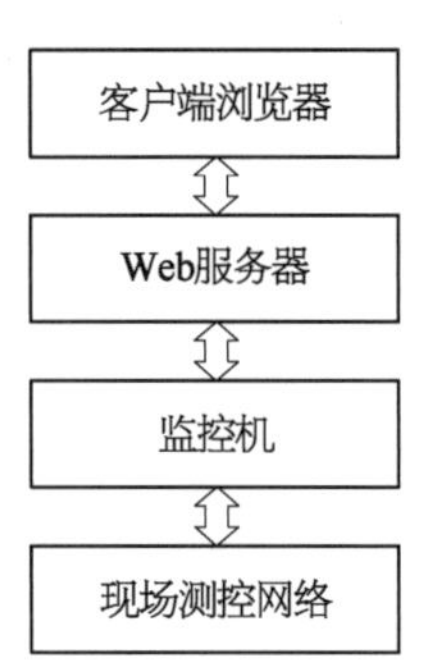

图 6.7　监控系统原理图

3) 机舱监控系统的主要功能

机舱监控系统可完成以下主要功能：管理功能、机舱重要参数的实时趋势和历史趋势判断、报警、查询和其他功能。

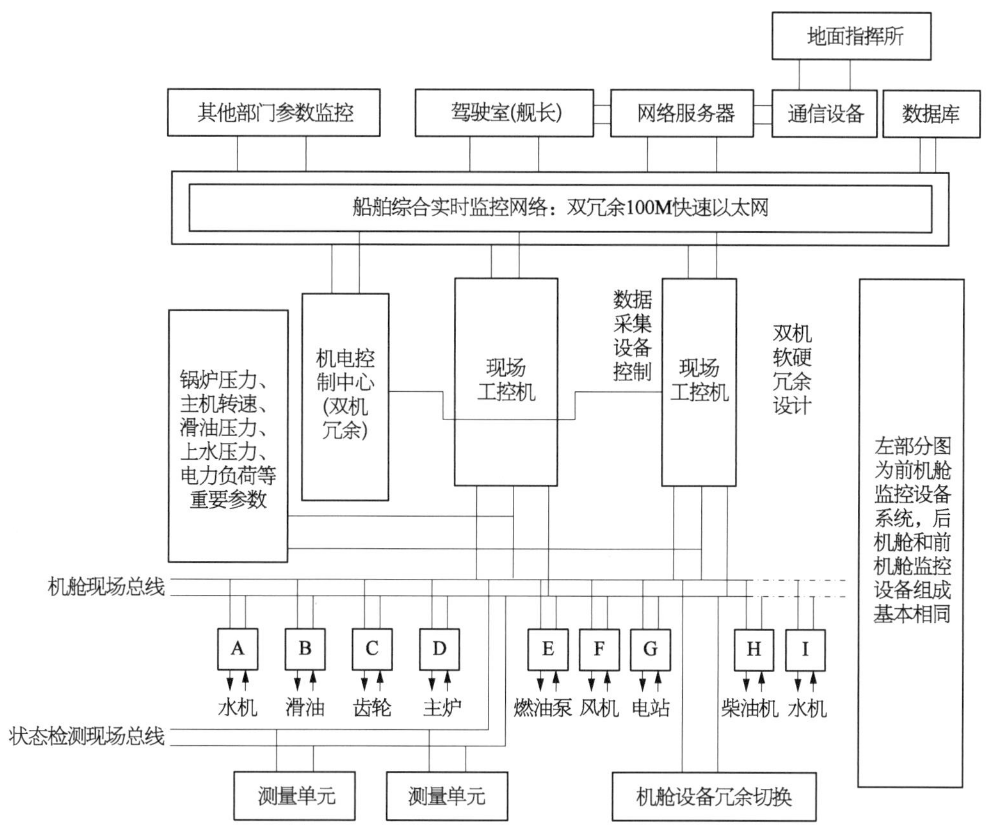

图6.8 监控系统组成图

(1) 管理功能。处理登录系统，高级指挥层可以创建初级指挥的使用授权，确保保密性和操作的安全性。

(2) 机舱各重要设备运行参数获取和显示。动态显示各台设备的运行参数，实时了解装备的运行情况，对个别重要参数采用提高实时刷新速度的办法。

(3) 实时趋势和历史趋势的判断。通过实时和历史趋势能够了解设备的状态和形成原因，对装备的运行情况提前做出判断，减少对值更员的依赖性，改善运行条件，避免事故的发生。

(4) 报警功能。每个监测点都设置阈值，超越时都产生报警，报警参数按其危机程度，预先设有4种级别的警报：一级警报(要求管理人员应答与关注)、二级警报(主机减速，应急设备准备)、三级警报(主机停机)、四级警报(人员撤离机舱)。具体操作由指挥员和警报双重决定。

4) 机舱监控系统的抗干扰设计

舰艇执行任务过程中，机舱的工作环境恶劣，信号干扰严重，而舰艇任务的特殊性要求其监控系统工作稳定。因此，监控设计应充分考虑系统的抗干扰性，可以分别从硬件和软件两部分进行抗干扰设计。

硬件部分：电路设计采用去滤波的方式提高系统的抗干扰能力；改变总线终端的拓扑结构，采用改良总线终端来改善总线的电磁辐射特性，把每个终端电阻分成两个等值的电阻，中间分接点通过一个电容连接到地；设置看门狗电路避免干扰源的冲击。

软件部分：软件数字滤波，对采集的信号进行平均值发送，比中值发送更可靠，同时比较简便；设置软件陷阱，强行将捕捉到的程序引向程序中断处理程序；采用指令冗余的方法，在一些双字节和三字节指令后插入两条 NOP 指令，以确保跑飞的程序迅速纳入正确的控制轨道，改善系统的可靠性。软件设计时，还应加入网络站点自动判断程序，自动不间断地监视各点的运行情况，一旦某站点出错脱网，马上进入该点紧急状态程序，而当检测到该站点正常运行信号，则按照既定程序使该站点恢复正常。

6.4 设备及缆线安全保障系统发展趋势

随着电子化和数字化水平的不断提高，海洋装备与船舶上设备及缆线的安全保障已从传统意义上的保障转变为自动化与信息作战条件下的综合保障，在发展趋势上呈现了综合化、实用化、自动化、信息化等特点。

1）综合化

综合化是发展的主要趋势，包括 RMS（可靠性、维修性、保障性）设计分析综合化、试验综合化、后勤保障和诊断综合化、硬件软件综合化、RMS 信息综合化等。通过综合化，多种技术相互影响、多学科综合设计、相互作用，产生协同效应。

2）实用化

在 RMS 新技术的应用受到费用约束的情况下，在下一代船舶装备的发展中，一些经济有效的实用 RMS 技术，如 FMECA、FRACAS、FTA、高效环境应力筛选、研制与增长试验、高加速寿命试验、BIT 技术、健壮设计技术等将会得到更广泛的应用和进一步发展。

3）自动化

自动化是 RMS 的发展趋势。RMS 设计与分析、故障检测与诊断、维修与后勤保障，以及 RMS 管理和 RMS 信息收集、处理等都将逐渐实现自动化。

4）信息化

信息化是国家经济发展和海洋装备（船舶）发展的大趋势，也是 RMS 发展的必然趋势。IETM 技术集数字化技术、因特网技术和人工智能技术于一体，是新时期实现海洋装备（船舶）保障信息化的关键技术之一。建立 IETM，把所有的综合维修保障信息划分为许多信息对象，将信息对象作为基本信息单元存储在数据库中，给用户提供可以通过多种方式进行交互式查询检索的功能，同时具有一定的查询检索智能性，以提高辅助维修保障工作的快捷性和有效性。

5）仿真化

建模仿真和虚拟现实技术应用于 RMS 要求论证、方案权衡、分析及 RMS 的验证评价，以提高设计与分析精度、缩短研制周期、降低寿命周期费用。

6）智能化

海洋装备（船舶）的智能化主要体现在其本身具有高可靠性和预测性实时状态管理，即让海洋装备（船舶）可以像人一样实时准确地感受自己的心态，对自身的状态进行调整、对故障进行隔离与报告。人工智能技术在各种舰船武器的发展中得到广泛应用，各种类型的故障诊断和维修专家系统已经用于美国在役装备的故障诊断和维修中。今后，人工智能技术将在 RMS 领域发挥更大作用，如各种 RMS 管理和设计分析的专家系统、装备 RMS 设计人员与维修人员培训专家系统、武器装备的容错与重构智能化、装备 RMS 设计与制造智能化和装备后勤保障智能化等。

7）微观化

20 世纪 80 年代后期以来，以失效机理为基础的微观化可靠性预计技术引起美英各国的重视，美国提出了以失效物理为基础的可靠性工程方法，在研究产品工作原理的同时研究其制造方法、失效机理、失效模式和失效模型，使装备具有故障告警和维修时间预测的能力。

8）军民两用化

美国正在联合开发军民两用的 RMS 分析设计技术、可靠性试验技术、延寿技术、维修和保障技术、故障检测和隔离技术等。在标准方面，大部分 RMS 也将实现军民两用化。

参考文献

[1] 江新刚. 舰艇机舱自动化监控系统设计[J]. 舰船电子工程，2006(5)：78－81.

[2] 阳宪惠. 现场总线技术及其应用[M]. 北京：清华大学出版社，1999.

[3] 杨自勇，张均东. 基于 Web 的远程监测技术在机舱监控系统中的应用[J]. 大连海事大学学报，2005(1)：45－47.

[4] 张均东，任光，孙培廷. 船舶实时综合监控设计[J]. 中国航海，2001(2)：31－35.

[5] 王锦标. 现场总线控制系统[C]//现场总线技术论文选. 北京：科技出版社，1997.

[6] 张显库，任光，刘军，等. 综合船舶监控系统设计[J]. 中国造船，2002(2)：71－80.

[7] 侯馨光. 上海船舶运输科学研究所机舱自动化技术的新进展[J]. 上海船舶运输科学研究所学报，2012(2)：4－15.

[8] 马善伟，刘赟. 无线传感网络系统在船舶机舱中的应用研究[J]. 上海造船，2008(1)：34－36.

[9] 朱中华，王则胜. 舰船自动化研究现状及趋势[J]. 舰船电子工程，2007(6)：31－33.

[10] 万曼影，杜家瑞，汤洁. CAN 网络在机舱自动化系统中的应用研究[J]. 交通部上海船舶运输科学研究所学报，2001(2)：120－124.

[11] 汪玉，冯占国. 舰船机舱监控系统发展研究[J]. 机电设备，1996(3)：21－23.

[12] 谢坤. 船舶损管监控系统的研究与开发[J]. 机电工程，2016(10)：1283－1287.

[13] 谢坤. 船舶分布式智能损管监控系统开发[J]. 船电技术，2016(8)：5－9.

[14] 唐军.舰船损管监控系统研究现状及发展概述[J].中国水运,2010(11):87-91.
[15] 安中昌,冯伟强.基于作战背景的损管系统研究[J].舰船科学技术,2016(3):151-153.
[16] 任赛林,谢坤.基于舱底进水监测与火灾报警的船舶智能分布式损管监控系统[J].船舶工程,2019(2):62-68.
[17] 陶伟,曹宏涛,周纪申.舰船损管监控系统研究[J].中国舰船研究,2012(1):57-60.
[18] 李炜,冯伟强.舰船损管智能化的技术途径分析[J].船舶工程,2016(11):78-81.
[19] 方万水,李炜,吴先高.舰船损管监控系统发展概述[J].舰船科学技术,2002(12):37-39.
[20] 张晓鹏,张根昌,王陌.舰船装备综合保障现状分析与发展趋势[J].舰船科学技术,2011(8):7-10.
[21] 马绍民,章国栋.综合保障工程[M].北京:国防工业出版社,1995.
[22] 张晓鹏,张根昌,王陌.舰船装备综合保障现状分析与发展趋势[J].舰船科学技术,2011,33(增刊),7-10,53.
[23] 耿芳远.电力电缆综合监控系统的设计与研发[J].电子技术与软件工程,2016(11):49.
[24] 薛明岭.电缆线路在线监测系统研究分析[J].科学与财富,2017(9):24-28.
[25] 李春辉.设备安全综合保障系统网关关键技术研究[D].北京:北京邮电大学,2015.

海洋装备与船舶安全保障系统技术

第7章　装备结构本体安全保障技术

船舶在海上航行时，由于各种损伤的存在，对船体结构强度有着极大的考验，特别是大型船舶很容易发生海损事件。船东和航运公司越来越重视运营船舶的结构安全，各大船级社也陆续发布关于船体监控系统的规范，充分体现了船舶加装此系统的重要性和必要性。海洋装备（船舶）结构强度是影响装备安全性的主要因素之一，为了保证其具有足够的强度抵抗环境载荷对结构的破坏作用，在设计和建造过程中制定了各种规范、工艺及相应的保养、检验和维修计划。本章将详细介绍海洋装备（船舶）结构本体安全保障技术。

7.1 海洋装备(船舶)结构安全保障的重要性

对于在海洋环境中长期工作的海洋装备与船舶，结构受到的外力具有很强的随机性，而这些随机因素很难通过规范和准则中的方法进行完全准确的预报，因而尽管当前世界科技与工业高度发达，但因结构问题发生的海难事故仍时有发生。

自升式油井维修平台 Ranger I 建于 1968 年，包含由固定到支撑垫的 3 根圆柱形桩腿支撑的上部船体。1979 年 5 月 10 日，平台被拖到位于 189L 区块的新钻探位置，一经就位，它便被升起并进行预加载，井架滑移入位，开始立管的安装工作。当日下午的 15:00—18:00 时，Ranger I 发生猛烈的颤动，垂直下降达 30 cm。工作人员花费近 1 h 试图找到颤动原因，但是没有找到，继续作业，包括从 Delta Seahorse 供应船上卸载供应物。大约 22:30，Ranger I 坍塌坠入海中。宿舍区下面的船艉桩腿在靠近支撑垫连接处发生破裂，导致上部船体艉部向前降落，撞向 Delta Seahorse 供应船。船艉桩腿支撑上部船体一小段时间后便坍塌了，使上部船体落入海中。此后上部船体与桩腿发生分离，向西漂去，次日沉没。此次事故共有 8 人丧生，许多人受伤严重。

调查团总结出 Ranger I 坍塌是因为在艉部桩腿内靠近底座连接处存在疲劳裂纹，导致桩腿破裂和船体颤动。接下来的几个小时，动态和静态负载联合将破损的桩腿推出，引起平台坍塌。因此，加强对结构关键部位的疲劳监测至关重要。

1980 年 3 月 27 日夜，屹立在北海大埃科菲斯油田上的、有着“海上旅馆”之称的“Alexander L. Kielland”号钻井平台突遭 9 级大风，6 m 高巨浪夹带着冰块向平台扑来。“Alexander L. Kielland”号钻井平台是五角形的深水半潜式钻井平台，该平台井架高出海面 49 m，由 5 根巨大的钢柱插入海床进行支持，平台设计可以防御 13 级台风，人们没有意识到此次 9 级风暴的危险。大约 18:30，一主水平横撑发生断裂，断裂处围绕破洞延伸，洞中安装有用于辅助钻井平台定位的水听器。主水平横撑发生故障之后，连附在其上的 5 根支柱的支架快速连续地出现故障，导致平台崩塌。该钻井平台几乎瞬间倾斜向一边，成 35°角，主甲板和生活区部分沉入水中。初期坍塌发生在 1 min 内，仅仅 15 min 后，平台就消失在 21 m 深的海底。先后有 81 艘船舶、20 多架直升机赶来营救，但由于天气寒冷，只成功救起 89 人，123 人遇难。

事故调查确认平台设计和施工并无问题，该钻井平台的立柱支架破损是由焊接疲劳引起的，结构没有冗余，后来提出的证据显示立柱已被爆炸破坏。

安全高于一切，为了减少海难事故的发生，需要海洋装备与船舶结构安全监测系统来保障海洋装备与船舶在使用过程中的安全。

什么是海洋装备与船舶结构安全监测系统？海洋装备与船舶结构安全监测系统是在装备结构中植入传感系统，赋予结构健康自诊断的智能功能与生命特征的一种工程结构。它综合运用工程结构力学、传感技术、信号处理、通信技术、数据库技术、超大信息量数据处理技术、结构有限元分析技术和强度评估理论，以及相关的传感器、软硬件设备等多方面的技术，通过对海洋装备与船舶上的重要结构及薄弱部位进行实时监控，并通过监测数据对当前海况下装备结构强度和装备结构响应在内的结构系统特性分析，以达到监测评估结构安全性的目的。该系统主要具备数据采集、海洋环境监测、结构应力监测、数据库、数据处理、强度评估、报警与辅助决策、交互界面等主要功能(图 7.1)，从而提高海洋装备与船舶的安全性能。

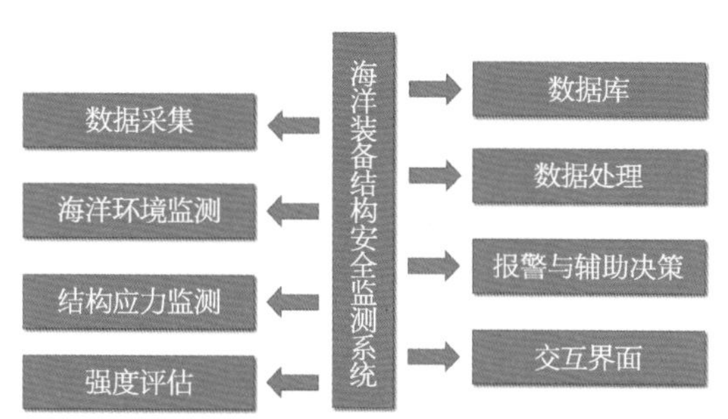

图 7.1　海洋装备结构安全监测系统

海洋装备与船舶结构安全监测系统为决策者提供真实可靠的最新数据，保障海洋装备与船舶上的人员及物资安全，增强海洋装备与船舶结构的风险预防能力，提高安全性能，为保证装备安全提供科学依据。因此，采用结构安全监测系统将使海洋装备与船舶在安全性能、风险防控、智能化水平等各个方面获得极大的提升。

首先，海洋装备(船舶)规模庞大、结构复杂、工作环境恶劣，一旦发生事故将造成不可挽回的经济损失与人员伤亡，通过对其进行结构安全监测与评估，可使其结构风险可控、事故可防，从而保证该装备能够经济合理地安全运行。

其次，通过安全监测系统的应用，能够为海洋装备与船舶的维护、维修和检测提供依据，使得维修人员有的放矢，提高维护的效率，减少支出。

再次，在我国还缺乏大型海洋装备设计建造及使用经验的情况下，安全监测得到的大型海洋装备运营期间的应力数据也可为后续完善该类型海洋装备结构设计标准提供重要的依据。

最后，安全监测系统作为海洋装备与船舶自动化和信息化系统的一部分，其应用和发展对于海洋装备其他方面的智能化水平的提高具有基础性的作用，随着传感技术、通信技术、软硬件开发技术、信息融合技术的不断发展，海洋装备(船舶)本身将会成为一个庞大的网络系统，而安全监测系统正是这个网络系统能够得以健康运行的基石。因此，海洋装备与船舶结构安全监测系统的开发和研究具有重大的意义。

7.2 国内外研究和应用现状

船舶结构状态监测技术最早于20世纪70年代被Lindemann提出并进行了初步的探究,受限于当时落后计算机技术和传感器技术,研究停留在理论阶段,没有达到预期的效果。随着相关科学技术的不断进步,这方面的研究也在不断取得突破性的进步,具有标志性的事件是1989年英国劳埃德船级社与S&MDS(Ship & Marine Data Systems)公司达成合作协议,在6艘VLCC上安装了用于记录船体结构应力数据的航行记录仪,该记录仪没有计算功能,只能将测量数据保存下来,以供研究人员后进行后续研究,Cuffe对这个记录仪进行了详细的介绍;1994年,英国的海运技术公司联合法国船级社和多家欧洲轮船公司共同开发船体健康监测系统,该系统能够监测船舶全寿命期内的结构腐蚀、裂缝扩展及疲劳损伤;1995年开始,挪威科研院针对船舶结构健康监测领域的光纤传感技术进行了数十项研究,Prran等经过严谨的实验和理论分析,认为相较于传统的贴片式传感器与覆膜式传感器,基于光纤光栅的传感设备具有使用寿命长、抗电磁干扰能力强等多项优点,十分适合用在船体结构应力监测;1997年,Hjelme在双体船水弹性试验中使用了光纤光栅传感器,Vohra研究了光纤光栅传感器在复合材料上的应用,都取得了较为可靠的测量结果。同年,Slaughter为一种船舶监测系统做了详细的介绍说明,该系统可同时完成船舶装载和航行中的船体运动响应和应力响应分析。

2000年,印度尼西亚的Budipriyant研究了在船体结构探伤中的测点布置方法问题。2002年,美国海军研究中心NRC和海上作战中心针对非线性载荷数据采集的超高采样频率问题,研究开发了高速光纤光栅解调系统(HS-FOIS),并与英国国防科技实验室(DSTL)合作,使用该监测软件和传感设备对Research Vessel (RV) Triton开展了研究,研究的重点是Research Vessel (RV) Triton的砰击载荷问题,研究人员依据监测的数据对该舰进行了结构上的改进;同年挪威海军也在军舰上开展了应力监测技术的研究。2003年起美国海上作战中心与多所大学和科研机构进行了合作,对美军穿浪双体船"HSV-2 Swift"号的铝合金疲劳问题和结构的砰击响应的实时监测问题进行了数十项研究。

与此同时,美国海上作战中心与密歇根大学、斯坦福大学等合作对另一艘美国海军濒海战斗舰"SeaFighter"进行了研究,研究侧重于舰船监测系统的无线传输技术,这项技术的应用使得监测系统的冗余度降低、重量减少,因此传感器可在船上高密度布置。2004年,美国系统规划研究中心与SPA公司合作,在一艘商用潜艇上安装了光纤光栅传感系统,用于研究潜艇的耐压壳体在下潜过程中的受力情况,该项研究的主要目的是为了修正有限元仿真中的各项参数。

2006年,丹麦技术大学Nielsen等在一艘集装箱船上安装了光纤光栅结构应力监测系统，用于分析由砰击导致的船体高频颤振和低频载荷联合作用下的结构疲劳性能。该系统不仅能够存储结构应力的变化数据，还会测量并存储船体的垂向运动加速度、航速、波高、风速和风向等信息，可以完成结合船体运动和环境信息的船体结构疲劳强度评估。

2011 年初，挪威船级社发布了新版监测系统规定。该规定不仅适用于常规船舶，同样也适用于高速、轻量级船舶和军舰，它是对船体监测系统相关内容的具体约束，规定对监测系统的传感器性能、所需测量的物理量、数据处理方法和指标、软件的界面形式、数据存储的能力、保护机制及系统的安装与测试工作等进行了详细的阐述。截至目前，国外多家企业和科研机构都研发了自己的船舶结构健康监测系统，如英国 S&MDS 和 StressAlert、意大利 CETENA、韩国 Global Maritime Engineering、法国 HULLMOS、挪威 LightStruct 等。

国内船厂所用的监测系统多是来自上述厂商。近年来多个学校和科研机构也在努力开发具有中国自主知识产权的船舶结构监测系统。上海海事大学金永兴等开发了集装箱船船舶结构状态监测和评估系统（CSSMAS），该系统通过在船体关键位置安装电阻式应变传感器和加速度传感器，在船艏、艉安装波浪图像传感器实现对船体结构安全的监测；中国船舶科学研究中心汪雪良等研发了一套航行船舶在波浪中响应的长期监测系统（LOTEMS）；哈尔滨工程大学贾连徽基于光纤光栅传感技术和数据库技术开发了一套具有自主知识产权的船体结构状态实时监测与评估系统，该系统对船体结构应力进行实时监测的能够同时依据监测数据对船体结构强度进行评估。

7.3 海洋装备(船舶)结构本体安全保障整体架构设计

7.3.1 功能设计

海洋装备（船舶）本体结构物安全监测系统是对结构关键部位的智能化监控，也是对装备结构状态实时的监测，需要在装备结构的关键部位中植入传感系统，赋予结构健康自诊断的智能功能与生命特征。该系统综合运用结构参数识别技术、光纤传感技术、数据库技术、多数据信息融合技术、超大信息量数据处理技术、海浪谱反演技术、船体结构有限元分析技术、强度评估理论等技术和理论，以及相关的传感器、软硬件设备等。

该系统在功能设计上使其能够对海洋装备（船舶）上的重要结构及薄弱部位进行实时监控，并通过监测数据对当前海况下结构强度进行评估，同时利用数据库技术对监测数据和评估结果进行存储，根据历史记录数据对本体结构的疲劳寿命及各典型节点的累积损伤进行实时预测，能够对海洋装备（船舶）本体结构设计起到验证和指导作用，同时为决策者提供真实可靠的最新数据，保障海洋装备与船舶上的人员及物资安全，增强装备结构的风险预防能力，提高安全性能，为保证海洋装备(船舶)本体安全提供科学依据。

结构状态实时监测系统主要包括数据采集系统、环境监测系统、应力监测系统、数据处理系统、载荷计算系统、强度评估系统、安全预报系统、报警与记录系统、数据库系统和界面显示系统等十大系统(图 7.2)。

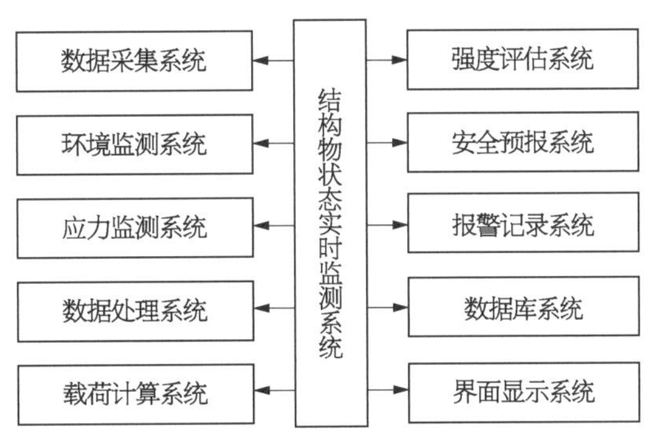

图 7.2　十大系统模块示意图

7.3.2　架构设计

为实现系统各项功能间的协调、高效运行，并保证系统运行的可靠性、实时性和实用性，将整个系统设计为三个层次四个子系统，系统结构如图 7.3 所示。

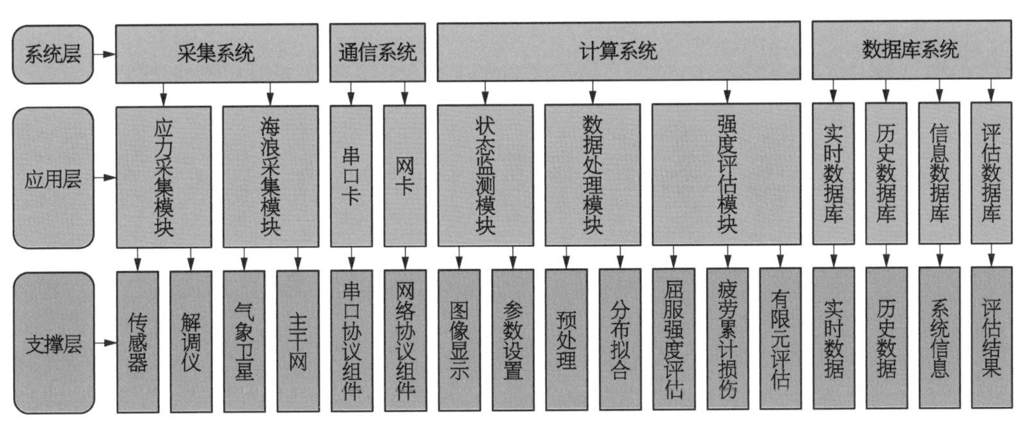

图 7.3　结构物监测系统的整体设计框架结构

(1) 第一层为系统层，主要由采集系统、通信系统、计算系统、数据库系统等构成，通过调用应用层功能函数访问支撑层进行硬件控制或数据读取来实现各子系统的主要功能。

(2) 第二层为应用层，由应力采集模块、海浪采集模块、状态监测模块、数据处理模块、强度评估模块、实时数据库、历史数据库、信息数据库、评估数据库、串口卡和网卡组成。这一层主要完成信号获取、传输和数据存储、处理，为系统层的功能实现提供服务。

(3) 第三层为支撑层，其作用是为应用层各模块提供软、硬件及理论方法和数据的支撑，进而实现系统层的主要功能。

同时，开展以下工作：

(1) 软件开发与监测。进行软件自身调试、软硬件联合调试及全系统综合调试，优化数据接口、数据传输协议、数据处理算法、程序代码和系统内存，增加了软件自我检测功能和本地数据库系统，提高了系统的工作效率和稳定性。

(2) 软件的第三方认证测试。从理论上给出了监测点的选取方法,并结合结构实际建造情况多次就实船监测点选取方案进行讨论,明确了测点布置方案,为下一步施工方案奠定基础。

(3) 设计专门用于海洋装备与船舶结构应力信号处理的带通滤波器。根据实际信号特点将滤波器设计成分别适用于高海况和低海况两种状态,进一步提高数据处理的效率和精度。

7.4 实现方法

7.4.1 监测点布位

监测点确定流程如图 7.4 所示。

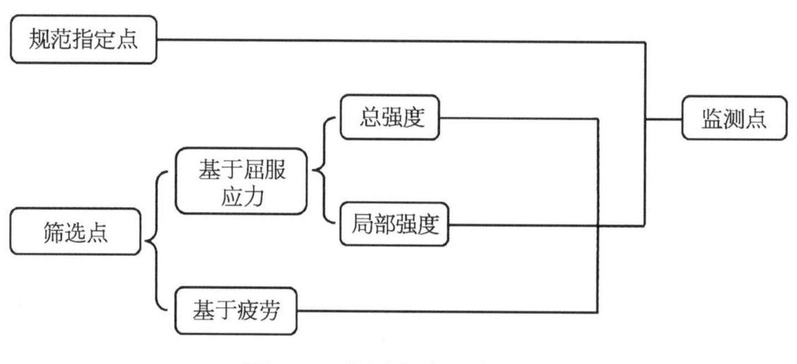

图 7.4 监测点确定流程图

1) 基于高应力选点

将海洋装备与船舶结构按其特点分为多种类型,在每一类结构内将各点应力响应按从大到小排序。由于全装备有限元模型网格单元数量庞大,即使在每一类结构内要将所有的单元应力响应列出也是困难且没有必要的。因此,引入参数 N,它表示每类结构中所有单元的应力响应按从大到小排序的需要导出进行下一步分析的应力响应最大的前 N 个单元数量。当网格尺寸与一个肋位的长度接近时,N 取 20 是合适的。

在有限元分析中,高应力部位附近单元应力值均会高于其他部位,因此选出的 N 个单元应力并不一定代表 N 个高应力或应力集中部位,多数情况下这些单元分布在几个高应力或应力集中部位附近。为了方便计算机编程找出这些高应力和应力集中位置,规定一个参考距离 D。

在选出的 N 个单元中，任意两个单元的距离只要小于 D，则保留应力绝对值较大的单元。按照上述方法首先对各工况下选出的 N 个高应力单元进行一次计算，得到各工况下的高应力部位，再将这些部位进行第二次计算，剔除各工况间的重复部位，得到最终的全海洋装备高应力部位。

2）基于疲劳损伤分析选点

疲劳破坏是海洋装备与船舶结构失效的主要模式之一。在局部高应力选点的基础上，还需要对海洋装备（船舶）结构进行初步的疲劳分析，以识别海洋装备（船舶）结构疲劳关键节点。采用疲劳设计波方法及疲劳谱分析方法，基于 S－N 和线性累积损伤理论对海洋装备（船舶）结构进行疲劳计算。结合规范要求及目标海洋装备（船舶）结构特点，首先可以大量选点进行疲劳损伤的计算，并在疲劳计算中将海洋装备（船舶）结构节点划分为不同类型的典型节点，如开口角隅、肘板趾端、纵骨与横框架节点、折角节点等，根据算得的海洋装备（船舶）结构疲劳损伤结果，对上述的每一类型疲劳节点，依疲劳损伤大小对重要程度进行排序，即在大量选点进行疲劳损伤计算的基础上，对于每一类节点形式，再经过分析研判，选取若干代表节点，反映海洋装备（船舶）结构的疲劳强度，确定为疲劳强度的监测部位。

3）补充选点

除了在上述已确定的应变传感器布置具体位置之外，还可以额外考虑增加某些布置位置。

4）屈服筛选点

基于屈服应力：将全部高应力点顺序排列，将距离较近（某一阈值下）的点视为同一点，在不同的工况下分别计算，统计同一位置出现次数。

基于海况：基于应力分布的优化方案，计及海况的影响，以权重的方式在计算中体现出来。

5）疲劳热点筛选

基于谱分析的选点方法：基于海洋装备（船舶）整体有限元粗网格损伤度计算，进行疲劳校核节点筛选的方法。

基于设计波的选点方法：只把设计波的水动压力加载到平台有限元模型，进行响应计算，选择筛选点中应力较大点作为疲劳校核热点。

7.4.2　应力数据的采集与传输方法

1）采集系统

采集系统主要用于海洋装备（船舶）结构应力与实时海况数据的采集。应力采集利用光纤光栅应变传感器，将海洋装备结构的应变信号转化为波长信号通过光缆传输到信号解调仪，由解调仪将波长信号转化为电信号并上传至应变信号处理程序，再由应变信号处理程序将信号进行识别并转化为应力信号存储于数据库系统中，最后将应力数据由数据库系统发送至通信系统，通信系统再根据需要将其发送至其他子系统；海浪采集利用气象卫星，将测得的波面信号交由处理器处理后传输至数据库进行存储，再通过数据库将数据发送至通信系统。采集系统工作流程如图 7.5 所示。

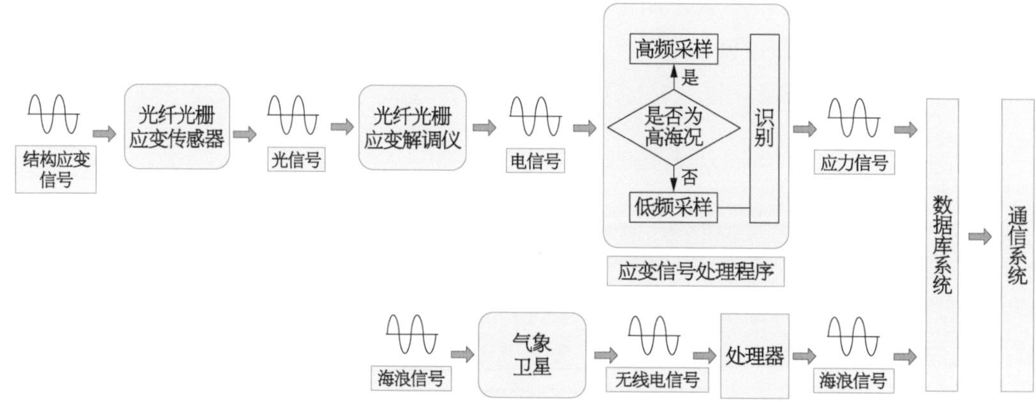

图 7.5　采集系统工作流程图

为了保证不同海况下应力数据的完整性与可靠性，将采集系统分为低海况和高海况两种工作状态，如图 7.5 中应变信号处理程序。低海况下外载荷较缓和，平台为线性响应系统，为节省资源，采样系统将以较低的采样频率运行；高海况下由于海洋装备（船舶）和波浪之间的剧烈相对运动，海洋装备（船舶）结构容易发生砰击及甲板上浪等强非线性波浪载荷作用，为了精确记录海洋装备（船舶）结构的非线性响应以便准确评估海洋装备（船舶）结构在高海况下的安全性，采样系统将自动提高该工况下的采样频率。

光纤光栅应变解调仪是应变采集系统的核心设备，其结构与功能如图 7.6 所示。光纤光栅传感器将外部物理量的变化转换成光波长的变化发送到信号解调仪，由于温度和应力变化都能造成光波长的变化，因此需要选用带温度补偿的光纤光栅传感器。信号解调仪也就是信号采集处理模块主要完成光波的发射和反射光波接收、光电转换、数据采样和实时数据的传送等功能。信号解调仪接收来自光纤光栅传感器的光信号，经处理后利

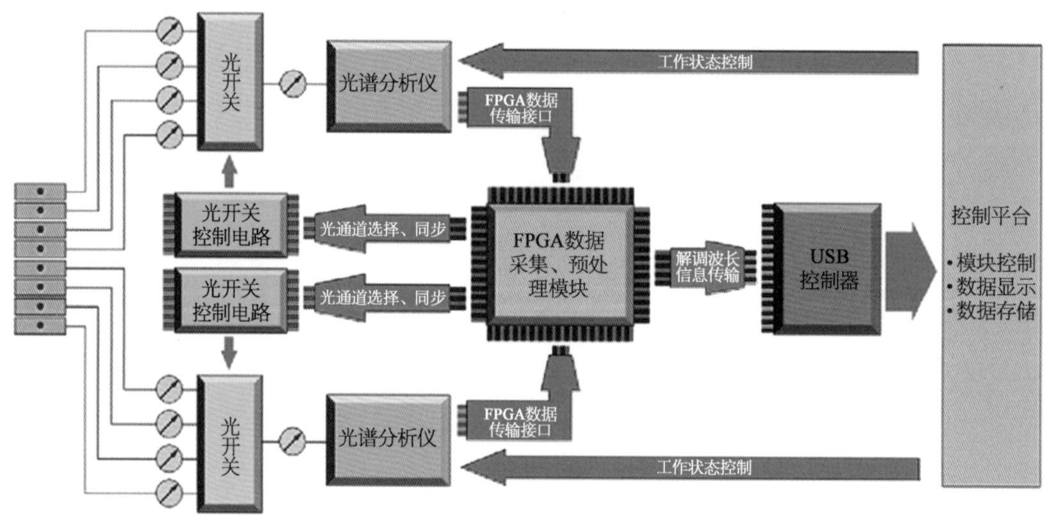

图 7.6　光纤光栅应变解调仪结构与功能图

用 USB 接口通过传输光缆把相关信号传输给结构应力分析处理存储单元。根据海洋装备与船舶需要设计了八通道可扩充的高速信号解调仪，每个通道能带 8 个光纤光栅传感器，可保证每个传感器最高采样频率为 1 kHz。

2）通信系统

通信系统主要用于各设备及系统间的数据传输，确定各路信号与监测系统的接口格式与协议，保障子系统间数据传输的顺畅。设计时为实现数据准确、稳定、实时的传输，各硬件设备间的数据传输均采用串口设计。由于海洋装备(船舶)的控制与监测系统是一个庞大且复杂的综合系统，因此需要设置上位机进行统一操控，而各监控与采集系统则设置于下位机中，对于海洋装备(船舶)结构应力监测而言，其监测系统(数据库系统与计算系统)位于上位机，应力采集系统则位于下位机，由于上位机与下位机间需要进行应力数据、海浪数据、控制参数及其他信息等多种不同的实时信息通信，因此上、下位机间采用网络接口设计。通信系统组成与结构如图 7.7 所示。

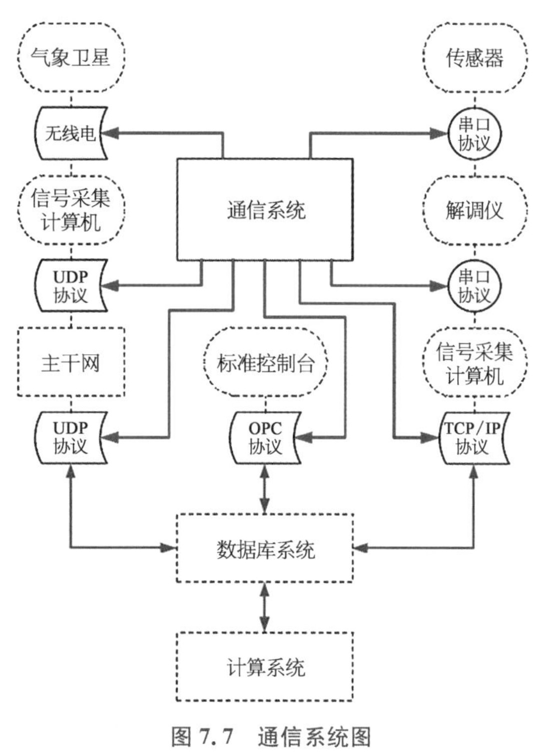

图 7.7　通信系统图

3）系统硬件设备

硬件系统由一台台式计算机、光纤解调仪和采集传感器组成，具有占用空间小、便于安装等特点。

7.4.3　应力数据的计算与数据库系统

1）计算系统

计算系统主要用于海洋装备结构状态监测、测量信号处理及结构强度评估，它是监测与评估系统的核心。状态监测模块用于数据的实时显示及系统参数的设置，提供直观、简洁的人机交互界面；数据处理模块通过对实时数据和历史数据进行滤波、拟合、校正、拆分、统计分析等处理，为强度评估模块提供数据基础；强度评估模块用于结构的屈服强度、屈曲强度及疲劳强度的评估。

计算系统数据核心结构如图 7.8 所示，传感器测得的海洋装备(船舶)结构应力数据隶属于四个计算线程：数据计算线程、历史数据计算线程、强度计算线程和累计损伤计算线程。

数据计算线程接收来自实时数据读取线程的数据。当软件启动时实时数据读取线程即开始不断地搜索传感器信号进行读取，若无信号则进入搜索等待状态，有信号输入时则立即进行读取并发送至数据计算线程，当有数据进入数据计算线程时该线程即开始工作，对各监测点信号进行合成，得到所需的屈服、屈曲和疲劳应力。

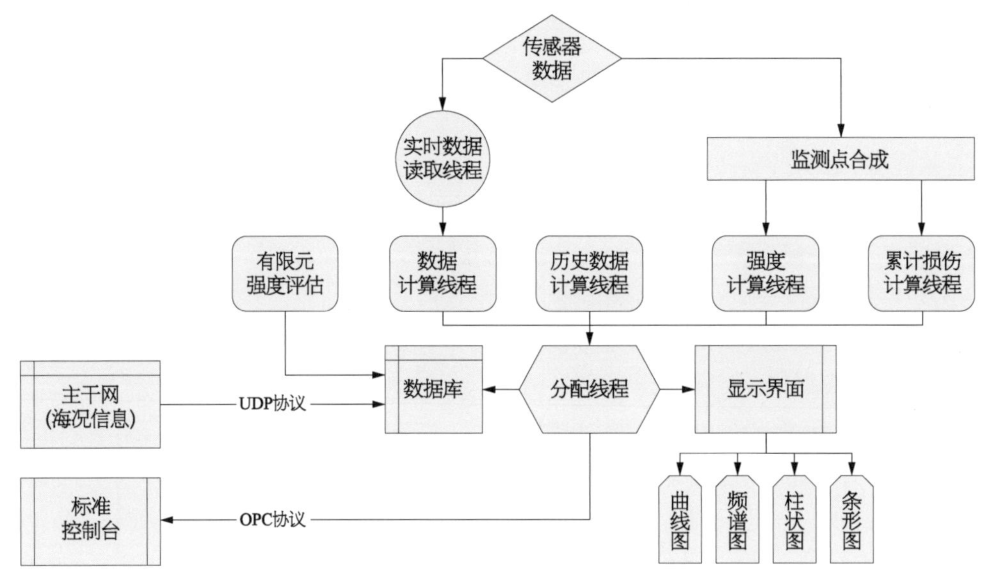

图 7.8 计算系统数据结构图

历史数据计算线程只有当软件导入历史数据时才开始运行，根据历史传感器数据和监测点合成参数，计算所导入数据的屈服和屈曲应力。

强度计算线程包含屈服强度计算和失效概率计算，该线程根据软件设定每隔固定时间运行一次，每次运行时读取该时刻前 30 min 数据进行分析。累计损伤计算线程也根据软件设定每隔固定时间运行一次，但每次运行时读取前一次的计算结果及之后系统新采集的所有数据，从而得到当前的结构累计损伤。

四个计算线程运行完毕后均将数据发送至分配线程，分配线程根据软件设置将进入该线程的数据发送至标准控制台、数据库系统和界面显示的各图形单元。

上述各计算线程所接收的数据中都包含若干个应力信号，当系统进入高频采样工况状态时，所产生的瞬时数据量巨大，采用这种数据结构设计每个数据只需计算一次，能够最大限度地节省有限的计算资源，提高系统的运行效率。

2）数据库系统

数据库系统主要用于监测系统内各种数据的统一管理，主要包括数据和信息的存储、查询、调用等功能。数据库结构如图 7.9 所示，分为实时数据库、历史数据库、评估数据

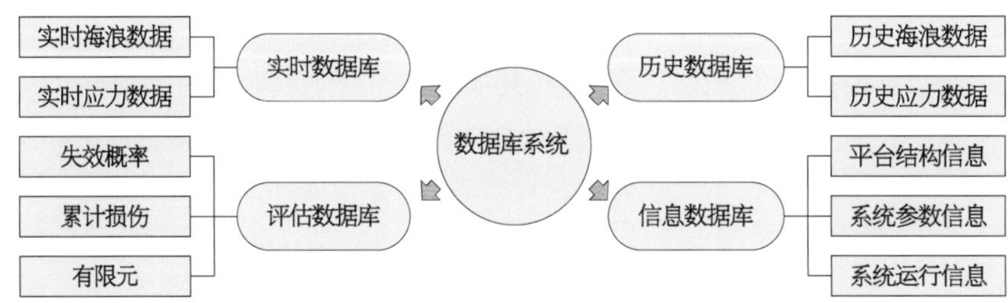

图 7.9 数据库结构图

库、信息数据库四大块。

实时数据库主要用于实测海浪和海洋装备(船舶)结构应力数据的管理;历史数据库用于过去的海浪和海洋装备(船舶)结构应力数据的管理;评估数据库用于结构的失效概率、屈服强度、累积损伤及有限元分析等结构强度评估结果的管理;信息数据库用于海洋装备(船舶)结构信息、软件系统参数信息和系统运行信息的管理,其中海洋装备(船舶)结构信息包含海洋装备(船舶)名称、主尺度、装载工况、结构材料、构件尺寸等信息,软件系统参数包括保存设置、海洋装备(船舶)材料设置、传感器初值设置、监测点设置等信息,系统运行信息指软件系统开启后的所有操作和自动计算过程的记录信息。

由于目标结构状态监测与评估系统是实现寿命内的长期监测,数据积累时间跨度大,占用存储资源多,需要有效的计算方法和处理方案,对长期数据进行管理,系统具有足够容量存储一年所有传感器的统计数据和 24 h 的时间序列。对于测量砰击参数,系统能够存储瞬变超过给定阈值的时间序列。根据数据库原理,建立可持续的数据存储方案及目标特征数据快速搜索查询方法。

7.4.4 安全性实时评估

7.4.4.1 确定性评估

1) 实时应力数据采集

由材料力学和海洋装备与船舶结构强度理论可知,钢制海洋装备与船舶结构破坏通常满足第四强度理论,即认为形状改变比是引起屈服破坏的主要因素,其相应的强度条件为

$$\sigma_{eq}=\sqrt{\frac{1}{2}\left[(\sigma_1-\sigma_2)^2+(\sigma_2-\sigma_3)^2+(\sigma_3-\sigma_1)^2\right]}\leqslant[\sigma] \tag{7.1}$$

式中 σ_{eq}——合成应力(又称“密赛斯应力”,Mises);
σ_1、σ_2、σ_3——三个方向的主应力;
$[\sigma]$——许用应力。

海洋装备与船舶结构大多为板梁结构,即结构受力通常为平面应力 ($\sigma_3=0$) 或单向应力状态,因此式(7.1)可简化为

$$\sigma_{eq}=\sqrt{\sigma_1^2+\sigma_2^2-\sigma_1\sigma_2}\leqslant[\sigma] \tag{7.2}$$

通过在海洋装备与船舶结构上加装应变传感器可以测得结构中的合成应力 σ_{eq},根据不同的传感器布置方法分别采用相应的应力计算公式,见表 7.1。

2) 安全等级确定

在结构设计中许用应力 $[\sigma]$ 是通过实验测得材料的屈服极限后除以适当的安全系数而得到的。在结构状态监测中由于结构的极限承载能力并不是一个确定值,而是一个满足一定分布特点的随机值,因此将材料屈服极限除以安全系数作为一个确定量来对结构强度进行评估是一种较为粗糙的方法。为了能够更加合理地确定结构的承载能力,在进行结构状态监测时可采用划分安全等级的方法对结构强度进行评估。

表 7.1　传感器布置方式

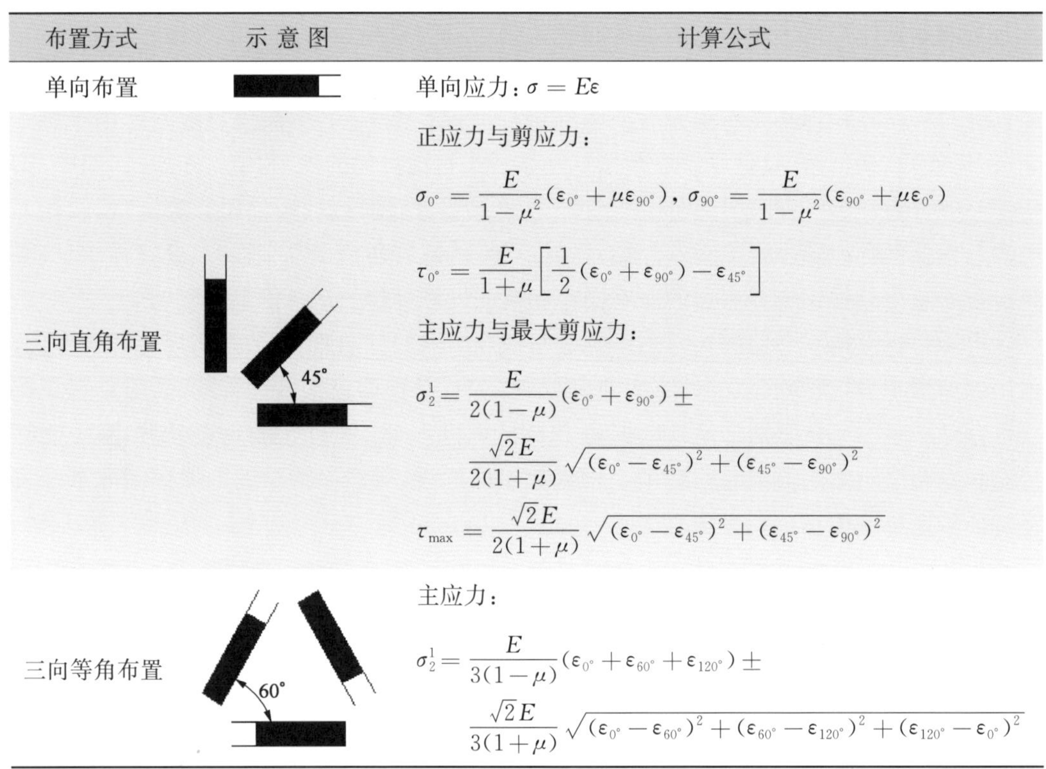

布置方式	示意图	计算公式
单向布置		单向应力：$\sigma = E\varepsilon$
三向直角布置	45°	正应力与剪应力： $\sigma_{0^\circ} = \frac{E}{1-\mu^2}(\varepsilon_{0^\circ} + \mu\varepsilon_{90^\circ})$，$\sigma_{90^\circ} = \frac{E}{1-\mu^2}(\varepsilon_{90^\circ} + \mu\varepsilon_{0^\circ})$ $\tau_{0^\circ} = \frac{E}{1+\mu}\left[\frac{1}{2}(\varepsilon_{0^\circ} + \varepsilon_{90^\circ}) - \varepsilon_{45^\circ}\right]$ 主应力与最大剪应力： $\sigma_2^1 = \frac{E}{2(1-\mu)}(\varepsilon_{0^\circ} + \varepsilon_{90^\circ}) \pm$ $\frac{\sqrt{2}E}{2(1+\mu)}\sqrt{(\varepsilon_{0^\circ} - \varepsilon_{45^\circ})^2 + (\varepsilon_{45^\circ} - \varepsilon_{90^\circ})^2}$ $\tau_{max} = \frac{\sqrt{2}E}{2(1+\mu)}\sqrt{(\varepsilon_{0^\circ} - \varepsilon_{45^\circ})^2 + (\varepsilon_{45^\circ} - \varepsilon_{90^\circ})^2}$
三向等角布置	60°	主应力： $\sigma_2^1 = \frac{E}{3(1-\mu)}(\varepsilon_{0^\circ} + \varepsilon_{60^\circ} + \varepsilon_{120^\circ}) \pm$ $\frac{\sqrt{2}E}{3(1+\mu)}\sqrt{(\varepsilon_{0^\circ} - \varepsilon_{60^\circ})^2 + (\varepsilon_{60^\circ} - \varepsilon_{120^\circ})^2 + (\varepsilon_{120^\circ} - \varepsilon_{0^\circ})^2}$

注：表格中，应变值为计算得到的静水应变值与测量得到波浪动态应变值之和。

普通钢屈服极限服从正态分布，其中平台结构常用的 Q235 钢屈服极限的均值为 235 MPa，变异系数为 6%～8%，则有 $\sigma^2 = (235 \times 8\%)^2 = 18.8^2 = 353.44$，即

$$\sigma_S \sim N(235,\ 353.44) \tag{7.3}$$

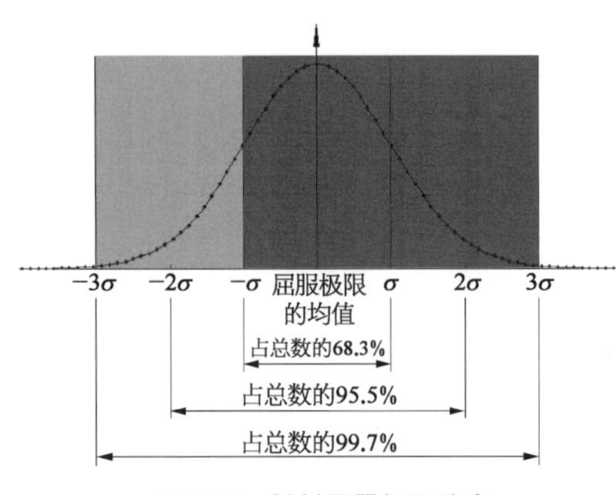

图 7.10　材料屈服极限分布

式中　σ_S、σ——分别为普通钢屈服极限及其标准差。由统计论可知，σ_S 在均值左右各 σ 区间内的占总数的 68.3%，而在 3σ 区间内的数量能达到总数的 99.7%，如图 7.10 所示，即最低可能屈服极限为 $235 - 3 \times 18.8 = 178.6$ MPa。

将 0～235 分成四等分，0～25% σ_S、25% σ_S～50% σ_S、50% σ_S～75% σ_S、75% σ_S～100% σ_S，即 0～58.75 MPa、58.75～117.5 MPa、117.5～176.25 MPa、176.25～235 MPa，由于 178.6 MPa 接近 75%时的 176.25 MPa，在界定安全等级时偏于保守考虑不妨取为 176.25 MPa。

一倍 σ 区间内的最低可能屈服极限为 $235 - 18.8 = 216.2$ MPa，即实际应力大于

216.2 MPa 时材料发生屈服破坏的可能性将大大增加，因此应力大于 216.2 MPa 可定为最危险等级。

综合以上分析，实测结构应力评估安全等级可按表 7.2 划分。

表 7.2　安全等级划分表

安全等级	应力范围	警示颜色
一级	＞215 MPa	红色
二级	175～215 MPa	橙色
三级	120～175 MPa	黄色
四级	60～120 MPa	绿色
五级	0～60 MPa	蓝色

7.4.4.2　可靠性评估

设载荷对结构的作用为 D，结构能力为 C，失效函数 $M=C-D$，当 C 与 D 是独立的随机变量时，结构失效概率为

$$p_{\mathrm{f}}=P[(C-D)<0]=\int_{-\infty}^{+\infty}[1-F_{\mathrm{D}}(x)]\cdot f_{\mathrm{C}}(x)\mathrm{d}x \tag{7.4}$$

式中　$F_{\mathrm{D}}(x)$——载荷的分布函数；

　　$f_{\mathrm{C}}(x)$——能力的概率密度函数。

一般情况下认为平台结构应力幅值服从威布尔(Weibull)分布

$$\left.\begin{aligned}f(x)&=\frac{r}{k}\left(\frac{x}{k}\right)^{r-1}\exp\left[-\left(\frac{x}{k}\right)^{r}\right]\\F(x)&=1-\exp\left[-\left(\frac{x}{k}\right)^{r}\right]\end{aligned}\right\} \tag{7.5}$$

式中　r、k——分布参数。

当 $r=2$ 时，则式(7.5)为

$$\left.\begin{aligned}f(x)&=\frac{2x}{k^{2}}\exp\left(-\frac{x^{2}}{k^{2}}\right)\\F(x)&=1-\exp\left(-\frac{x^{2}}{k^{2}}\right)\end{aligned}\right\} \tag{7.6}$$

这是瑞利(Rayleigh)分布，平台结构应力幅值的短期分布服从瑞利分布。

当 $r=1$ 时，则式(7.5)为

$$\left.\begin{aligned}f(x)&=\frac{1}{k}\exp\left(-\frac{x}{k}\right)\\F(x)&=1-\exp\left(-\frac{x}{k}\right)\end{aligned}\right\} \tag{7.7}$$

这是指数分布，海洋装备(船舶)结构应力幅值的长期分布服从指数分布。

根据序列统计原理，以瑞利分布为初始分布，可求得其极值分布为

$$\left.\begin{aligned} g(x) &= n\left[1-\exp\left(-\frac{x^2}{R}\right)\right]^{n-1}\cdot\frac{2x}{R}\exp\left(-\frac{x^2}{R}\right) \\ G(x) &= \left[1-\exp\left(-\frac{x^2}{R}\right)\right]^{n} \end{aligned}\right\} \tag{7.8}$$

式中 $R=k^2=2\sigma_D^2$，σ_D 为相应的正态分布的标准差；

n——应力峰值个数。

依据文献，钢材屈服极限服从正态分布：

$$h(x)=\frac{1}{\sqrt{2\pi}\sigma_C}\exp\left[-\frac{(x-\mu_C)^2}{2\sigma_C^2}\right] \tag{7.9}$$

式中 μ_C——均值，一般取钢材屈服极限；

σ_C——相应的标准差。

若认为海洋装备(船舶)结构应力初始分布满足瑞利分布，且结构能力为材料屈服极限，则将式(7.8)和式(7.9)的 $G(x)$ 与 $h(x)$ 代入式(7.4)中的 $F_D(x)$ 与 $f_C(x)$ 即可求得结构的失效概率 P_f。

7.4.4.3 疲劳损伤评估

疲劳损伤是大型海洋装备与船舶结构破坏的主要模式之一。对于结构中出现的疲劳裂纹，需要进行及时修补，否则，裂纹扩展到一定程度将导致海洋装备与船舶结构的灾难性破坏。海洋装备(船舶)结构疲劳裂纹的检测和维修一般都要耗费大量的财力和物力。因此，有必要筛选出若干疲劳危险点，进行应力监测，对海洋装备与船舶的结构健康状态评估。

本书通过对监测点的传感器测得的结构应力进行分析，计算监测点结构已发生的疲劳损伤，进而客观地预报监测点结构的剩余疲劳寿命，对海洋装备与船舶健康状态给出结论。

1) 结构疲劳损伤定义

线性累计损伤理论认为结构在交变载荷作用下累计损伤度达到1时发生疲劳破坏，累计损伤度可按下式计算：

$$\sum_{i=1}^{k}\frac{n_i}{N_i}=1 \tag{7.10}$$

式中 k——交变载荷的应力水平级数；

n_i——第 i 级载荷 S_i 在谱载荷一个循环中发生的次数；

N_i——第 i 级载荷 S_i 单独作用下的破坏循环数。

2) 服役期内的疲劳损伤计算

疲劳强度评估以Miner线性疲劳累积损伤理论为基础，通过雨流计数法对实测数据进行统计，得到疲劳应力的幅值、均值和循环次数，经平均应力修正后采用S-N曲线法计算破坏循环次数，最后依据得到的循环次数和破坏循环次数计算结构的疲劳累积损伤，

评估流程如图 7.11 所示。

3）雨流计数法

雨流计数法是以双参数法为基础的一种计数法，考虑了幅值和均值两个变量，将连续的载荷时历分解为若干个简单的载荷循环，由于这一特点非常适用于疲劳载荷特性的分析，因此在进行结构疲劳时历数据分析时经常采用这一方法。

4）应力集中系数

由传感器测得的结构应力为名义应力，本书在采用 S－N 曲线法进行结构疲劳分析时应用的是热点应力，因此需要将传感器测得的名义应力值转化为热点应力，可以利用有限元计算方法求得所需的热点应力。

5）平均应力修正

由传感器测得的实际结构的疲劳应力大多不能直接用于 S－N 曲线法，这是由于 S－N 曲线采用的是对称循环，即应力比 $R=-1$，而实际测得的疲劳应力大多包含非零的平均应力，因此首先需要对其进行平均应力的修正。

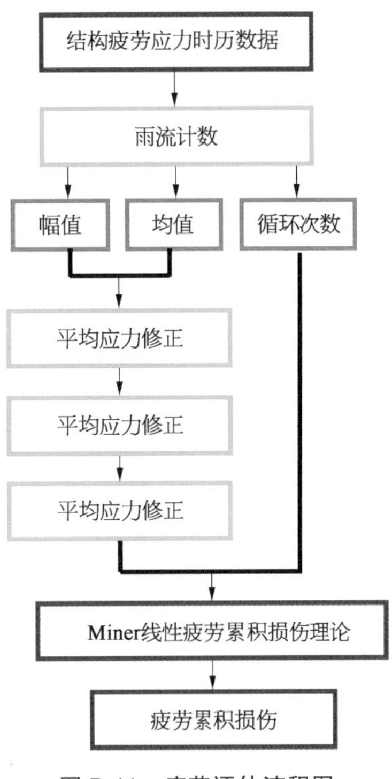

图 7.11　疲劳评估流程图

最常用的平均应力修正方法为古德曼（Goodman）修正法，它是在 Gerber 曲线的基础上简化得到的，Gerber 曲线的表达式为

$$\frac{S_a}{S_{-1}}+\left(\frac{S_m}{S_u}\right)^2=1 \tag{7.11}$$

式中　S_a——应力幅值；

S_{-1}——对称循环下的疲劳极限；

S_m——平均应力；

S_u——极限强度。

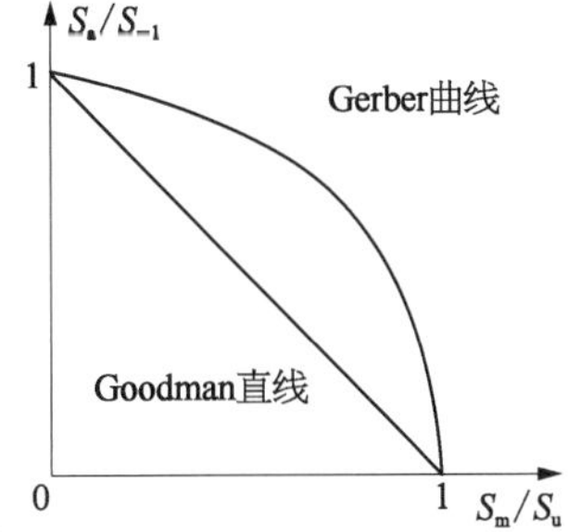

图 7.12　等寿命线图

图 7.12 给出了 Gerber 曲线的形式，由实验测得的数据基本都在这条抛物线附近。

在实际工程应用中常用的是图 7.12 中的 Goodman 直线，其表达式为

$$\frac{S_a}{S_{-1}}+\frac{S_m}{S_u}=1 \tag{7.12}$$

由于直线形式更为简单，且实验数据均在此直线的上方，当寿命给定时由式（7.12）给出的 S_a 和 S_m 关系是偏于安全的，因此该方法在实际工程中得到广泛的应用。

6）S-N 曲线

通过 S-N 曲线计算结构在某应力水平下的最大循环次数是疲劳强度评估中较为常用的方法，S-N 曲线表达式为

$$\log N = \log K - m\log S \tag{7.13}$$

式中 N——结构在循环应力 S 作用下达到破坏时的最大循环次数；

K——S-N 曲线参数，可通过材料或结构的疲劳试验测定；

m——曲线反斜率。

7）累积损伤

若构件在某恒幅交变应力范围 S 作用下，循环破坏的寿命为 N，则可以定义其在经受 n 次循环时的损伤为 $D=n/N$，若 $n=0$，则 $D=0$，构件未发生破坏；若 $n=N$，则 $D=1$，构件发生破坏。

构件在应力范围 S_i 作用下经受 n_i 次循环的损伤为 $D_i=n_i/N_i$，则在 K 个应力范围 S_i 作用下，各经受 n_i 次循环则可定义其总损伤为

$$D=\sum_{i=1}^{k}\frac{n_i}{N_i} \tag{7.14}$$

8）剩余疲劳寿命

试件破坏准则为

$$D \geqslant 1 \tag{7.15}$$

若一个航行周期为 T_D，该时间内平台的航向、装载状态、海况信息不变，平台的结构损伤为 D，则剩余疲劳寿命为

$$T_r=(1-D)/(D \cdot T_D) \tag{7.16}$$

在平台运行中，考虑板的腐蚀等其他误差因素，实际剩余疲劳寿命可根据监测结果进行修正。

7.4.5 强度评估软件开发

软件主要用于海洋装备与船舶结构状态监测和强度评估，能够对测得的数据进行自动分流和处理，为强度评估提供必需的参数，并通过曲线图、频谱图、柱状图和条形图将状态监测结果反映给用户，同时能够对危险状态进行报警，显示危险部位、应力值和发生时间，并将评估结果自动记入数据库。软件具有三大模块——可视化模块、状态监测模块、强度评估模块，四项主要功能——状态监测功能、数据处理功能、强度评估功能和数据管理功能。

可视化模块主要对原始应力数据、屈服强度监测点和疲劳强度监测点的应力数据、屈服强度和疲劳强度评估结果实现可视化，便于用户对结果的观察，其功能主要包括人机交

互窗口的建立及布置、功能结构、软件界面窗口，如图 7.13 和图 7.14 所示。

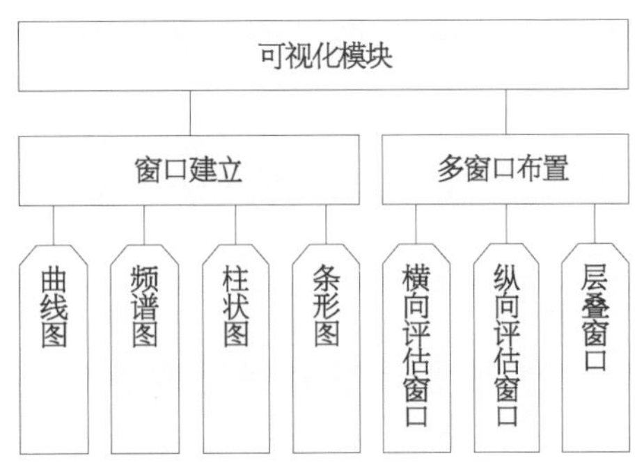

图 7.13　可视化功能结构框图

状态监测模块主要对实时监测的应力数据和强度评估结果，即屈服强度评估和疲劳强度评估中所需参数进行设置，实时显示所测得的结构监测点（包括单向屈服监测点、二向屈服监测点和疲劳监测点）的合成应力数据或原始应力数据。

强度评估模块主要用于海洋装备与船舶结构的屈服强度、疲劳强度评估。

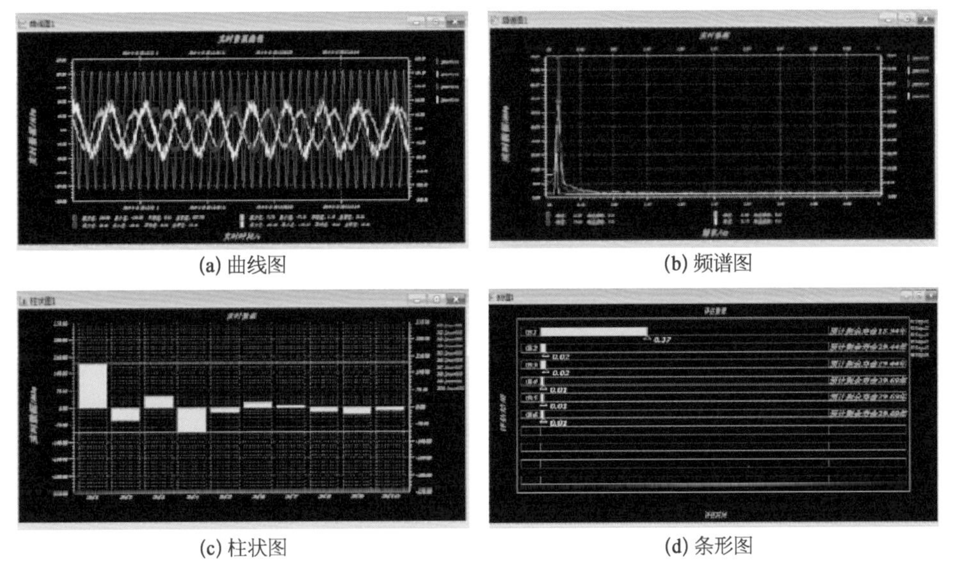

(a) 曲线图　(b) 频谱图

(c) 柱状图　(d) 条形图

图 7.14　软件窗口界面图

7.4.6　基于实测数据的船体结构强度评估

给出结构屈服、屈曲和疲劳强度评估方法，同时开发有限元自动强度评估模块，这样可以有效提高强度评估结果的准确度，同时降低评估过程的复杂程度。

实时监测模块主要用于海洋装备与船舶重要结构及敏感部位的应力监测、海洋装备整体的运动监测及对监测数据的处理。其主要功能包括基本设置、传感器设置、应力监测、数据处理、安全性预报及监测实时数据显示。

7.4.7　疲劳测试

海洋装备与船舶结构疲劳寿命数字测试与验证技术方案流程如图 7.15 所示。

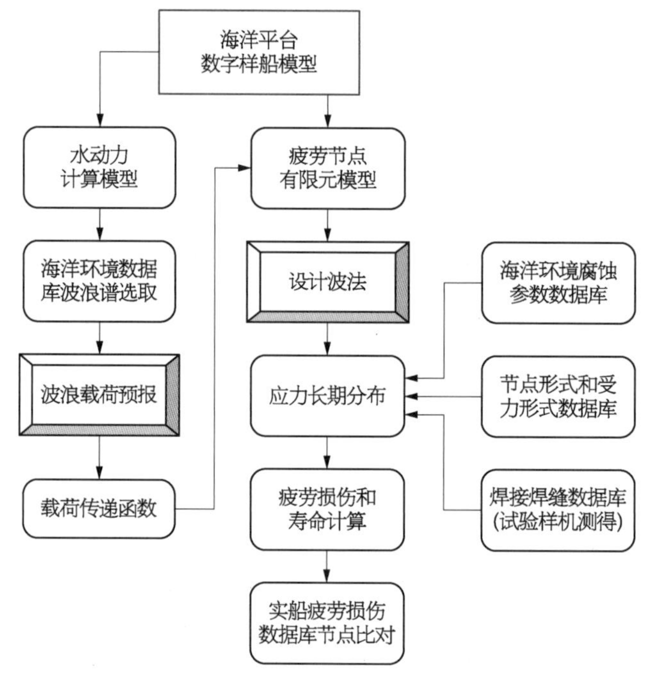

图 7.15　海洋装备与船舶结构疲劳寿命数字测试与验证技术方案流程图

7.5　平台安全监测样机系统开发

基于前述理论和方法来开发结构状态监测样机系统，为了验证传感器、解调仪、监测系统三方的协调性，测量结果的精确性，整个系统的稳定性，进行必要试验。结构应力监测与评估系统工作流程如图 7.16 所示。

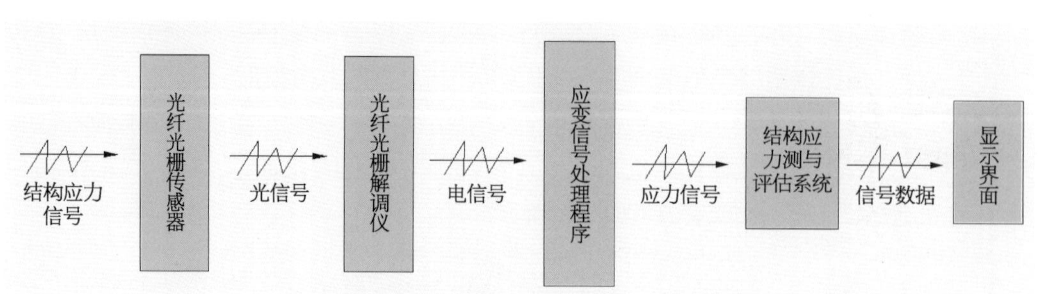

图 7.16　结构应力监测与评估系统工作流程图

7.5.1　样机构成

样机中所使用的光纤应力传感器如图 7.17 所示，采用光纤金属化激光焊接工艺和温度自补偿结构封装，具有测量精度高、长期零点稳定、温度漂移微小、焊接操作简便、动态特性良好等特点。参数见表 7.3。

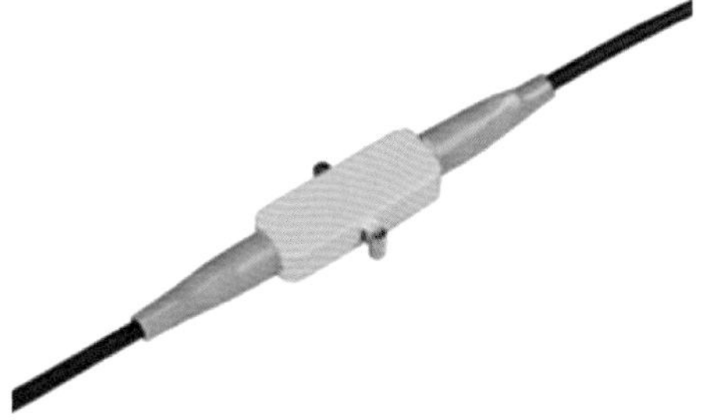

图 7.17　光纤应力传感器

表 7.3　光纤应力传感器参数

项　　目	参　数　值
量程/με	±1 500
分辨率/με	0.1
应变测量系数/(με/pm)	1.517
光栅中心波长/nm	1 525～1 565
光栅反射率	≥90%
工作温度范围/℃	−50～+80
测量标距/mm	20
封装方式	铠装
安装方式	焊接/黏接
传感头引出线	1.5 m 铠装光缆
传感头之间级连方式	熔接或连接器连接
单芯光纤可并联数量/只	12

多合一集线盒是将多支光纤传感器并联在一条通道之中，是节省通道数的一种可行方案，其结构如图 7.18 所示。

FT610－16 光纤传感分析仪如图 7.19 所示，基于波长可调谐扫描激光器技术原理，

图 7.18　多合一集线盒

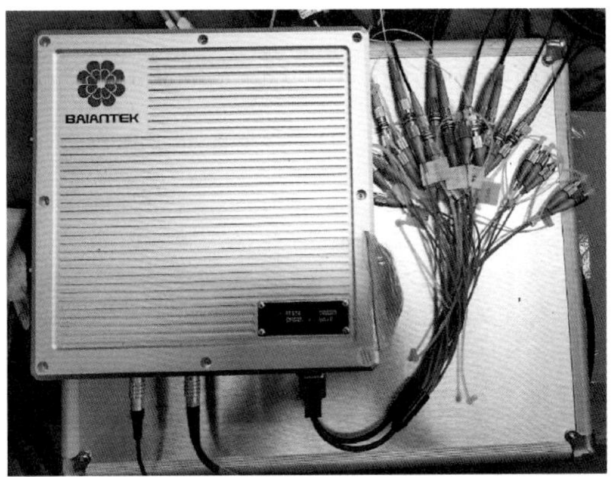

图 7.19　FT610－16 光纤传感分析仪

由多片 FPGA 级联构造成高速并行总线式实时处理器阵列，数据处理能力达到 10 Gbit/s，保证了 16 个测量通道彼此并行独立，可以同步进行各自高达 2 500 Hz 的动态波长信号解调，波长分辨率为 0.1 pm，波长测量精度达到±1 pm，可用于对温度、应变、压力、振动、位移等数据的测量，主机工作界面如图 7.20 所示。

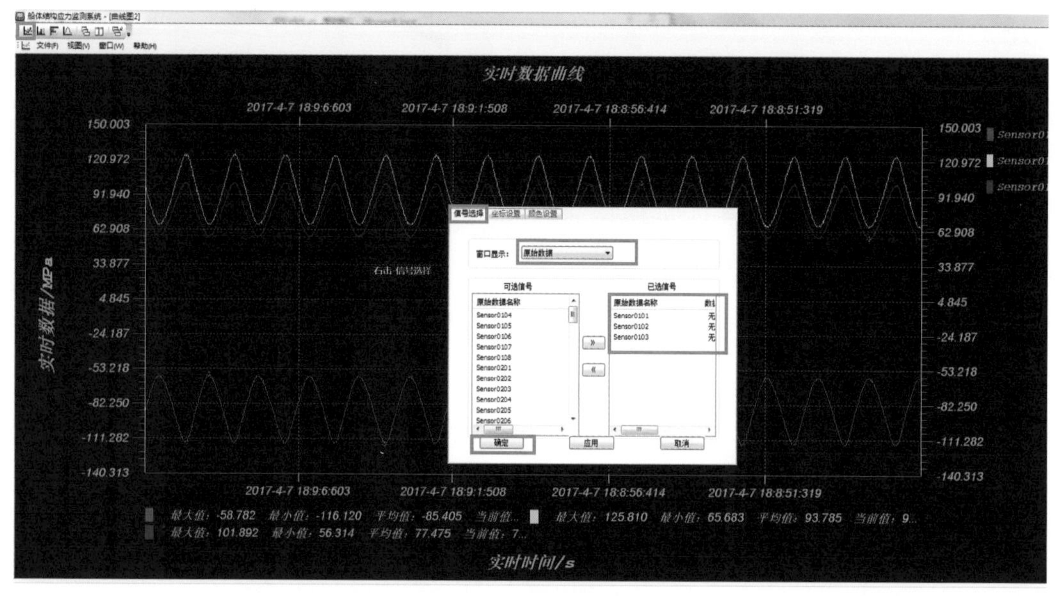

图 7.20 主机工作界面

7.5.2 试验目的与指标

试验目的主要包括：

(1) 验证监测系统能否接收并读取解调仪传输信号。

(2) 验证传感器监测到的信号指标是否达到认证的标准。

(3) 验证传感器信号能否正确反映结构的真实应力、温度、加速度。

(4) 验证整个系统是否具有长时间运行的稳定性。

试验指标如下：

(1) 将应力监测得到的结果与有限元计算和应变片测量结果相比对，其误差不应超过 5%。

(2) 温度传感器的测量值可以与温度测量仪实时比对，误差不应超过 5%。

(3) 5 个测点以 1 000 Hz 的频率进行应力监测，设备安全运行 12 h 无故障。

7.5.3 试验内容

传感器验证包括：

(1) 传感设备线性度与测量精度实验。样机中所使用的光纤应力传感器需进行线性度实验和精度测量。

(2) 传感器焊点疲劳实验。光纤应变传感器与结构的连接方式分为粘贴、点焊和螺栓连接。对于结构状态的长期监测，为保证监测数据的有效性、便于更换传感器，连接方式目前多采用螺栓。对于焊接结构在长期监测过程中可能出现的疲劳强度问题应予以足够的重视。因此，为防止传感器与结构的焊接部位先与实际结构出现破坏，应对焊点处的疲劳强度进行验证。

(3) 传感系统低温实验。由于海洋装备与船舶钢板温度变化较大，一般在－15～50℃，传感器在此环境温度内是否能够正常工作是需要考虑的问题、低温环境中传感器测量精度是否发生变化是值得关注的问题。因此，需要明确光纤传感器在长期低温环境中的测量性能。

(4) 传感系统耐腐蚀实验。海洋装备与船舶结构经常处于高湿度、高盐度的腐蚀环境中，在这种腐蚀环境中，部分结构由金属材料制成的光纤传感器的耐腐蚀性能是结构长期监测所应关注的问题之一，因此需对传感系统进行耐腐蚀实验验证。

7.5.4　试验方案

验证试验分为静载测试验证和动载测试验证，分别与电阻式应变片进行对比。试验中选取3只光纤光栅传感器和3个电阻应变片，分别命名为光栅01～03和电阻01～03，还有1只温度传感器和1只加速度传感器。选取某一典型结构，先对试件表面进行预处理，在试件表面刻画坐标线标好安装位置。试验采用量程－10～10 t作动筒对被测试件进行加载，采用步长0.25 kN的逐级加载方式，对试件1、2、3分别进行加载，加载范围0～1.5 kN。

数据采集频率设置为1 kHz，记录各个载荷下对应的测量数据和电阻应变片测量数据，并与海洋装备与船舶结构应力监测与评估系统的测量数据进行比较。

动载测试验证同样采用静载测试的试验设备进行。动载测试加载频率为1.2 Hz，记录样机和电阻应变片的测量数据，并与海洋装备构应力监测与评估系统测量数据进行对比。

7.5.5　实船测试验证

在某型实验船上安装本监测系统，样机系统如图7.21所示，并进行了测试。

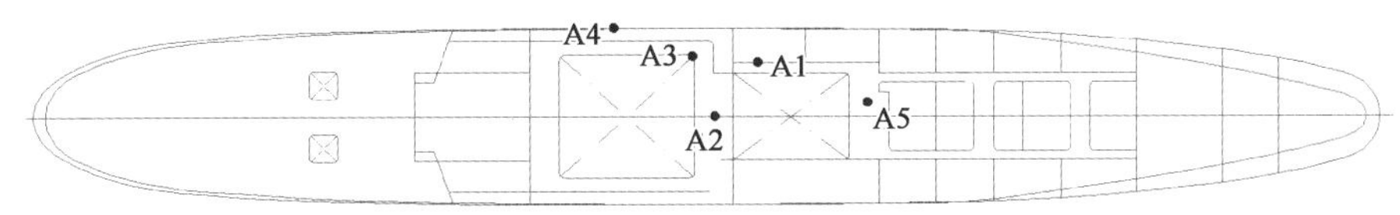

图7.21　实船测点分布

测试系统在实船环境中能够稳定运行(图7.22)，监测点部分实测应力曲线如图7.23所示，实测应力最大幅值、理论值、失效概率和累计损伤见表7.4。从表中可以看到，系统能够准确地对船体结构应力进行监测，其监测结果与理论计算较为接近，同时系统给出的较低海况下的结构强度评估结果也较为可信。

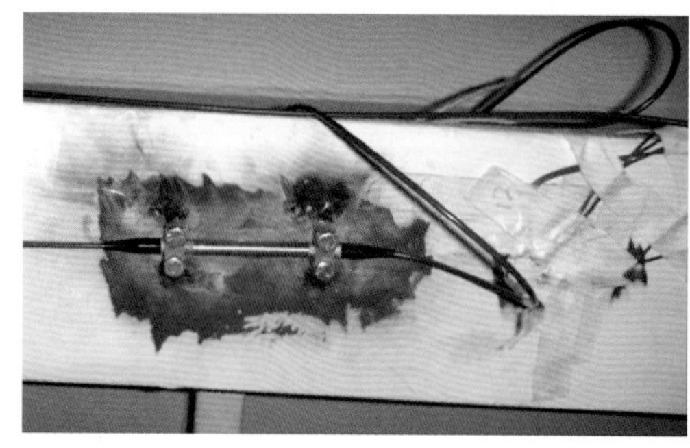

图 7.22　实船测点安装

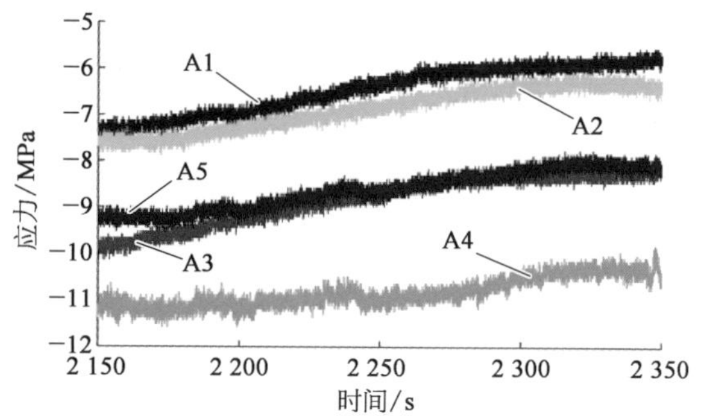

图 7.23　实船测点测试结果

表 7.4　结果对比表

监测点	位　置	实测幅值/MPa	理论值/MPa	失效概率/%	疲劳累计损伤
A1	甲板纵骨	10.48	11.98	0.053	5.61E-8
A2	甲板纵桁与横梁相交处	9.59	10.96	0.006	3.21E-8
A3	舱口角隅	13.52	11.89	0.061	2.33E-6
A4	舷侧肋骨	4.56	5.62	0.022	9.13E-7
A5	甲板板	11.43	12.55	0.071	6.55E-9

7.6　应用实例

7.6.1　半潜平台结构状态智能监测实现方法

7.6.1.1　监测点布位方案

1）半潜平台受力分析

通过 DNV 制定的柱稳式平台推荐做法(column-stabilised units)中给出的半潜平台的特征载荷，具体包括下浮体间横向分离力、下浮体间纵向剪切力、绕水平横轴的扭矩、浮体间垂向弯矩(图 7.24)，分析该半潜平台的受力。根据本书给出的监测点布位选取方法，选取监测点。

(1) 下浮体间横向分离力(图 7.25)。横向分离力最大值一般出现在横浪情况下，即浪向为 90°，波浪长度一般为两个下浮体外舷侧间距的两倍。当波峰位于平台中部时，水平横撑受到较大的分离力；当波谷位于平台中部时，水平横撑受到较大的挤压力。

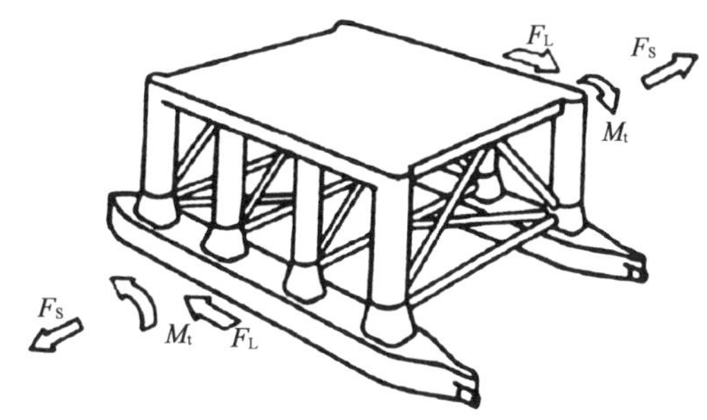

图 7.24　半潜平台受力示意图

(2) 下浮体间纵向剪切力(图 7.26)。纵向剪切力最大值一般发生在斜浪的时候，浪向在 30°～60°，波长约为下浮体外舷侧对角线长度的 1.5 倍。在这种波浪工况下，由于在斜浪下产生的纵向剪切效应会使得半潜平台的两个下浮体受到相反方向的力，横撑会受到较大的弯矩，甲板会受到较大的剪切力，在立柱与下浮体连接处，立柱与下甲板连接处都会产生很大的抗力。

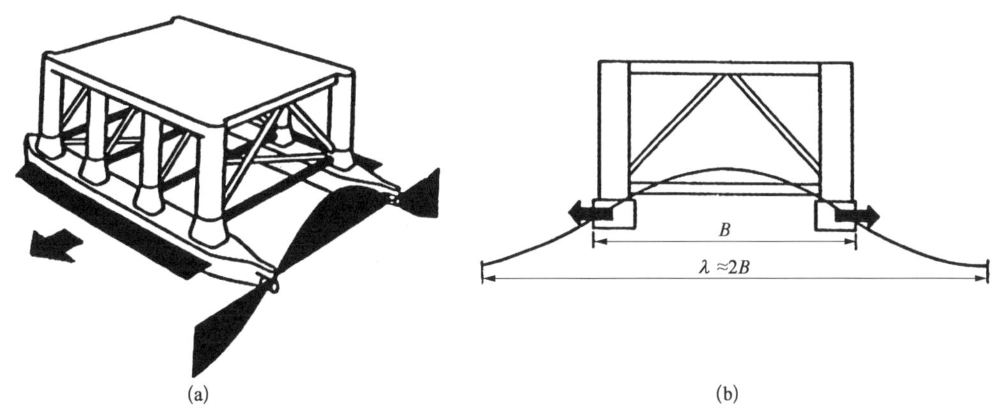

图 7.25　下浮体间横向分离力示意图

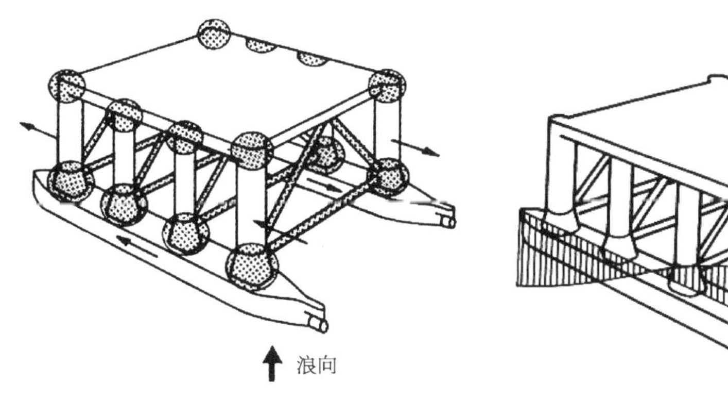

图 7.26　下浮体间纵向剪切力

图 7.27　绕水平横轴的扭矩

(3) 绕水平横轴的扭矩(图 7.27)。水平横轴扭矩最大值一般也是发生在斜浪下，浪向在 30°～60°，波长约为下浮体外舷侧对角线长度。在这种波浪工况下，在斜浪下产生的

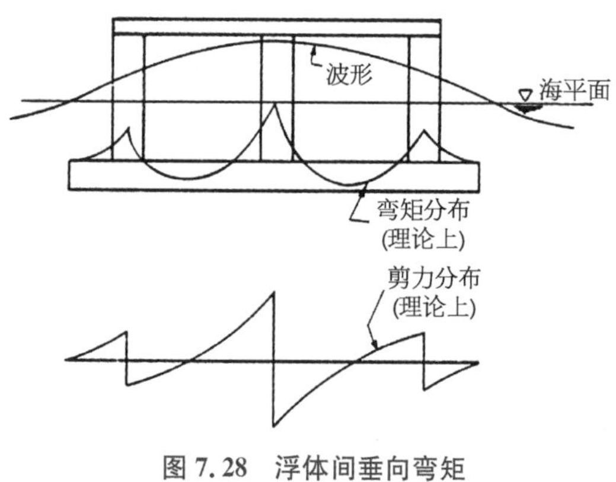

图 7.28　浮体间垂向弯矩

扭转效应会使得这类双下浮体结构的水平横撑的轴力变得很大，甲板会直接承受扭矩作用。

(4) 浮体间垂向弯矩(图 7.28)。浮体间垂向弯矩最大值一般发生在迎浪下，即浪向为 0°～180°，波浪长度略大于下浮体的长度。在这种波浪下一般发生最大垂向弯矩效应的情况是下浮体中部在波峰或波谷位置。在处于波峰位置的时候，浮体下甲板中间区域是受力比较大的区域；当平台处于波谷状态的时候，下浮体两端和中间区域处于受力状态。

2) 总强度结果分析

通过短期预报得到的极值，根据不同浪向的极值的最大值来确定浪向，把该浪向下的最大 RAO 值对应的周期作为设计波的周期，对应上述 4 种典型工况进行总强度分析，并根据总强度计算结果，确定平台各工况下主要受力构件和高应力筛选点。

作为计算工况的控制载荷，对目标平台进行有限元分析。4 类载荷工况有限元计算结果如图 7.29～图 7.32 所示。

(1) 下浮体间横向分离力。在该工况下，高应力区域主要集中在横撑中部，选择横撑中点作为高应力筛选点(图 7.29)。

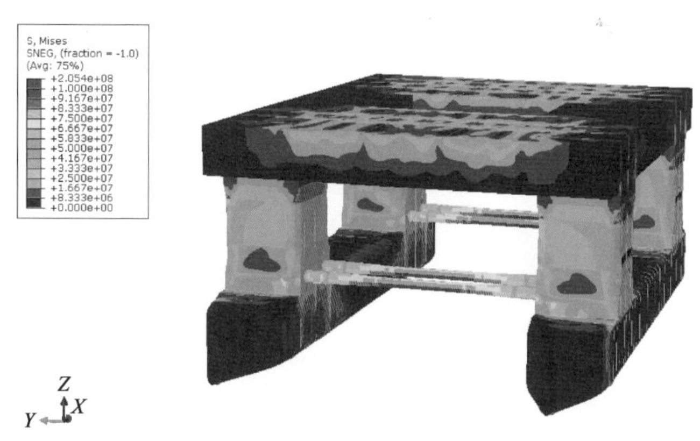

图 7.29　下浮体间横向分离力

(2) 下浮体间纵向剪切力。在该工况下，横撑与立柱连接处的应力较大，选择立柱与横撑连接处作为高应力筛选点。甲板受到较大的剪切力，开口区域周围应力较大，选择关于开口区域对称的四点作为高应力筛选点(图 7.30)。

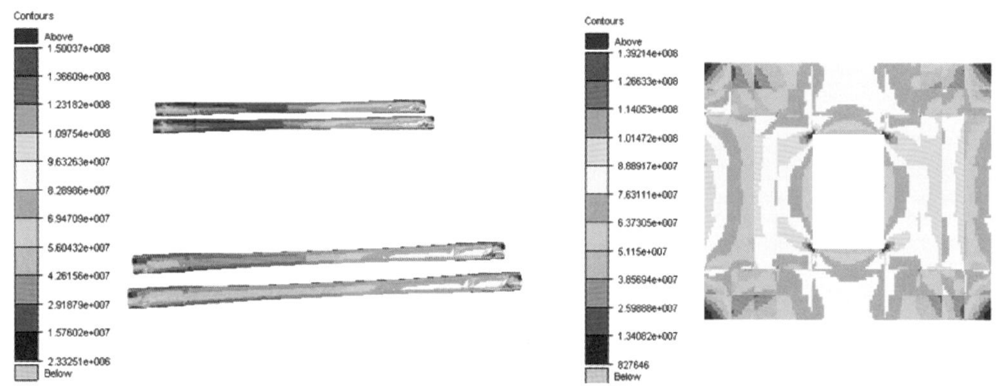

图 7.30　下浮体间纵向剪切力

(3) 绕水平横轴的扭矩。该工况下，主甲板受到的扭矩比较大，选取甲板两对角线上的点作为高应力筛选点(图 7.31)。

图 7.31　绕水平横轴的扭矩

(4) 浮体间垂向弯矩。在该工况下，平台一般处于中拱或中垂状态。浮筒的中部和甲板的中部受到比较大的压力或拉力。该工况下，平台的应力水平较其他工况低。选择浮筒中部上下表面点为高应力筛选点，甲板上的高应力筛选点同剪切工况(图 7.32)。

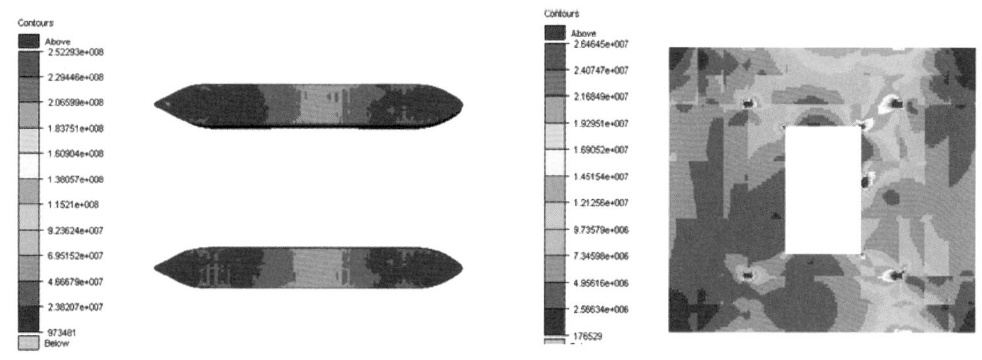

图 7.32　浮体间垂向弯矩

3）监测点选取

基于本书介绍的方法对计算结果进行统计分析，针对不同的位置区域筛选出监测点位置。测点位置与分类如图 7.33 所示。

坐标系描述：原点的纵坐标和横坐标取在整个平台中横剖面和中纵剖面的相贯线与基平面的交点处；x 轴为纵向轴，平台艉指向平台艏向为正；y 轴为横向轴，右舷指向左舷为正；z 轴方向以基面为零，向上为正（图 7.34）。

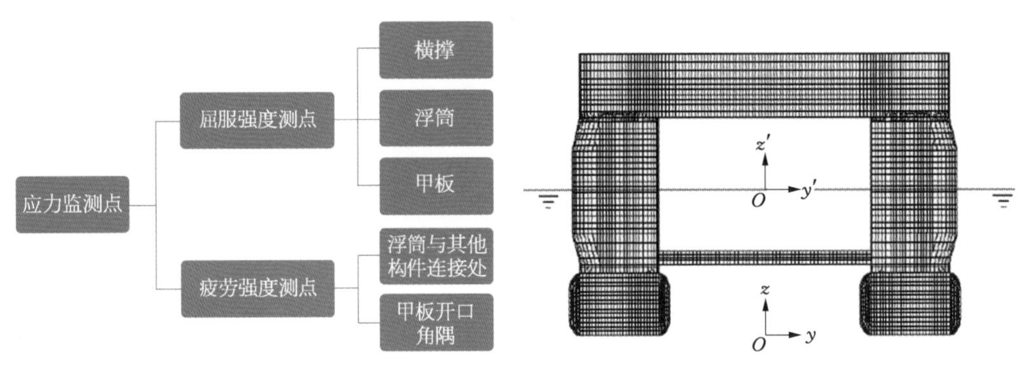

图 7.33　测点位置与分类图　　图 7.34　平台测点位置坐标系图

目标平台监测点位置如图 7.35 所示。

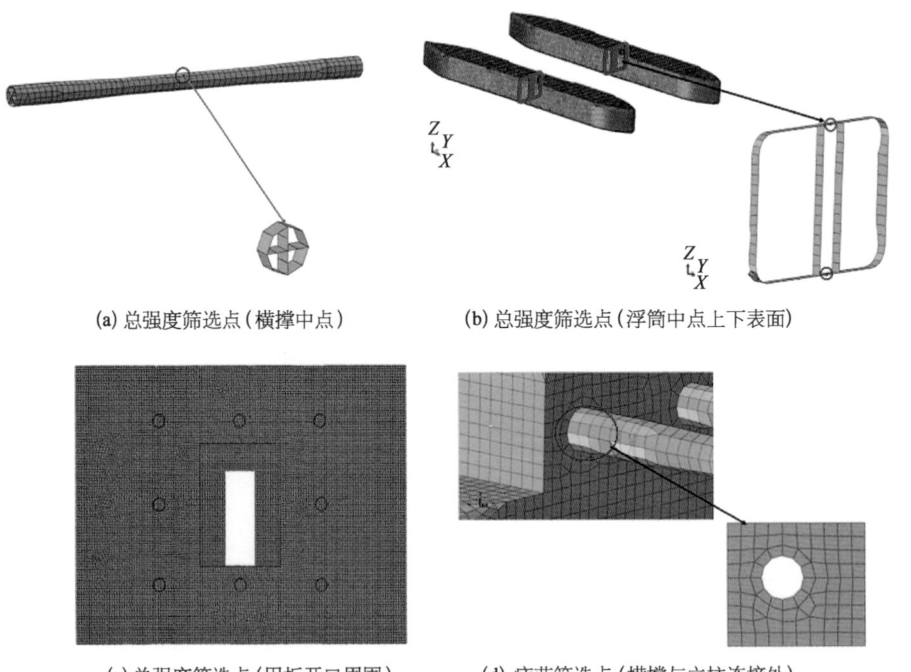

(a) 总强度筛选点（横撑中点）　(b) 总强度筛选点（浮筒中点上下表面）

(c) 总强度筛选点（甲板开口周围）　(d) 疲劳筛选点（横撑与立柱连接处）

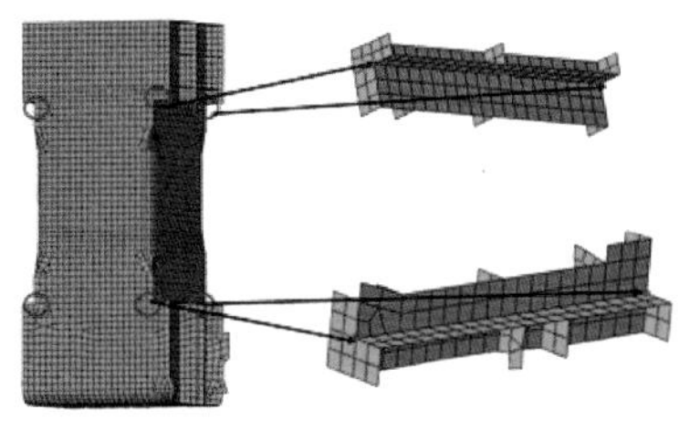

(e) 疲劳筛选点（立柱与甲板浮筒连接处）

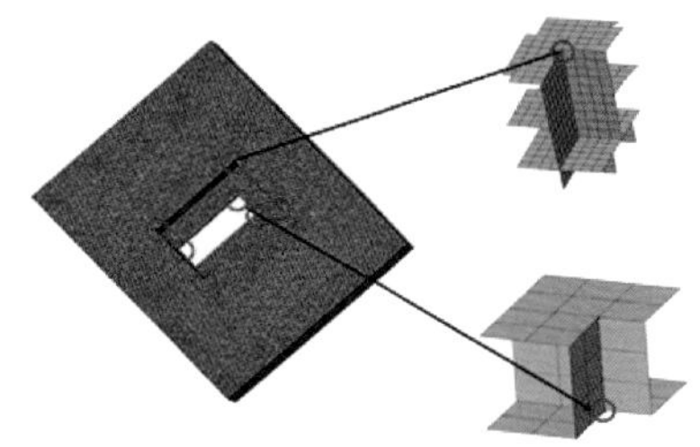

(f) 疲劳筛选点(甲板开口角隅)

图 7.35　监测点位置

测点的具体位置与详细信息见表 7.5。

表 7.5　测点位置及参数表

编号	命名	类　型	测点描述	传感器类型	通道号
1	Y01	屈服强度	横撑 1 中点上表面	单向	001
2	Y02	屈服强度	横撑 2 中点上表面	单向	002
3	Y03	屈服强度	左侧浮筒中点上表面	单向	003
4	Y04	屈服强度	左侧浮筒中点下表面	单向	004
5	Y05	屈服强度	开口对角线前甲板左舷	三向	005～007
6	Y06	屈服强度	开口对角线后甲板左舷	三向	008～010
7	Y07	屈服强度	开口对角线前甲板右舷	三向	011～013
8	Y08	屈服强度	开口对角线后甲板右舷	三向	014～016
9	Y09	屈服强度	距中心 20.65 m 前甲板中纵剖面处	三向	017～019
10	Y10	屈服强度	距中心 20.65 m 后甲板中纵剖面处	三向	020～022
11	Y11	屈服强度	距中心 16.4 m 甲板中横剖面处左舷	三向	023～025
12	Y12	屈服强度	距中心 16.4 m 甲板中横剖面处右舷	三向	026～028
13	F01	疲劳强度	距中心 10 m 左舷前甲板上层开口角隅	三向	029～031
14	F02	疲劳强度	距中心 10 m 左舷后甲板上层开口角隅	三向	032～034
15	F03	疲劳强度	距中心 10 m 右舷前甲板上层开口角隅	三向	035～037
16	F04	疲劳强度	距中心 10 m 右舷后甲板上层开口角隅	三向	038～040
17	F05	疲劳强度	距中心 3.75 m 右舷前甲板下层开口角隅	三向	041～043
18	F06	疲劳强度	距中心 3.75 m 右舷后甲板下层开口角隅	三向	044～046
19	F07	疲劳强度	距中心 3.75 m 左舷前甲板下层开口角隅	三向	047～049
20	F08	疲劳强度	距中心 3.75 m 左舷后甲板下层开口角隅	三向	050～052
21	F09	疲劳强度	距中心 20 m 右舷前立柱外侧与甲板连接处	三向	053～055
22	F10	疲劳强度	距中心 20 m 右舷后立柱外侧与甲板连接处	三向	056～058
23	F11	疲劳强度	距中心 33 m 右舷前立柱外侧与甲板连接处	三向	059～061
24	F12	疲劳强度	距中心 33 m 右舷后立柱外侧与甲板连接处	三向	062～064

（续表）

编号	命名	类　型	测点描述	传感器类型	通道号
25	F13	疲劳强度	距中心 20 m 左舷前立柱内侧与甲板连接处	三向	065～067
26	F14	疲劳强度	距中心 20 m 左舷后立柱内侧与甲板连接处	三向	068～070
27	F15	疲劳强度	距中心 33 m 左舷前立柱内侧与甲板连接处	三向	071～073
28	F16	疲劳强度	距中心 33 m 左舷后立柱内侧与甲板连接处	三向	074～076
29	F17	疲劳强度	距中心 20 m 右舷前立柱内侧与浮筒连接处	三向	077～079
30	F18	疲劳强度	距中心 20 m 右舷后立柱内侧与浮筒连接处	三向	080～082
31	F19	疲劳强度	距中心 33 m 右舷前立柱内侧与浮筒连接处	三向	083～085
32	F20	疲劳强度	距中心 33 m 右舷后立柱内侧与浮筒连接处	三向	086～088
33	F21	疲劳强度	距中心 20 m 左舷前立柱内侧与浮筒连接处	三向	089～091
34	F22	疲劳强度	距中心 20 m 左舷后立柱内侧与浮筒连接处	三向	092～094
35	F23	疲劳强度	距中心 33 m 左舷前立柱内侧与浮筒连接处	三向	095～097
36	F24	疲劳强度	距中心 33 m 左舷后立柱内侧与浮筒连接处	三向	098～100
37	F25	疲劳强度	距中心前 22.6 m 处横撑与左舷立柱连接处	三向	101～103
38	F26	疲劳强度	距中心后 22.6 m 处横撑与左舷立柱连接处	三向	104～106
39	F27	疲劳强度	距中心前 22.6 m 处横撑与右舷立柱连接处	三向	107～109
40	F28	疲劳强度	距中心后 22.6 m 处横撑与右舷立柱连接处	三向	110～112
41	F29	疲劳强度	距中心前 30.4 m 处横撑与左舷立柱连接处	三向	113～115
42	F30	疲劳强度	距中心后 30.4 m 处横撑与左舷立柱连接处	三向	116～118
43	F31	疲劳强度	距中心前 30.4 m 处横撑与右舷立柱连接处	三向	119～121
44	F32	疲劳强度	距中心后 30.4 m 处横撑与右舷立柱连接处	三向	122～124

试验共选取监测点 44 个，其中屈服测点 12 个、疲劳测点 32 个，共占用通道 124 个。

7.6.1.2　应力数据的采集与传输

1）采集系统

（1）平台结构应力采集：光纤光栅应变传感器、信号解调仪。

选用的光纤传感器采用光纤金属化激光焊接工艺和温度自补偿结构封装，具有测量精度高、长期零点稳定、温度漂移微小、焊接操作简便、动态特性良好等特点，参数见表 7.6。

表 7.6　光纤传感器参数表

项　　目	参数值
量程/$\mu\varepsilon$	±1 500
分辨率/$\mu\varepsilon$	0.1
应变测量系数/($\mu\varepsilon$/pm)	1.517
光栅中心波长/nm	1 525～1 565

（续表）

项　　目	参数值
光栅反射率	≥90%
工作温度范围/℃	−50～+80
测量标距/mm	20
封装方式	铠装
安装方式	焊接/黏接
传感头引出线	1.5 m 铠装光缆
传感头之间级连方式	熔接或连接器连接
单芯光纤可并联数量/只	12

（2）实时海况数据通过气象卫星采集。

2）通信系统

通信系统设计时主要考虑三个关键接口，即应力采集系统与计算系统接口、海浪采集系统与数据库系统接口及计算系统与综合控制系统接口。各接口所选用的接口协议及选取原因见表 7.7。

表 7.7　通信接口

接口名称	接口协议	原　　因
应力采集系统与计算系统接口	TCP/IP 协议	通信数据量大，对接口传输速率要求高
海浪采集系统与数据库系统接口	UDP 协议	与平台主干网络接口协议统一，便于接收网络报文
计算系统与综合控制系统接口	串口协议	数据可随用随调，占用资源少

3）系统硬件设备

硬件系统由一台台式计算机、光纤解调仪和采集传感器组成，具有占用空间小、便于安装等特点。

7.6.2　半潜平台结构状态智能监测样机开发

半潜平台结构状态智能监测样机系统如图 7.36 所示，可以通过试验来验证传感器、解调仪、监测系统三方的协调性。

7.6.2.1　试验目的与指标

试验目的主要包括：

（1）验证监测系统能否接收并读取解调仪传输信号。

（2）验证传感器监测到的信号指标是达到认证的标准。

（3）验证传感器信号能否正确反映结构的真实应力、温度、加速度。

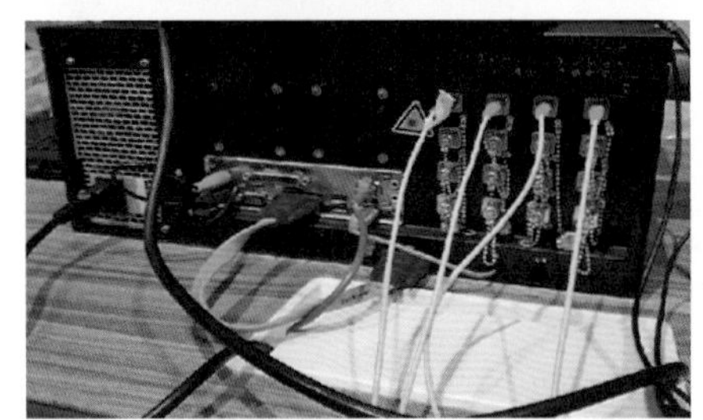

图 7.36　样机系统

(4) 验证整个系统是否具有长时间运行的稳定性。

试验指标如下：

(1) 将应力监测得到的结果与有限元计算和应变片测量结果相比对，其误差不应超过 5%。

(2) 温度传感器的测量值可以与温度测量仪实时比对，误差不应超过 5%。

(3) 5 个测点以 1 000 Hz 的频率进行应力监测，设备安全运行 12 h 无故障。

7.6.2.2　试验内容

1) 传感器验证试验

(1) 传感设备线性度与测量精度试验，传感器标定测试装置如图 7.37 所示，传感器力学测试装置和过程如图 7.38～图 7.40 所示。

(2) 传感器焊点疲劳试验，试验装置如图 7.41 所示。

(3) 传感系统低温试验。

(4) 传感系统耐腐蚀试验，试验装置如图 7.42 所示。

将传感器支架长度减半，并增加中心实验钢板尺寸至 1 000 mm×1 000 mm，重复试验。

对于焊接结构在长期监测过程中可能出现的疲劳强度问题应予以足够的重视，为防止传感器与结构的焊接部位先与实际结构出现破坏，应对焊点处的疲劳强度进行验证。

试件经 24 万余次应力循环发生断裂。经人为敲击观测及两组实验数据对比观测，试件断裂后传感器与试件点焊部位仍牢固连接，即焊点满足疲劳强度要求。

2) 低温环境试验

由于海洋平台钢板温度变化较大，一般在 −15～50℃，传感器在此环境温度内是否能够正常工作是需要考虑的问题，低温环境中传感器测量精度是否发生变化是值得关注的

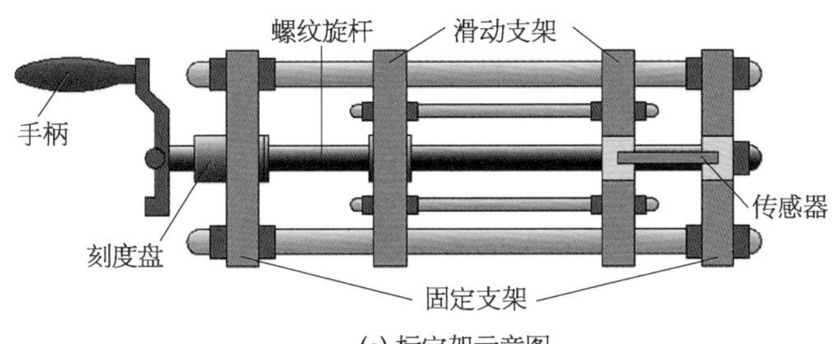

(a) 标定架示意图

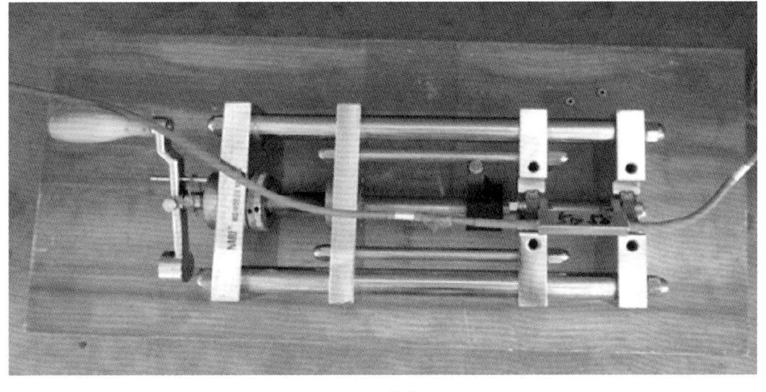

(b)

图 7.37　标定测试装置

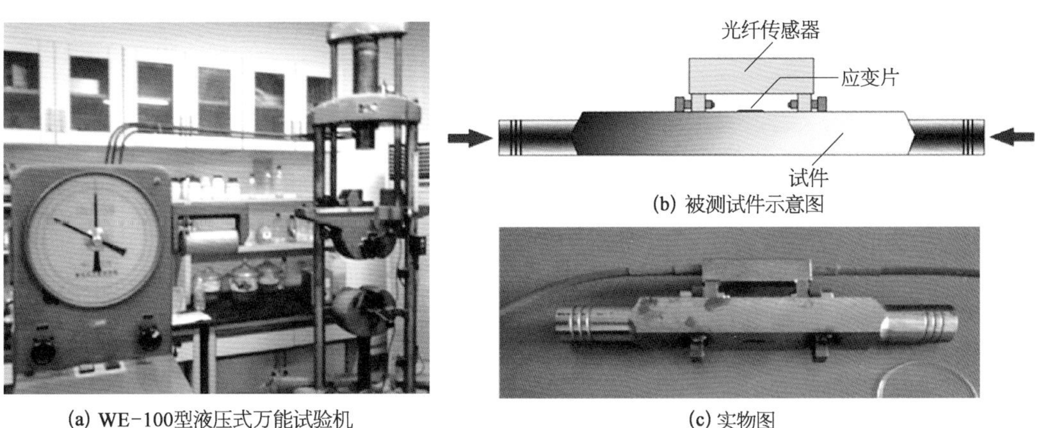

(a) WE-100型液压式万能试验机　　(c) 实物图

图 7.38　传感器力学测试装置

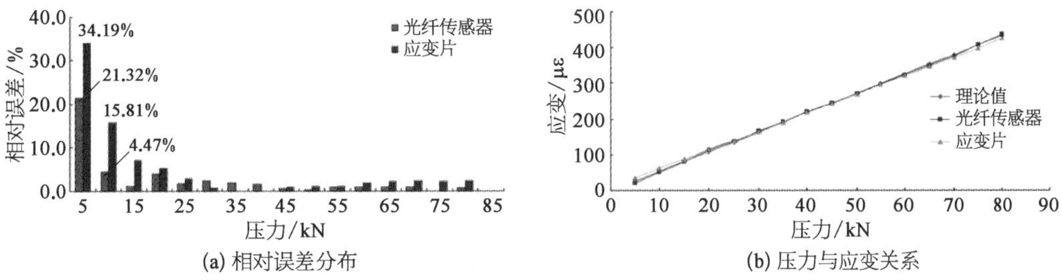

(a) 相对误差分布　　(b) 压力与应变关系

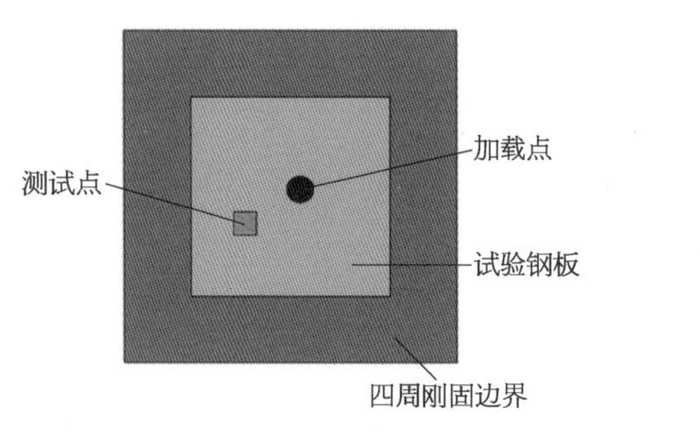

(c) 弯曲应变测试装置

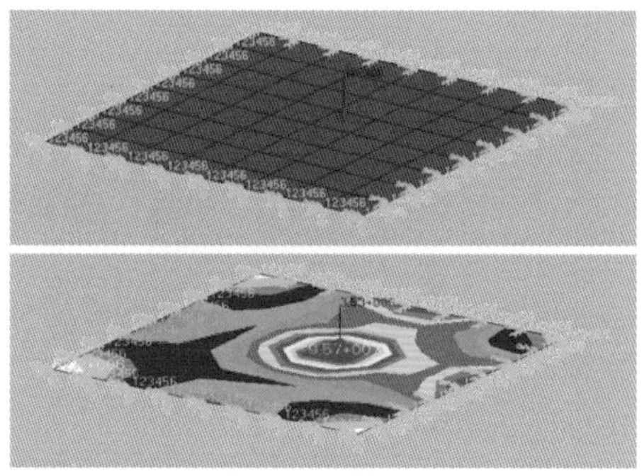

(d) 有限元计算

图 7.39　传感器力学测试过程

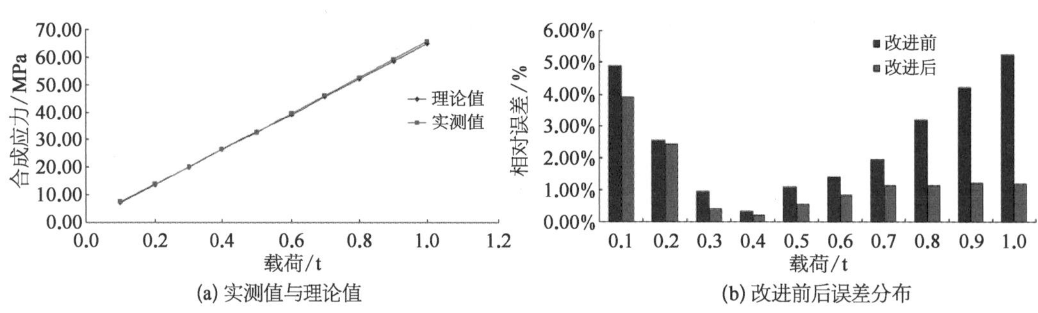

(a) 实测值与理论值　　(b) 改进前后误差分布

图 7.40　传感器力学测试与改进结果

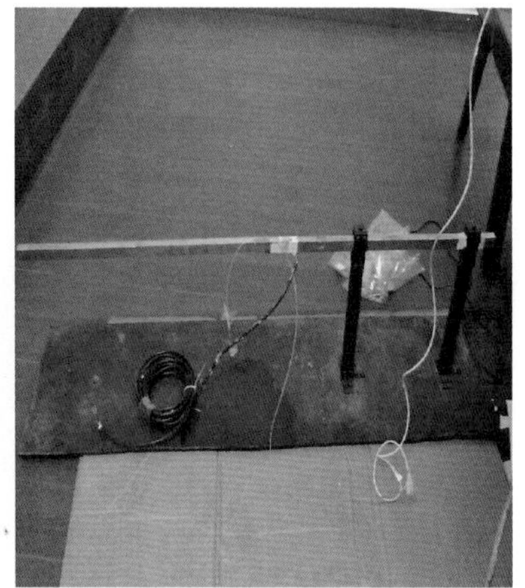

图 7.41　传感器疲劳试验

问题。因此,本试验的目的是观测光纤传感器在长期低温环境中的测量性能。

通过试验验证,传感器在低温环境下的线性度较好,在 0.998 以上。

3）腐蚀环境测试

平台结构经常处于高湿度、高盐度的腐蚀环境中,在这种腐蚀环境中,部分结构由金属材料制成的光纤传感器的耐腐蚀性能是结构长期监测所应关注的问题之一，因此应对传感系统进行耐腐蚀实验验证。

通过试验验证，传感器在腐蚀环境中能保持良好的线性度，在 0.999 以上。

7.6.2.3　试验过程

1）试验方案

验证试验分为静载测试验证和动载测试验证，分别进行与电阻式应变片对比。试验中选取 3 只光纤光栅传感器和 3 个电阻应变片，分别命名为光栅 01～03 和电阻 01～03，还有 1 只温度传感器和 1 只加速度传感器。选取水密补板嵌入式纵骨穿越孔结构，先对试件表面进行预处理，在试件表面刻画坐标线标好安装位置。试验采用量程－10～10 t 作动筒对被测试件进行加载，采用逐级加载方式，对试件 1、2、3 以步长 0.25 kN，加载范围 0～1.5 kN。

图 7.42　腐蚀环境测试装置

数据采集频率设置为 1 kHz，记录各个载荷下对应的测量数据和电阻应变片测量数据，并与平台结构应力监测与评估系统数据的测量数据进行比较。

动载测试验证同样采用静载测试的试验设备进行。动载测试加载频率为 1.2 Hz，记录样机和电阻应变片的测量数据，并与平台结构应力监测与评估系统测量数据进行对比。

2）试验试件

试件为纵骨穿越孔结构如图 7.43 所示，其模型长 1 200 mm、宽 500 mm、高 500 mm、板厚 6 mm，纵骨采用 T12 号对称球扁钢。试件边界条件为舱壁刚性固定，试件一端施加载荷。

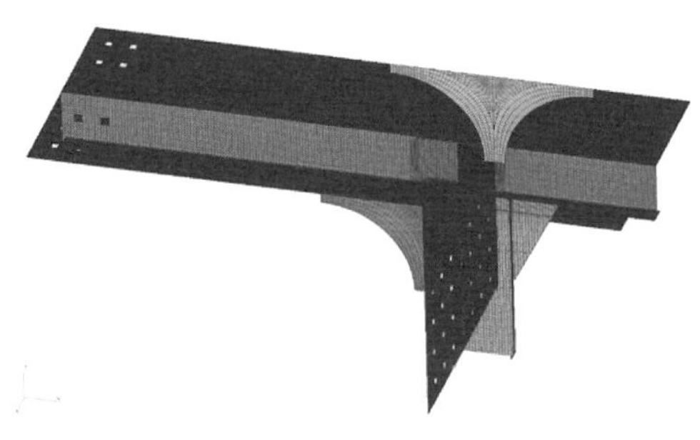

图 7.43　试件有限元模型图

3）试件测点

试验中选取 3 只光纤光栅传感器和 3 个电阻应变片，分别命名为光纤 1～3 和电阻 1～3，安装在试件艉肋板、纵骨近舱壁和纵骨远舱壁处。其中，艉肋板左右对称安装光纤传感器和电阻式应变传感器，通过静载试验验证准确性；在纵骨近舱壁和纵骨远舱壁处就近安装光纤传感器和电阻式应变传感器，验证长时间下传感器测试稳定性。

通过试验，得到以下结论：

（1）静载条件下，光栅传感器测量数据十分理想，与电阻式应变片未发生太大偏差，卸载后也可迅速归零（近似值），两者测量值近乎完全拟合，准确性得以验证；动载条件下，在 5 h 的验证后，电阻式应变传感器产生 2～6 MPa 的偏差，而光纤传感器测量数据偏差保持在 1～2 MPa，稳定性优于电阻式传感器。静动载试验条件下，误差范围均远远小于5%，符合标准。

(2) 温度传感器与温度测量仪所测数据误差保持在 0.76%～3.97%，达标。

(3) 试验中，样机系统 5 个测点在 1 kHz 采集频率下，12 h 长时间测量后，未出现崩溃、错误等异常情况，运行良好，状态稳定。

参考文献

[1] Lindemann K, Odland J, Strengehagen J. On the application of hull surveillance systems for increased safety and improved structural utilization in rough weather [J]. Instrumentation, 1977.

[2] Cuffe R W. Transducers for ship's hull stress monitoring [J]. The Institution of Electrical Engineers, 1993: 1 - 5.

[3] 李积轩. 欧洲联手研制船体监测系统[J]. 船舶工业技术信息，1994(11): 40.

[4] Pran K, Urnes E, Bremer A S, et al. Application of wavelets for transient detection and characterization in health monitoring systems [J]. Proceedings of Spie the International Society for Optical Engineering, 1998(7): 3323.

[5] Pran K, Havsgard G B, Palmstrom R, et al. Sea-test of a 27 channel fibre Bragg grating strain sensor systemon an air cushion catamaran [C]. 13th International Conference on Optical Fiber Sensors, 1999(3746): 145 - 148.

[6] Johnson G A, Pran K, Wang G, et al. Structural monitoring of a composite hull air cushion catamaran with a multi-channel fiber Bragg grating sensor system [C]. Lancaster: Structural Health monitoring 2000, Technomic Publishing Co, 1999: 190 - 198.

[7] Jensen A E, Havsgard G B, Pran K, et al. Wet deck slamming experiments with a FRP sandwich panel using a network of 16 fibre optic Bragg grating strain sensors [R]. 2001(B31): 187 - 190.

[8] Jensen A E, Taby J, Pran K, et al. Measurement of global loads on a full scale SES vessel based on strain measurements using networks of fibre optic Bragg sensors and extensive finite element analyses [J]. Ship Research, 2001(45): 204 - 214.

[9] Pran K, Johnson G A, Jensen A E, et al. Instrumentation of a high-speed surface effect ship for structural response characterization during sea trials [C]. SPIE's 7th Annual International Symposium on Smart Structures and Materials, Sensory Phenomena and Measurement Instrumentation for Smart Structures and Materials, Proc SPIE, 2000: 3986.

[10] Sagvolden G, Pran K, Havsgard G B, et al. Modular fiber optic hull monitoring system with real time signal processing [C]. 14th international conference on Optical Fiber Sensors, 2000(4185): 884 - 887.

[11] Hjelme D R, et al. Application of Bragg grating sensors in the characterization of scaled marine vehicle models [J]. Applied Optics, 1997(36): 328 - 336.

[12] Vohra S T, et al. Sixteen channel WDM fiber Bragg grating dynamic strain sensing system for composite panel slamming tests [C]//Proc. of the Optical Fiber Sensors Conf. (OFS 2). Williamsburg, 1997: 662 - 665.

[13] Slaughter S B, Cheung M C, Sucharski D, et al. State of the Art in Hull Monitoring Systems [R]. Washington D C: MCA Engineers Inc, 1997.

[14] Budipriyanto A, Swamidas A, Haddara M. Identification of small-sized cracks on cross-stiffened plate structures for ships [J]. Engineering Materials Technology, 2006(2): 210 - 224.

[15] Budipriyanto A, Haddara M, Swamidas A. Crack identification in a cross-stiffened plate system using the root mean square of time domain responses [J]. Civil Engineering, 2006 (8): 989 - 1004.

[16] Budipriyanto A, Haddara M R, Swamidas A S J. Identification of damage on ship's cross stiffened plate panels using vibration response [J]. Ocean Engineering, 2007(5 - 6): 709 - 716.

[17] Baldwin C, Kiddy, T Salter, et al. Fiber optic structural health monitoring system: rough sea-triaLs testing of the RV triton [C]. OCEANS'02 MTS, 2002(3): 1806 - 1813.

[18] Jason S K, Christopher S B, Torii J S, et al. Structural load monitoring of the RV triton using fiber optic sensors [C]. Proc. of SPIE, 2002(4698): 462 - 472.

[19] Torkildsen Grvlen H, Skaugen A, Wang G, et al. Development and applications of full-scale ship hull health monitoring systems for the Royal Norwegian Navy [C]. Budapest: Recent Developments in Non-Intrusive Measurement Technology for Military Application on Model and Full-Scale Vehicles, NATO Research and Technology Organisation, 2005(22): 1 - 14.

[20] Brady T F, et al. Global structural response measurement of swift (HSV - 2) from JLOTS and blue game rough water trials [R]. West Bethesda: Naval Surface Warfare Center, Carderock Division, 2004.

[21] Bachman R J, Woolaver D A, Powell M D. Sea fighter (FSF - 1) seakeeping measurement [R]. Carderock: Naval Surface Warfare Center, 2007.

[22] Jason Kiddy S, Chris Baldwin S, J Toni Salter. Certification of a submarine design using fiber Bragg grating sensors [C]. Smart Structures and Materials 2004-Industrial and Commercial Applications of Smart Structures Technologies, 2004(5388): 387 - 398.

[23] Ulrik Dam Nielsen, Jørgen Juncher Jensen, Preben Terndrup Pedersen, et al. Onboard monitoring of fatigue damage rates in the hull girder [J]. Marine Structures, 2011 (12): 182 - 206.

[24] 金永兴,胡雄,施朝健.集装箱船舶结构状态监测与评估系统[J].上海海事大学学报,2008(3): 1 - 4.

[25] 汪雪良,顾学康,魏纳新.航行船舶在波浪中响应长期监测技术[J].舰船科学技术,2012(2): 59 - 62.

[26] 贾连徽.船舶运动与应力实时监测系统的研究与开发[D].哈尔滨:哈尔滨工程大学,2011.

[27] 王宥臻.极地船舶结构状态监测与评估方法研究[D].哈尔滨:哈尔滨工程大学,2008.

第 8 章　水下部分监控和检测系统

水下监控和检测系统对于确保海洋工程结构的完整性和安全可靠性、保证人员财产的安全、防止海洋环境污染具有重要的作用，水下监控和检测技术有着广泛的应用前景。本章将介绍各种水下监控和检测系统和技术的性能、特点、应用场景和最新进展，以便读者能够对水下部分监控和检测系统有进一步的了解，也为海洋装备水下监控和检测系统的发展提供了方向。

8.1 建立水下监控和检测系统的重要性

2010 年 4 月 20 日，英国石油公司租赁的"深水地平线"海上钻井平台在墨西哥湾水域发生爆炸并沉没，其开采的马孔多油井随即大量漏油，酿成美国历史上最严重的原油泄漏事故。事故发生后一周，美国海岸警卫队和海洋能源管理局成立联合调查组，主要任务是调查爆炸原因并提出美国沿海大陆架油气开采的安全操作建议。

调查人员发现，马孔多油井在漏油事故发生前就已有诸多问题，例如预算超支、监测设备时常出现异常信号等。英国石油公司和哈利伯顿公司在实施油井水泥工程时，减少注入油井的水泥量以节约开支，这削弱了油井的"安全余量"。报告称，英国石油公司为省钱、省时所做的决定忽视了意外事故及如何减缓事故影响，是马孔多油井泄漏的成因。通过调查最终确认，英国石油公司对油井的运营负有"最终责任"，应确保人员安全，保证设备、自然资源和环境不受破坏。同时，运行钻井平台的越洋钻探公司也对确保安全操作和保护平台上人员安全负有责任。报告指出，英国石油公司的承包商、负责油井水泥工程的哈利伯顿公司也应担负监管油井的相关责任，并且墨西哥湾原油泄漏事故"可以预见""可以避免"，英国石油、哈利伯顿及越洋钻探公司的失误和误判在事故发生过程中起到了重要作用，而美国政府相关部门监管"无效"也是造成此次事故的重要原因。

为防范未来可能发生的海洋钻井平台事故，调查组还提出一系列建议，主要包括应开发出一套测试钻井平台运行安全性的标准化程序；改进钻井平台的安全设计以防止可燃气体进入控制室；加强防爆阀门组等。报告还建议政府加强监管，如要求海上钻井平台的运行方提供更完备的油井控制报告，对深水钻井平台进行突袭式抽查等。

因此，为了确保海洋工程结构的完整性和安全可靠性，保证人员财产的安全，防止海洋环境污染，水下无损检测新技术有着广泛的应用前景，加快检测新技术的研究和应用具有以下重要意义：

(1) 可大大缩短检测时间、节省检测费用。如采用 ACFM 检测技术可以节省 60%的时间和费用。巴西石油公司最近采用 ACFM 技术对海洋平台进行检测，节省费用 200 万美元。

(2) 传统的检测技术对检测人员的素质要求很高，水下检测人员需具备潜水员与检测员双重资格，而新的检测技术(如 ACFM 技术)对探头的操作不敏感且不需要校准，所以对检测人员的要求大大降低，只需对非无损检测专业的潜水人员进行适当培训即可。

(3) 传统的检测技术难以适应我国特殊的海洋环境。我国近海海域特别是渤海黄河入海口附近悬浮泥沙颗粒多，多数情况下海水是处于浑浊状态，能见度非常低，这给潜水员的水下操作带来了极大的不便，因此需要新的检测技术来实现我国海域内的无损检测。检测新技术中，ACFM 技术对探头的操作不敏感，这样就可以减小环境对检测结果的影响。英国和澳大利亚等都在研究浑浊环境下的水下成像技术，但是直到目前，这个问题还没有很好解决。因此，结合我国实际情况，通过对微光成像、激光成像和声成像等新技术的综合研究，有望实现重大的技术突破，解决浑浊水环境下成像的技术难题。

(4) 对于水下无损检测新技术，其本身还未完全成熟，可以在跟踪研究的基础上，利用自身的优势，争取取得重大的技术突破，实现跨越式发展，这对于缩小与国外无损检测水平的整体差距具有重要的现实意义。

8.2 水下监控和检测技术的现状

8.2.1 水下监控技术

海洋平台结构的实时自动化监测技术通过监测数据的实时采集、处理、分析，确定平台的安全状态，具有快捷、省时、精度高、可以实时控制等优点，受到越来越多的重视。海洋平台监测系统主要包括海洋环境载荷自动监测系统、平台损伤、位移监测系统和平台阴极保护监测系统等，其中国内外对环境载荷的监测研究较多，也已经逐渐成熟，如英国 Saab 海洋电子仪器公司最近研制的一种非介入式传感器 WaveRada，可以监测海上装置附近的波浪和水面高度，精度达到 1 mm，已经安装在壳牌石油公司的 Auk、Sean 和 Cliper 平台上。俄罗斯也在 Sakhalin 油田工作的海洋平台安装了冰载荷监测系统。中国海洋渤海公司与大连理工大学联合在辽东湾 JZ20-2 平台建立了基于计算机远程网络的海冰定点观测系统，对海冰相关信息进行实时连续观测，取得了很好的效果。需要特别指出的是，在国家“863”计划海洋监测技术主题的资助下，“九五”期间开发的近海环境自动监测系统为代表的一系列产品和技术，均达到了 20 世纪 90 年代中期的国际先进水平，部分达到或接近目前的国际先进水平，这其中包括平台基观测系统、海床基观测系统等。

平台损伤主要包括裂纹、腐蚀和变形等。相应地，平台损伤监测系统又可以细分为裂纹监测、腐蚀监测和结构应力与变形监测等。这方面的研究在国内外相对发展较慢，在我国还处于起步阶段。

美国 Dunegan 工程咨询公司提出了成功解决复杂结构件中的声发射噪声干扰问题

的方法，依此研制开发的声发射仪和探头已应用于桥梁、航空、海上石油平台等领域，目前最新产品是拥有 4 项美国专利的 AESMART－2000 系统，该系统只用 2 个探头就可以实时监测裂纹的生长，并能估计裂纹所在深度。英国斯托克波特的 AVT 工程服务公司研制成功一种用于检测、定位和连续监测海上构筑物所产生裂纹的系统 Vulcan。这套系统以声发射原理为基础，将特别设计的传感器附着在一局部区域周围的关键处，接收由缺陷扩展发射出来的信号，再通过一个机电转换电缆传送到安装在海上建筑物的数据收集和处理计算机中。这些信号将存储在磁泡存储器中，并输送到台式计算机，计算机将结果用图表示出来，再绘制长期趋势曲线、给出裂纹扩展速率。该系统有三个主要部分：水下传感系统、平台计算机模型和水上记录计算机。传感系统最多有 8 个水下传感器，密封在聚乙烯套中，由一种触变黏合剂牢固地固定在海上构筑物上。平台计算机模型和动力源都安装在标准底座中，可以在动力完全损耗后 10 s 内重新接通电源、自动恢复工作，调整和定期校准全部自动化。转换器兼有测量和脉冲调制双重作用，一只红信号灯在磁泡存储器充满 80%时点亮，这时即需更换。此系统也可通过一个调制解调器直接在海岸上进行控制。

振动方法在海洋结构运行安全监测方面也具有良好的应用前景。一些学者应用系统识别法来确定近海结构物上裂纹的位置，并监测裂纹的扩展。其方法与步骤为：首先导出有关方程式，应用频域法或时域法获得系统的响应参数；用 1/14 比例制造一钢质模型模拟墨西哥湾一平台，模型由 4 根外径 2.5 in(1 in＝2.54 cm)、长 7 ft(1 ft＝30.48 cm)、埋在土中的钢管作桩柱；选点分布采用两种形式；第三层拉筋按切断考虑作为损伤；对结构进行有限元分析，在桩元上的所有减震装置的阻尼值均定为 2 lb/in；得出了质量矩阵和柔性矩阵。进行实验时，在结构模型上人为制造损伤，由此获得含损伤结构的实验数据结果。数值计算和实验都证明，用系统识别法能成功地对平台结构的损伤进行检测、定位，结构损伤会明显地反映在系统参数上，损伤大小也可从参数值变化确定。中国石油大学等单位曾通过随机减量法等振动分析技术，对平台结构损伤的确定作过探讨。

此外，挪威 CorrOcean 公司的 FSM－IT 监测仪配有腐蚀监控系统软件 FSMTrend，用来监测平台腐蚀和裂纹的扩展。胜利石油管理局与中国科学院合作开发平台腐蚀状态自动化监测系统，已应用于埕岛油田。英国 TSC 公司开发的 U11 水下监测系统可以监测构件表面、次表面缺陷，并确定缺陷大小。哈尔滨建筑大学与中海海洋工程公司合作开发了平台结构实时监测与评估系统，该系统主要基于实测冰厚数据计算平台基底横向力来评价冰区平台的安全性。1998 年，胜利石油管理局在埕北 25A 井组平台进行了现场动态应力测试。中国科学院力学研究所开发一种固定式导管架平台综合强度监测系统，用于对涠 11－4 平台关键部位的应力、加速度及与结构响应相关的环境参数进行长期监测。

8.2.2 水下检测技术

近年来，一些新的方法开始应用于近海水下结构物的检测，主要有交流电磁场测量法(ACFM)、进水构件测试法(MFD)和水下检测成像技术等。下面对这些方法的原理、特点和设备进行介绍，对它们在我国的应用前景进行评估，并对其未来的发展进行展望。

8.2.2.1 交流电磁场测量法

交流电磁场测量法(ACFM)是从交流电势落差测量法(ACPD)发展而来的无损检测技术,20 世纪 80 年代在伦敦大学完成了理论分析,90 年代初开始应用于海洋石油平台的检测。该技术在国外(如英国和挪威等)得到较快的发展,目前已广泛应用于海洋工程、石油化工、电力工业和航空航天等领域,尤其是海洋平台和水下结构物的检测。我国 ACFM 的研究与应用刚刚起步,1995 年我国惠州 21－1 油田采用 ACFM 进行了平台水下检测,取得良好的经济效益。ACFM 利用导电材料中的缺陷会改变电磁场的分布产生压电磁性效应,通过测量电磁场分布的变化,并和标准的理想缺陷所形成的电磁场进行比较,从而确定缺陷。ACFM 综合了 ACPD 和涡流检测两种方法,通过测量探测区域近表面的磁场变化而不是电场电压,因此可以实现非接触探伤。用 ACFM 非接触法确定缺陷尺寸时,首先在被测区域内输入交流电,由于集肤效应,电流聚集在导体表面,如果试件中有缺陷,电流线在缺陷附近会发生偏转,从而在试件上诱发出畸变的磁场,用磁场探头测得磁场的 B_x 和 B_z 分量变化,就能确定裂纹的长度和深度(图 8.1)。

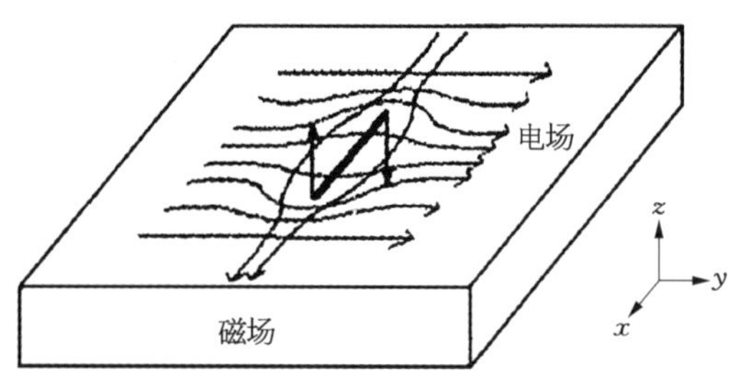

图 8.1 ACFM 的原理图

ACFM 具有以下特点:

(1) 检测速度快、精度高,可以一次完成裂纹的定性、定量检测。

(2) 用遥测技术穿透金属及非金属涂层进行非接触检测,无须清理被测表面的油漆和涂层。

(3) 可测量任何导电材料,包括各种金属和合金。

(4) 不需要进行烦琐的仪器校正。

(5) 最大限度减小人为因素造成的误差。

(6) 高稳定性和分辨率,能准确检测裂纹的长度及深度。

(7) 对大小缺陷都有足够的检测精确性。

(8) 适应性好。

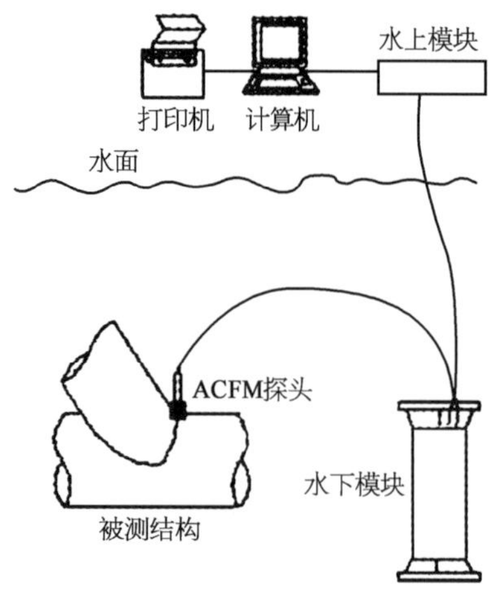

图 8.2 ACFM 系统的组成

水下 ACFM 探伤系统主要由探头、水下模块、水上模块、计算机显示及分析模块、打印机等组成(图 8.2)。测量时只需将水下模块放入水中,然后利用潜水员或遥控无人潜水器(remote operated vehicle, ROV)将探头放在被检部位即可。英国技术软件公司(TSC)开发了由 120～256 个传感器组成的阵列式柔软底座探头,可以一次检测大于 50 mm×150 mm 的焊缝区。该公司目前用于海洋工程的 ACFM 系统主要有 TSC ACFM U11 水下检测系统和 TSC ACFM MODEL U21 裂纹测量仪两种。英国 NEWT 公司开发的水下电磁阵列(EMA)检测系统也采用了 ACFM 技术。

8.2.2.2　电场特征检测法

电场特征检测法(FSM)是挪威 CorrOcean 公司开发的一种无损检测技术,主要用来检测各种形式的腐蚀,也可检测裂纹以及监控腐蚀和裂纹的扩展。其原理是将探针或电极在待测区布置成阵列,然后测量通过金属结构的电场的微小变化,用测得的电压值与初始设定的测量值进行比较,来检测由腐蚀等引起的金属损失、裂纹、凹坑或凹槽。

该检测技术的主要优点是:

(1) 具有较高检测精度且检测结果不受操作者的影响。

(2) 可用于检测复杂的几何体(弯头、T 形接头和 Y 形接头等),并且可大大减少检测时间。对于一个测点,如果超声检测需要 1～2 h,FSM 技术只需 3～4 min。

(3) 由于具有远程检测能力,减少了搭建脚手架的费用。

(4) 对于一般腐蚀,其灵敏度高于剩余壁厚的 0.5%,也就是说,实际灵敏度随着腐蚀的增加而提高,为超声检测的 10 倍,同时重复性好。

(5) 无须去掉涂层或保温层,可大大节省检测费用和时间。

基于 FSM 技术,CorrOcean 公司开发了便携式 FSM 无损检测仪(FSM - IT),它主要由敏感材料、便携工具和腐蚀监控系统软件 FSMTrend 组成,该系统可用图形显示腐蚀的严重程度和位置来计算腐蚀的趋势和速率。

8.2.2.3　进水构件测试法

进水构件测试法(FMD)是英国于 20 世纪 90 年代中后期发展起来的一种独特的水下结构检测方法,适于检测穿透型裂纹或其他可使水渗到构件内部的缺陷。当构件存在穿透型裂纹时,海水将渗到平台构件内部,使含缺陷的构件充水,这样就可用超声波或射线探测构件内是否有水来判断缺陷的有无。超声检测的原理就是探测构件另一侧是否反射超声回波,因为充满空气的构件不会传送超声脉冲,如果探测到超声回波,就说明构件内有水,即构件存在裂纹(图 8.3)。射线检测的原理是射线在水中会因为水的吸收而很快衰减(图 8.4)。FMD 的优点是速度快、操作简单、效率高、与其他方法相比成本低,因此广泛应用于北海等海域的平台检测。英国现已开发出利用 FMD 技术的检测系统 FloodTrack。然而,FMD 也存在一些不足,如果构件内部存在严重腐蚀或其他残渣将导

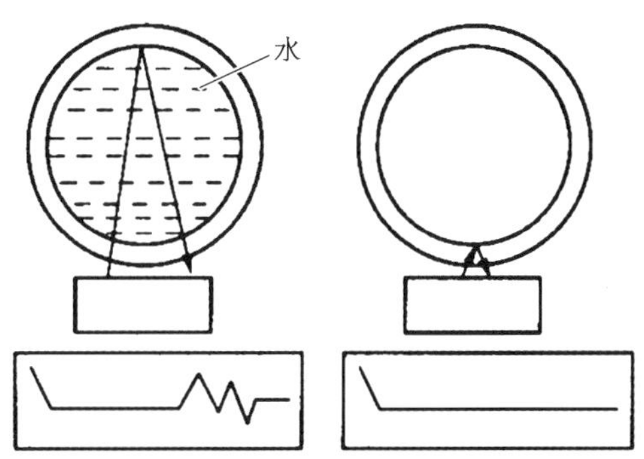

图 8.3　进水构件超声检测原理图

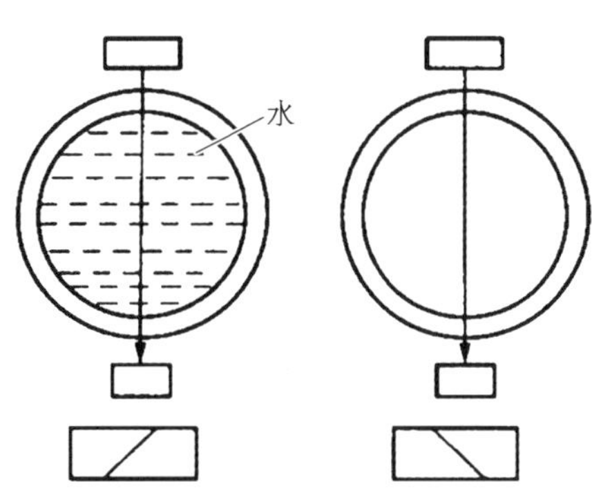

图 8.4　进水构件 γ 射线检测原理图

致误判;一旦检测到构件存在严重缺陷,此时平台的剩余疲劳寿命已经很低,所能选择的维修方法单一、维修成本较高。因此,FMD最好与磁粉检验(MPI)结合使用。

8.2.2.4 水下检测成像技术

水下能见度低,尤其是水质浑浊时,由潜水员完成的传统水下目视检测一般难以实施,水下成像作为一种重要的水下无损检测和识别手段越来越受到重视,各国都在开展浑浊水中成像技术的研究。

以下简要介绍可用于浑浊水环境成像的三种技术。

1) 水下声成像技术

水下声成像技术利用高频率声波获得水下目标高质量图像,由于声波的波长较长,水中悬浮颗粒的散射较弱。因此,声学监测几乎不受水下浑浊度的影响,而且可以在较大范围内迅速寻找目标(如100~200 m范围内的海底管线)。水下声成像技术利用兆赫级声波、稀疏阵列技术、单位字节(one-bit)数字化技术和声信号照度技术生成高清晰度的三维图像,解决了水下成像技术难题。该系统适用于检测海底管线和近海结构的表面缺陷。

澳大利亚最早开始这方面的研究,国防科技组织(DSTO)从1991年开始研究水雷声成像技术,这种水雷声成像技术利用一个二维疏松的随机阵列来产生图像,其清晰度与电视图像相当,且信号处理能力很强,即使在光学可见度为零的条件下,也能捕捉到RT3D数据。同时,澳大利亚也开始了浑浊水环境下海洋平台和海底管道检测成像技术研究,效果非常好,已经达到了毫米级的分辨力。美国也开展了相关的研究。声成像技术在国外已经在原来声呐技术的基础上取得了突破性进展,反映了浑浊水成像技术的发展趋势。

2) 微光成像技术

微光成像是指自然环境照度小于10^{-1} lx时的光学成像。在浑浊水条件下,水的能见度极低,透明度只有空气的千分之一,光波在水中传输时产生强烈的吸收与散射效应,使得图像信号衰减很快,所以浑浊水成像属于典型的微光成像范畴。微光成像仪器中的光学系统设计有其特殊性。目前主要的微光成像系统有微光硅增强靶型(SIT)、摄像机微光电荷耦合器件(CCD)摄像机、微光ICCD(增强CCD)摄像机和微光电子轰击CCD(EBCCD)摄像机等。英国、美国、日本、俄罗斯等都在积极开展水下微光成像的研究。最近英国科学家采用像增强器制成"海豚"25SIT型水下电视摄像机,即使在800 m水深处,只要物体表面有相当于镰月夜空的10^{-21} lx的照度,便可摄取清晰的电视图像。英国Osprey公司推出的高灵敏度、高质量水下微光摄像机成为当今世界这一领域的先驱;英国Kongsberg Simrad公司开发的水下电视摄像系统OE1325也采用了微光成像技术。国内这方面的研究才刚刚起步,目前还很少有公司能生产成熟的水下微光成像产品,主要靠进口,但是很多高校和科研院所都在开展这方面的研究。

3) 水下激光成像技术

水下激光成像技术是20世纪80年代末出现的成像技术,其发展很快,发展潜力很大。由于水介质的吸收和散射,电磁波在水中的传播距离受到严重限制。而蓝绿激光具有强度高、准直性高和单色性好等特性,在水中传播时具有透明窗口效应,成像系统选用激光作为光源可获得最佳的成像效果。水下激光成像系统(UWLIS)就是基于海水对蓝绿激光(波长 480～540 nm)的透明窗口效应所开发的一种新型水下成像系统。这种成像系统不但能用于普通水中,还能用于浑浊水中,甚至在漆黑的海底也能进行观察。近 10 年来,国际水下激光成像研究取得重大进展,开始走向应用。目前水下蓝绿激光成像关键技术主要有距离选通技术、同步扫描技术、偏振技术和时间选通法,其成像距离远、分辨力高,在海洋工程领域有着十分广泛的应用前景。最近更是兴起一种新型水下激光成像技术是采用超短脉冲激光器作为光源,将同步扫描技术和距离选通技术的优点相结合,既利用准直器压缩光束的发散、提高激光束的能量密度,又利用距离选通技术和窄视场接收减小后向散射光的累积,成像距离远、分辨力高,且有同时进行测距与三维成像等的潜在优势。目前国际上已有多种利用蓝绿激光窗口(波长 0.47～0.58 μm)研制的水下目标成像系统,最典型的是水下激光成像系统。英国政府也资助了一个协作组发明了一种经济耐用的激光系统,能用于水下输油管检测,其检测速度和分辨力都优于超声波检测设备,水浑浊度较高时还优于电视摄像机,因为摄像机使用的绿光在水中不能被很好地吸收。用成像技术进行水下无损检测的最大困难在于缺陷的定量检测。最近,美国哈伯·布兰奇海洋研究所研制出一种三光束激光定量检测系统。

8.2.2.5　磁膜探伤

磁膜探伤是磁粉探伤(MPI)的一种改进方式,水下利用磁粉探伤喷撒磁粉后很容易被海水稀释和冲跑而影响效果,为了克服这一缺点,磁膜探伤产品被成功研制。利用磁膜探伤可以得到磁粉的影像载体,使得待记录的裂纹显示及场强和磁场方向能够永久记录,然后就可以无须使用水下摄影即可在水下或水面上对不连续区域进行质量分析,同时还可以将磁膜扫描进计算机进行分析、保存,并可以打印输出。磁膜以双层包装形式生产,每件磁膜尺寸都是 3.15 in×3.15 in。这种尺寸的双层包装可使用标准的交流磁轭产生所需磁化强度的磁化区。每个磁膜包装袋单独编号,其内部有一个用来分隔磁粒、磁粉和液体混合液的内隔层。使用这种包装,磁膜能在仓库保存很长时间而不至于丧失效能。在每袋磁膜下附有一个可以拆下来的小袋,其中有一个三角形导线显示标,它用于记录场强和磁场的方向(图 8.5)。

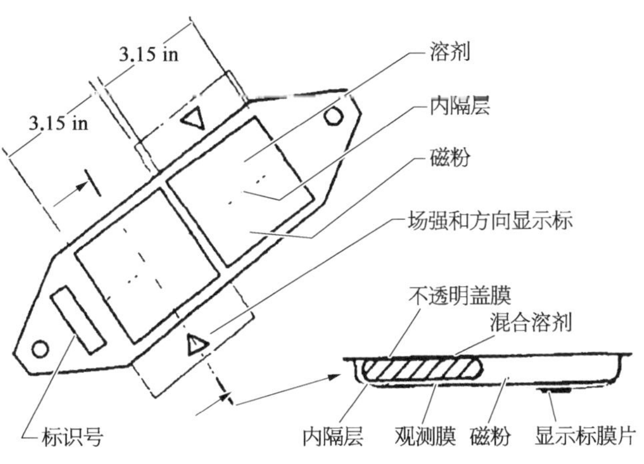

图 8.5　磁膜组成

利用磁膜探伤技术，在将磁膜放在待测区之前，挤压其中枕头状的液袋，内隔层被挤破，磁粉与溶剂混合在一起。之后，磁膜中的物质就呈黑灰色，混合及铺放过程的时间不应超过 45 s，混合物质保持水状的时间间隔大约为 100 s，然后将场强至少为 2.5 kA/m 的磁轭施加在磁膜上，再保持 100 s，当被探伤部位存在不连续时，就会产生磁漏场，如图 8.6 所示。处于不连续部分的磁膜就会产生空白区，这是由于磁粉运动的结果，如图 8.7 所示。大约 2 s 后，磁膜带呈半固结状态，5 min 后可移开磁膜，并在送到水面上进行深入分析之前用肉眼进行观测、摄像或拍照。

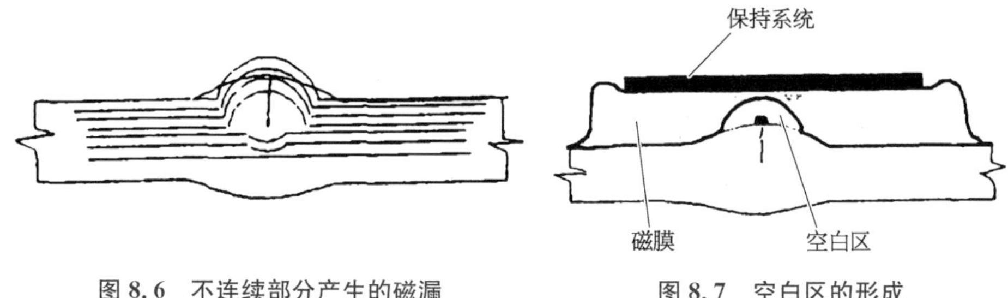

图 8.6　不连续部分产生的磁漏　　图 8.7　空白区的形成

8.3　深水作业海洋装备监控和检测技术

8.3.1　深水浮式平台监测——国内浮式平台监控和检测

国内浮式平台现场监控和检测开展了以下内容，且国家科技重大专项“十二五”支持继续开展相关研究工作。

(1) 海洋环境监控和检测。

(2) 浮式平台监控和检测。

(3) 系泊系统监控和检测。

(4) 平台气隙监控和检测。

8.3.2　深水立管/隔水管监控和检测现状

深水立管/隔水管现场监控和检测在墨西哥湾、北海、西非和巴西等海域已应用非常广泛，目前国外几乎每个深水项目都有立管监控和检测的技术要求。

国外专业公司和机构开展了大量立管监控和检测研究和应用工作，为立管运维、设计验证等方面提供了宝贵的原始数据。

我国在“十一五”期间了开发了一套适用于 1 500 m 水深的隔水管监控和检测系统。“十二五”期间将研制完成满足 3 000 m 水深要求的隔水管监控和检测系统，形成了工程化样机，并应用于“海洋石油 981”等深水钻井平台(图 8.8)。

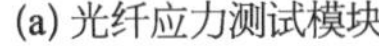

(a) 光纤应力测试模块

(b) 水下信息处理模块

(c) 流速测试模块

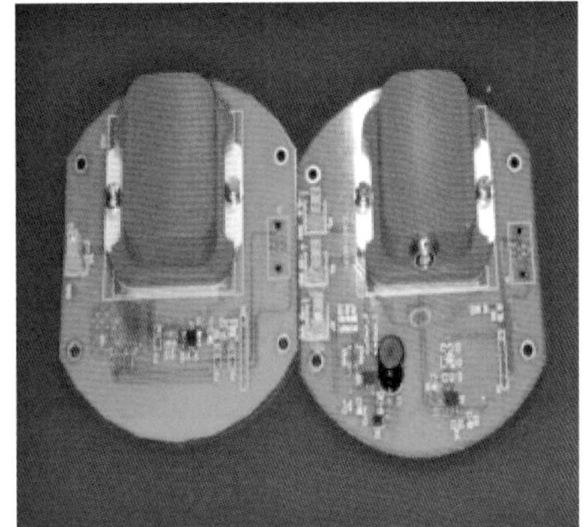

(d) VIV测试模块

图 8.8　“海洋石油 981”隔水管监控和检测系统各模块

8.3.3　流动安全监控和检测现状与智能节流控制系统

流动安全监控和检测节流控制系统可实现：

(1) 建立实验系统，获取典型立管段塞流型图。

(2) 利用管道生产数据，采用流型识别方法，实现分区节流和段塞控制。

(3) 提高油田产量，节省了柴油消耗成本，降低了安全隐患和操作风险，为智能油田流动管理打下坚实基础。

表 8.1　各研究单位研究情况

研究单位	监控系统	监测参数
ABB	SlugConTM	下海管和上岸的 PT、TT、FT 和阀后 PT
	OptimizeIT	下海管和上岸的 PT、TT、FT

（续表）

研究单位	监控系统	监测参数
BP	SCS	海底管线上各点分布压力 PT
Genesis 油气咨询公司	mode ssA20	阀前后 PT、分离器 PT、阀后密度变化
	mode ssA24	立管底部 PT、阀前后 PT、分离器 PT
Tracerco 公司	DiagnosticsTM	节流阀后射线密度计变化
SPT GROUP	OLGA Online	管道进出口的 PT、FT、TT
挪威水力石油和能源研究中心	管线压力和流量级联控制系统	管线入口压力 PT、临界压力设定值 PB-SET、流经节流阀的流量 FT
	顶部压力和流量串级控制系统	立管顶部压力 PT、临界压力设定值 PB-SET、流经节流阀的流量 FT
挪威理工大学	内外环控制	节流阀信号 z、阀后密度 HL、立管顶部压力 PT
克兰菲尔德大学	PID 控制系统	立管底部压力

8.3.4　陆地监控和检测中心

国外比较著名的海洋工程数据中心主要包括英国石油公司 BP 完整性管理团队和 BMT 公司的客户数据服务中心（CDC）。

（1）英国石油公司 BP 完整性管理团队的主要工作有数据备份存档、数据分析、系统维护、系统培训、远程支持、相关软件开发。

（2）BMT 客户数据服务中心的主要工作有浮体系统监控和检测、平台检测、浮体安全工程、设备设施建模、基于监控和检测数据评估。

8.4　各国水下监控和检测技术

为了满足当前与未来的海军作战需要，提高水下综合作战能力，尤其是水下探测、监视与侦察能力，谋求水下作战的优势，各国海军正在大力发展先进的水下监控和检测系统。

8.4.1　水下监控和检测的先进可展开系统

先进可展开系统（advanced deployable system，ADS）是一种可迅速展开的、短期使用的、大面积的水下监控系统，用来探测、定位并报告游弋在浅水近岸环境中的安静型常规潜艇和核潜艇，并具有一定的探测水雷和跟踪水面目标的能力。

ADS包括水下组件和分析处理组件。水下组件是由一次性电池供电的、大面积布放的传感器组成的水下被动监听阵;分析处理组件安装在标准化、模块化的机动车辆内,通过电缆与水下组件相连。ADS可以被迅速部署到需要进行监视的前沿区域,直接为战术部队提供威胁位置信息,并为联合部队司令官提供近实时、精确、可靠的海上图像,以保持水下空间的作战优势。ADS的工作方式具有隐蔽性,能在敌对行动开始前提供海上情况,并视情况发出预警信息。

ADS现处在工程设计研制阶段,现有的水下监视系统软件将成为ADS岸基信号处理的核心。1999年5月,美海军利用ADS原型机成功完成了一次舰队演习试验,试验中探测并跟踪了1艘安静型柴-电潜艇,并将提示信息实时传送给战术平台,初步验证了ADS原型机的能力,2004年进行项目的技术评审和作战评估。该项目强调应用现成的民用技术以提高费效比,参与研制的单位有洛克希德·马丁联合系统公司、雷声系统公司、数字系统资源有限公司和ORINCON公司。

8.4.2　布放在深海和海峡的商用现成技术固定式分布系统

商用现成技术固定式分布系统(fixed distributed system－COTS, FDS－C)是利用现成民用技术,对现有的长期被动水声监控固定式分布系统(FDS)进行改进后的系统。FDS－C布放在深海、海峡、具有战略意义的浅水濒海地区和其他咽喉要地,它能提供威胁目标的位置信息和精确的海上图像,并在冲突开始前对敌方海上活动进行指示和告警。

FDS－C和FDS一样都是由两部分组成:一部分是由可以大面积分布的水声探测器构成的海底基阵,另一部分是具有处理、显示和通信功能的岸基信息处理设备。FDS－C借助民用工业的技术成果,用商用设备替代了FDS的专用硬件,提供了费效比更好的系统,以满足舰队长期水下监视的需要。此外,该计划正在试图进行其他技术的开发,如全光纤水听器被动阵,在低费用前提下进一步增加系统的可靠性。该项目由通用动力公司、洛克希德·马丁联合系统公司和雷声系统公司共同完成。

8.4.3　新型潜艇的声呐系统——商用声学流行技术快速嵌入计划

商用声学流行技术快速嵌入(acoustic rapid COTS insertion, A－RCI)计划把美海军现有的潜艇声呐系统(如洛杉矶级攻击核潜艇上的BQQ－5型和BSY－1型、海狼级攻击核潜艇上的BSY－2型、俄亥俄级战略核潜艇上的BQQ－6型等声呐系统)换成基于民用技术的能力更强、更灵活的开放式体系结构。

该计划能够为潜艇部队提供通用的声呐系统,以几乎不影响潜艇行动的方式定期更新软硬件。A－RCI多用途处理器(MPP)能够开发和使用传统处理器根本无法进行的复杂算法,一个单独的A－RCI多用途处理器的计算能力相当于目前整个洛杉矶潜艇舰队的总计算能力。

根据A－RCI计划研制的AN/BQQ－10型高频声呐系统被用来改进潜艇水下精确测绘导航(PUMA)系统。其中,"先进处理器组02"计划对AN/BQQ－10型和AN/BQS－15EC－19型声呐系统(仅装备洛杉矶级攻击核潜艇)的处理软件进行改进,为攻击型潜艇提供测绘海底地形并记录地理特征的能力，包括探测似水雷物及显示、测绘三维海况图。这种精确测绘海底地形的能力使潜艇能够隐蔽地摸清作战空间的海底情况、安全地监视雷区并采取规避行动。数字地图经压缩后传送给海基和陆基平台进行显示。

A－RCI 计划的第二阶段（1999 年）对拖曳阵和艇壳阵的软硬件处理过程进行了重大改进，显著提高了低频探测能力；第三阶段（2001 年）通过使用线性波束发生器，提高了现用的球形阵数字多波束定向系统（DIMUS）的中频探测能力；第四阶段（2001 年）改造了安装在改进型洛杉矶级攻击核潜艇上的高频声呐。每一阶段都安装了改进后的处理系统和工作站。参与该项目的单位有洛克希德·马丁公司、数字系统资源（DSR）公司和得克萨斯大学先进研究实验室。

8.4.4 TB－29A 细线型拖曳阵系统

TB－29A 细线型拖曳阵是利用现成的民用技术，对原来的 TB－29 拖曳阵进行改进，将用于改装洛杉矶级和海狼级攻击核潜艇，并将安装到弗吉尼亚级攻击核潜艇上。TB－29A 细线型拖曳阵声呐具有与 TB－29 一样的性能，价格却仅是后者的一半。

TB－29A 细线型拖曳阵利用了遥测技术，具备比现有的 TB－23 型拖曳阵更高的性能，是 2004 年开始的“综合水下监视系统”（IUSS）项目的基础。TB－29A 细线型拖曳阵与潜艇“商用声学流行技术快速嵌入”（A－RCI）计划研制的系统一起，有望使在深海和一些浅水区域对安静型潜水平台的探测能力提高 4～5 倍。

TB－29A 细线型拖曳阵的生产商为洛克希德·马丁公司和 L3 通信公司。

8.4.5 自主式水下航行器

自主式水下航行器（autonomous underwater vehicle，AUV），又称海底无人机，可以用来进行水下测量任务，如探测和绘制水深图，定位水下沉船、石块、地质岩层，可以收集海洋石油开发项目的初步和详细数据。AUV 水下航行无须操作员干预，所以干扰噪声都很小。当一个任务完成时，AUV 将返回到一个预先设定的位置和所收集的数据可以被下载一起和船载系统所收集的数据进行处理。

AUV 可以配备多种海洋传感器或声呐系统，通常配有侧扫描声呐、电导率传感器、CTD 传感器，GPS 辅助惯性导航系统（INS）、多波束回声测深仪。详细的海底测绘可以为许多不同的商业运作提供服务。搭配的多波束回声测深仪，在靠近海底的位置测量可以采集更高分辨率的数据。相对于传统的深层海洋测量工具，AUV 已被证明以更快的速率提供更好质量的数据，从而提高了效率。

目前，欧美石油公司普遍采用 AUV 作为海图绘制任务的水文测量工具。使用 AUV 与传统的载人调查队合作，可以大大提高测量效率。AUV 遵循一个预先设定的轨道，精度高，采用最先进的勘测传感器来创建海底精确的高分辨率图像（图 8.9）。它们可以在深度达 4 500 m 不用充电的情况下测量 100 h，并可实时将测深仪和侧扫声呐压缩的数据通过一个声学链路传输到母容器中。

图 8.9　高工程级海底地图

AUV用于快速、准确地传递高分辨率的地球物理数据。测量系统配备多波束测深仪、侧扫声呐和海底探查技术及定位和通信设备。AUV高度灵活，是用于深水的理想解决方案，其具有很高的数据质量和定位精度等，可以降低工程风险和成本，使得采集效率高。

对于石油与天然气行业，AUV可以进行海底勘测以确定地质灾害是否存在影响钻井作业安全的可能，可进行工程级3D海底地图测绘，支持安全和经济地安装海底设施及油管，初步路线勘察和详细的管线走廊分析，检测深海管道损坏和管道的移动分析。

1）美国

美国海军正在通过几个采购计划部署无人水下航行器（unmanned underwater vehicle，UUV），以提高海军目前的作战能力。海军UUV计划的重点是快速研制并部署一种具有隐蔽式水雷侦察能力的UUV。长期水雷侦察系统（LMRS）在2001年晚期开始研制，它能够为雷区的秘密侦察提供强大的能力。LMRS的许多功能都经过重大的改进，如潜艇发射回收能力和超过40 h的自主运行能力。现在正在加强产前改进，以扩展其水下精确测绘、导航、合成孔径声呐及高性能再利用能源方面的能力。

多功能UUV是LMRS项目的一个分支，按计划将于2004年开始研制。该系统将在LMRS的设计基础上建造，可为情报、监视、侦察和指示告警等不同任务，提供相应的“即插即用”型电、磁和光电传感器组件，开展战术海洋学研究，执行远程反潜战跟踪和大规模破坏性武器的监控等任务。

目前几个小型UUV计划正在进行中，目的是提供濒海近岸水雷场的勘察与测绘能力。这些计划包括海军特种作战半自主水文侦察航行器（SAHRV）系统，极浅水域反水雷搜索、分类、测绘（S-C-M）系统和水雷捕获、识别、灭除UUV系统等。这些小型UUV系统主要在小艇上部署，作为隐蔽平台来增强在极浅水域的水文侦察和反水雷能力，因为大型平台在极浅水域中是不能有效工作的。现在正在检验小型UUV系统能否在海港和停泊区执行反恐和保护部队使命。

LMRS 于 1999 年 8 月完成了详细设计，2000—2001 年间进行工程设计研制。SAHRV 计划也已完成了作战评估，已交付海军特种作战部队使用。

S-C-MUUV 系统将于 2005 年具备初始作战能力。长期水雷侦察系统由波音公司研制，海军特种作战半自主水文侦察航行器由伍兹霍尔海洋研究所研制。

美海军水下探测系统不断完善，据美国海军技术 2015 年 8 月 19 日报道，移动操纵系统提供商 RE2 公司近日获得美国海军研究局的合同，为爆炸物军械处理（EOD）应用程序（DMEA）开发水下灵敏操纵系统，该系统具有远程、有效地解决水上临时爆炸装置（WIEDs）的能力。当 WIEDs 置于桥墩之类的拥挤区域时很难处理和拆除，会对舰船、桥梁、港口造成巨大的威胁。然而，RE2 公司表示，他们将双臂灵巧操纵技术整合在无人潜航器（UUV）上，能够在狭窄的空间内完成 EOD 任务。

2）德国与加拿大

无人水下航行器的应用自诞生以来就主要服务于民用和军用两个方面，其中海洋资源的研究和开发、海洋环境监控和检测、海洋资源勘察、海洋科学研究等属于传统民用领域，目前结合移动互联网的发展又有了很多新的形态。

图 8.10 是德国弗劳恩霍夫制造技术和应用材料研究院开发的带有应变仪的、具有触觉系统的水下无人机。它具有触觉感知能力的应变仪实际上是一种打印条码，仅有几十微米宽，是人体头发直径的一半，因此这种应变仪可以彼此近距离排列，水下无人机能够精确地感知到障碍物的状况。

图 8.11 是加拿大科学家开发的使用脚蹼游动的水下无人机，这款机器人名为“AQUA”。它小巧灵活，使用脚蹼而非推进器游动，可用于从沉船地和暗礁处搜集准确数据。

图 8.10　水下无人机

图 8.11　使用脚蹼游动的水下无人机(AQUA)

3）中国

中国在水下机器人研究方面起步虽晚，但通过不懈努力取得了巨大的技术成果。2014 年，我国自主研制的 6 000 m AUV“潜龙一号”在东北太平洋多金属结核合同区成功下潜作业、“蛟龙号”下水、“北极 ARV”助力科考，都彰显了我国在水下机器人领域的研发决心和科研技术成果。

但是我国水下机器人的研发技术水平与欧美等国还存在一定差距，致使国产水下机器人的实际应用受到限制。未来我国一旦在探测技术、工艺水平、综合显控、综合导航技术方面有所突破，将极大拓展我国水下机器人应用新领域。

如今，国内能够研发制造小型 ROV 的单位很多，如中船重工第 702 研究所、中国科学院沈阳自动化研究所、上海交通大学海洋水下工程科学研究院、哈尔滨工程大学、华中科技大学等，但基本各自为政，自成体系，单件研制，未形成商品系列。根据未来 10 年我国海洋油气、矿藏资源开发、海上救助打捞等作业对 ROV 的需求十分迫切，需要应用的领域包括：深水码头、水电站大坝的水下作业，作业水深可达水下 300 m；满足海洋油气资源开发的水下作业和救助打捞、观察、搜寻的 ROV 作业水深可达 2 000 m；要满足大洋矿藏资源开发，作业水深则需达到 6 000～7 000 m。

未来 10 年将是中国水下机器人发展的关键期。与水下机器人最相关的三个行业是海洋油气业、海洋渔业和海洋矿业，三个行业的 GDP 总值及占比连年增长。我国水下机器人一旦打开新应用领域则市场空间巨大。

8.5　水下蛙人检测技术

蛙人是指接受过特别训练、能够浮潜或水肺潜水，并且具有水下作业和战斗能力的潜水员，分布于水下旅游、生产、救援、治安和特种作战等广泛领域。

应用蛙人进行海洋装备水下部分的检测可以大大提高检测的准确度和精确度，并可对检测结果给出明确的描述和判断。在应用蛙人技术进行水下检测时，涉及以下几方面的内容。

8.5.1　蛙人水下信息系统

水下环境与水上环境有着很大区别：能见度低，目视距离只有几米；方向感差；通信困难；等等。当蛙人需要长时间、大范围水下作业时，会面临以下困境：如果无法搜索或准确到达预定目标，容易在水下失去方向；如果蛙人作战小队无法相互定位，则易于失散，无法指挥与协调作战，或者完成任务后不能准确返回水下母舰。这些困境不仅降低蛙人水下作业和作战效率，还会对蛙人造成巨大的心理压力。因此，为保障蛙人生命安全、提高作业任务成功率和效率，亟须开发蛙人水下信息系统。

蛙人水下信息系统主要用于蛙人持续潜水作业或作战过程中的通信、引导、定位、导航和水下探测等信息保障。系统主要包括蛙人水声通信设备、水声引导定位设备、水下导航设备和水声探测设备等。

1）蛙人水下通信设备

蛙人水声通信设备用于潜水员与岸上指挥员之间的通信。传声器将指挥员的声音信号转换成电信号，电信号通过主机处理器转换为超声波信号发送到水里。超声波信号处理器接收到信号后，将其转换为电信号，电信号再通过面罩转换为声音信号传输给潜水员。水声无线通信是蛙人水下通信的主要发展趋势。相比有线通信，水声通信距离远，可以达到 10 km，通信设备不影响蛙人水下作业，特别适合水下作战蛙人使用。

目前，蛙人水声通信设备主要采用单边带模拟语音通信技术。国外产品主要以 OTS 公司为代表，其通信距离为 1 000～6 000 m。如图 8.12 所示，OTS 公司的 70 W 水下通信电台 Magnacom SW－1000－SC2－CH 具有 A（28.500 kHz，下边带 LSB）、B（32.768 kHz，上边带 USB）两个信道，信道 A 平静海面通信距离达到 6 000 m，6 级海况下为 1 000 m。信道 B 平静海面通信距离达到 1 000 m，6 级海况下为 100 m。其民用版的 10 W 水下通信电台 Aquacom SSB－1001B 8－CH 支持 1～8 个通信信道，通信距离为 200～3 000 m。

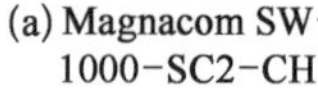

(a) Magnacom SW-1000-SC2-CH

(b) Aquacom SSB-1001B 8-CH

图 8.12 OTS 水下通信电台

国内自主研发的产品主要有面罩一体式、分体式和基站式通信机，与国外相比，在通信距离、信道数、质量、语音清晰度方面还有一定的差距。

2）蛙人水下引导定位设备

蛙人水下引导定位设备是一种蛙人水下定位装置，一般有信标和信标定位装置组成。蛙人通过佩戴信标可以向信标定位端实时通报自身位置信息，有助于实时掌控蛙人水下活动动态，也可以用于水下设施和目标的位置导引；蛙人也可以通过佩戴信标定位装置，定位佩戴信标的队友，到达信标所在目标或地点，起到蛙人水下引导作用。信标一般周期性地发射定位信号，用于信标定位装置根据信号到达时间和方向进行定位。目前，信标主要采用 CW 脉冲信号，接收装置采用三元短基阵方式进行定向。为了提高信号定向精度，目前正在研究采用线性调频信号和脉冲编码信号进行精确定位。

目前，国内研究蛙人水下引导定位设备由定位声标器和定位腕表组成，如图 8.13 所示。定位声标器可以发送多个信道的引导信号，支持多人小队水下同时引导定位；定位腕表可识别各引导信号，根据接收到的信息来判断定位声标器的所在方位。一般蛙人小队内部定位距离可达 1 000 m 以上，对基地的定位距离最大可达 10 000 m 以上。

(a) 定位声标器

(b) 定位腕表

图 8.13 国内水下引导定位设备

3）蛙人水下导航设备

水下导航设备是一种蛙人水下定位和运动轨迹跟踪导航的装置，主要可分为潜水指北针、电磁罗盘导航仪、水声多普勒导航仪和 GPS 导航仪。其中，潜水指北针是一种较为简单、可靠的导航设备，目前蛙人普遍装备，能够为蛙人指示水下方向信息，需要蛙人自己根据经验和其他信息进行水下运动方向和位置判断。电磁罗盘导航仪是在电磁罗盘进行水下方向判断基础上进行水下运动轨迹跟踪和导航的设备，不但能给出地理方向，还能通过跟踪蛙人运动轨迹给出导航信息。水声多普勒导航仪是基于相对运动产生的水声多普勒原理进行水下导航的设备，通过测量水声回波信号的多普勒频偏得到相对海底或平稳流层的瞬时速度，辅以航向、摇摆、俯仰信息经过时间累积得到蛙人的运动轨迹，在已知起始点和目标点位置的情况下，得到蛙人当前相对目标点的距离和方位，从而引导蛙人在能见度很低的水下到达指定目标点，能跟踪蛙人运动速度和轨迹，给出水下导航信息。GPS 导航仪主要由水面 GPS 接收天线和水下导航信息显示器构成，根据 GPS 对蛙人进行精确定位和导航。以上导航技术中，潜水指北针简单可靠，但仅能提供水下方向，不能提供水下导航信息；磁罗盘导航仪可以提供导航信息，但会产生误差累计，长时间和远距离潜航时会造成较大偏差；水声多普勒导航仪导航手段较多，能提供蛙人多种运动状态，但也存在导航误差累计的问题；GPS 导航仪精度高，但需要水面接收天线，应用受到限制。

综上所述，未来水下导航仪的发展趋势是通过综合利用以上导航手段，将地磁导航、水声多普勒导航结合，借助 GPS 修正，提高水下的导航精度、可靠性和实用性。目前，水下综合导航仪具有代表性的有 Sharkmarine 公司生产的一款水下潜水员导航器（Diver Navigator），该设备集水下导航和水下声呐成像于一体，可在不同水体浑浊度下快速完成目标物体定位、导航和水下环境感知，如图 8.14 所示。

图 8.14　潜水员导航器

图 8.15　水下导航仪

图 8.15 为某单位研制的电磁和水声多普勒联合导航仪。

4）蛙人水下探测设备

水下探测设备主要用于蛙人感知水下环境信息，主要是对水下作业和作战目标进行探测，常用的有水下强光灯和手持式声呐。其中，水下强光灯主要用于水下一般作业，灯光作用距离一般为 5～10 m，蛙人探测声呐可分为定向回波测距声呐和超声成像声呐，探测距离一般在 50～200 m。超声探测声呐作用距离远，特别适合水下大范围搜索和作战，其中超声成像声呐技术不断发展，最新的多波束成像声呐探测精度高，具有 256 个以上的波束，角度分辨率在 0.18°以上。目前，在蛙人手持声呐领域技术和产品最为先进的是 BlueView 公司，其产品覆盖 450 kHz、900 kHz、1 350 kHz、2 250 kHz 频段，探测成像距离为 5～175 m，主要用于蛙人水下探测，二维/三维成像、UUV 等水下导航、避碰等，是各国蛙人水下探测的主要装备。BlueView 多波束声呐技术指标见表 8.2。国内的相关产品主要有手持式回报测距仪，手持成像声呐尚在研制中。

蛙人水下信息系统主要由以上设备构成，但不仅仅只是设备的统称或堆积，而是一种功能联合，设备模块化集成的有机系统。基于减少蛙人佩戴设备数量和质量，考虑可以将水声信息设备进行系统集成，研制通用的蛙人水下信息处理器，通过配备不同的终端按需完成各种信息保障任务，甚至可以集成蛙人生命保障、作业工具盒、作战武器等终端信息处理器。

表 8.2 BlueView 多波束声呐技术指标

物理量		P 系列		P 系列深水型		多频型
		P450 - 45 P450 - 90 P450 - 130	P900 - 45 P900 - 90 P900 - 130	P450 - 90 - D P450 - 130 - D	P900 - 90 - D P900 - 130 - D	P900 - 2250 - 45
声呐参数	工作频率/kHz	450	900	450	900	900，2 250
	带宽	最大到 12 Hz	最大到 15 Hz	最大到 12 Hz	最大到 15 Hz	最大到 15 Hz
	开角/(°)	45、90、130	45、90、130	90、130	90、130	45
	最大距离/m	250	100	250	100	60/8
	工作距离/m	4～175	2～60	4～175	2～60	2～30/0.5～5.0
	波束宽度	1°×20°	1°×20°	1°×20°	1°×20°	1°×20°
	波数	256、512、768	256、512、768	512、768	512、768	256
	波束分辨率/(°)	0.18	0.18	0.18	0.18	0.18
	距离分辨率/in	2.0	1.0	2.0	1.0	1.0 & 0.4
接口参数	电压/V_{DC}	12～48	12～48	12～48	12～48	12～48
	功率/W	20.0/24.0 (max)	13.0/17.0 (max)	17.0/23.0 (max)	17.0/23.0 (max)	15.5/18.0 (max)
物理参数	空气中质量/lbs (1 lbs=0.45 kg)	5.7(45°) 12.6(90°、130°)	5.3(45°) 5.7(90°、130°)	16.7	9.6	6.0
	水中质量/lbs	1.4(45°) 4.9(90°、130°)	1.3(45°) 1.4(90°、130°)	7.9	4.4	1.5
	工作深度/m	1 000	1 000	3 000	3 000	300
	体积/(in×in)	9.6×6.9(45°) 14.7×8.0 (90°、130°)	11.3×5.0	15.8×8.0	12.4×5.0	8.3×5.0

8.5.2　蛙人水下载运器

蛙人运载装备具有隐蔽性好、机动性强、经济性佳、尺度小、重量轻等特点，是蛙人完成水下检测、近海及港口侦察、清障等工作的有力保障。蛙人运载装备体系主要由小型蛙人推进装置(diver propulsion vehicle，DPV)、湿式蛙人输送艇(Swimmer/SEALs delivery vehicle，SDV)、干甲板掩蔽舱(dry deck shelter，DDS)和大型干式蛙人运载器(ASDS)组成。

8.5.2.1　小型蛙人推进装置

DPV 作为辅助蛙人潜行的小型推进装置，DPV 在多个国家都有应用，其发展主要集中在美国和俄罗斯这两个国家，尤其以美国研制 DPV 装备的公司居多。各公司都推出了多种型号和功能的 DPV 产品。这些产品的商业化特点显著，不仅适用于海军特种部队，而且在潜水娱乐、水下摄影等方面也应用广泛。下面介绍几种典型 DPV 装备的性能参数及应用特点。

1) Farallon MK 系列

美国 Farallon 公司是美海军用潜水装备的 DPV 指定生产厂家之一，已有 40 余年的 DPV 设计和生产经验，称得上 DPV 市场的领军者。该公司的 MK 系列是目前市面上技术最先进和商业化的 DPV，采用 6061 - T6 铝材料使重量足够轻，专门设计的电路板能够提供无级变速功能。军用的电路板还配有备板并且放置在独立的单元里，即使密封出现问题也能保证独立单元正常运作。目前 MK 系列共有 3 个型号的 DPV 产品，其主要性能参数见表 8.3。

表 8.3　Farallon MK 系列 DPV 性能参数

型　号	长度/m	质量(含电池)/kg	最大航速/kn	航程/km	下潜深度/m	主体材料
MK - 2	1.57	28	2		40	铝
MK - 7	1.07	39	2.4	3.6	40	铝
MK - 8	1.57	57	2.8	5	40	铝

2) Tekna DV 系列/Oceanic Mako

美国 Tekna 公司也是美海军用潜水装备的 DPV 指定生产厂家，旗下的 DV 系列 DPV 自 20 世纪 80 年代开始就进入市场，目前该公司已经被美国 Oceanic 公司收购。DV - 3X DPV 虽然不再生产，但仍然被美海军授权继续使用。现代一些新型 DPV 的尾端和运转部件就是在 DV - 3 DPV 的基础上改进的，如 Gavin 和 Silent - Sub。Oceanic 公司新推出的 Mako DPV 也是参照 DV - 100 DPV 设计的。

Mako DPV 是美国 Oceanic 公司生产的小型蛙人推进装置，质量为 24.5 kg、最大航速为 2.3 kn、航程为 4.8 km、续航时间可达 2 h、最大下潜深度 55 m。其特点是采用变螺矩推进器，可以方便地调速。

3）STIDD DPD

美国STIDD公司专为军方生产蛙人推进装置及多任务战斗艇，现也已加入海军潜水装备授权厂家中。DPD(diver propulsion device)是目前世界上应用最广泛的军用水下机动平台，性能可靠且快速、耐用，数百支海军部队都配备有该装置。与之前任一型号的DPV相比，该装置的有效载荷更大、速度更快、航程更远。

4）Submerge Scooters

美国Submerge公司自2000年至今共发布了6种型号的DPV产品，平均每3年就有新产品上市。公司起步时采用Tekna/Oceanic公司的有刷电机及推进罩技术，现在已成为研制单手柄/后拖缆型（目前工业标准）DPV的先锋。性能较好的N-19 DPV，它的发动机舱、蓄电池组均时刻处于防水保护状态，整体采用防腐蚀保护，装有机械式可变螺距螺旋桨，可进行无级调速，省去了复杂的电子控速元件。后拖缆的设计最大限度降低了螺旋桨受缠绕的风险，同时保证潜水员与DPV紧紧相连，能空出手来进行其他作业。最新的MAGNUS 950 DPV则采用无刷直流电机，能实现3档电子变速。Submerge公司各型号DPV的主要性能参数列于表8.4。

表8.4 Submerge Scooters各型号DP性能参数

型　号	UV-18	UV-26	UV-N-37	N-19	MAGNUS950
电池	铅酸	铅酸	镍氢	镍氢	锂离子聚合物
电池容量/(W/h)	350	550	900	450	950
最大航速/kn	1.9	1.9	2	2	2.5
质量/kg	32	42	36	22	24
续航时间/h	0.75～1.5	1.5～3	2～3	1～2	1～4
航程/km(2 kn航速)	2.4	4.8	6.4	3.2	6.4
航程/km(1.5 kn航速)	4	8	9.6	4.8	12.9
长度/m	0.7	0.9	0.76	0.75	0.8
半径/m	0.27	0.27	0.27	0.22	0.22
测试深度/m	123	123	123	152	—

5）Russia Protei-5

Protei-5是俄罗斯突击队蛙人常用的小型单人DPV，搭载于潜艇外部，长1.75 m、宽0.66 m、高0.69 m，外壳材料为钛合金，由6块无缝铅酸电池提供电力，其特点为高航速、远航程、易操纵，但没有调速功能。俄罗斯的DPV以军用为主，设计上注重实战性能，蛙人操纵时较为舒适省力，能充分发挥蛙人的战斗力。

表8.5列出了其他公司的主要DPV产品型号和性能参数。

8.5.2.2　湿式蛙人输送艇

在浅水区作战时，大多数潜艇不希望到达太浅的水域，否则其隐蔽性得不到保证，而小型单人DPV又无法胜任多人编队的作战需求，因此就有必要使用一种蛙人输送艇(SDV)来完成近水面的作战任务。

表 8.5　其他公司主要 DPV 产品型号和性能参数

DPV	Toapedo 2000	Toapedo 2500	Toapedo 3000	AV2 Evolution & Saddle	Sierra Standard	Fluy Sierra 1150	Cuda 650	Fluy Cuda 1150
厂家	Toapedo			Apollo Sports	Dive Xras			
主体构造	ABS 塑料			ABS 塑料	—	—	—	—
长度/m	0.79	0.79	0.84	0.72	—	—	—	—
宽度/m	0.3	0.3	0.3	0.34	—	—	—	—
高度/m	0.25	0.25	0.25	0.34	—	—	—	—
总质量/kg	20	21	23	21～22	17	17	24	19
浮力/N	−6.86	−8.82	−10.78	1.96～6.86	0			
测试深度/m	52			70	180			
发动机/kg	8.6			—	16	16	32	35
排挡	1			无级变速	5	5		
航速/kn	—			2.3	1.8	1.8	2.6	2.7
电池	铅酸			铅酸/镍氢	镍氢	锂离子	镍氢	锂离子
续航时间/h	1.3	0.9	0.75	2	0.6	2.4	0.5	1
航程/km				7.2	2.3	8.0	2.7	5.1
充电时间/h	3～4			6～8	4	10	6	12

1) Mk VIIIMod1 SDV

美国海军拥有 10 艘 Mk VIIIMod1 SDV，英国皇家海军艇队在 1999 年收到 3 艘这种型号的艇。在这两个国家中，该艇都取代了老化了的 MK Mod0 型 SDV。新型 SDV 的全长 6.7 m，艇身均匀，航程 67 km(9 kn 航速下)是老款 SDV 的两倍。这些全电气化的 Mod1 型艇在其水下的舱室内可装载 6 名全副装备的蛙人、2 名驾驶员和 4 名乘员，乘员舱室完全浸没在水中。

该艇由可充电银锌电池驱动螺旋桨推进器提供推力。浮力和纵倾控制由压载和纵倾系统完成；水平面和垂直面的操纵由手动操纵杆对方向舵、垂直舵和艏部水平舵进行控制。计算机化的多普勒导航声呐能显示航速、航程、航向、航行高度等。仪器装置和其他电子元件都罩在干的水密罐里。这种模块结构使拆装检修很容易进行。

2) CE2F/X100 - T SDV

意大利水下战车(Chariots)系列自 20 世纪 90 年代以来已有多个型号问世，其中 CE2F/X100 - T SDV 是现役性能较好的艇型，全长 7 m、直径 0.8 m、全高 1.5 m、排水量 2.1 t、作业深度约 30 m、最大深度可达 100 m。

这种 SDV 的最大潜航速度为 5 kn，巡航速度为 4 kn，续航距离约为 50 n mile，可载 2 名蛙人，其中 1 名负责驾驶，另一名负责操作武器系统，武器挂载于艇底。CE2F/X100 - T 可由潜艇携行，也可通过伪装渔船携带或直接由直升机投放，采用卫星定位系统进行导航，准确前往目标。

该 SDV 最近的升级艇安装一个全集成的控制模块，集成了 GPS、多盘面数字罗盘、自动驾驶系统，并且装有能够携带 5 枚微型鱼雷的发射器。

3）DCE AB SEAL SDV

瑞典 DCE AB 公司设计的 SEAL SDV 是为特种部队运送队员及装备的水面/水下运载器。作为水下运载器时完全浸没在水中，由电子推进器提供推力。其主要参数：主尺度为 10.45 m×2.7 m×2.65 m，质量为 3 800 kg，柴油机功率为 260 kW，可乘 2 名驾驶员和 6 名蛙人，有效载荷为 11.8 kN，最大下潜深度为 50 m，水面最大航速为 30 kn，续航力最大为 225 n mile，水下最大航速为 4 kn，续航力最大为 10 n mile。

4）Emirates Marine Technologies SDV

阿联酋海洋科技公司生产的 SDV 主体为圆柱形，材料为玻璃纤维和碳纤维；主体下方两侧各有一个外部电池舱，使用镍镉电池，可循环充电 2 000 次；配备有舱内计算机、声呐、回声测深仪、GPS、自动驾驶仪、高级电子助航设备、操纵杆、惯导系统、录像机及多普勒速度计等。该装备的主要特点为自治性高、导航能力强、负载能力大。其主要参数：主体长为 9.3 m、直径为 1.15 m、质量为 3 600 kg、发动机功率为 8 kW、最大航速为 6 kn、航程为 50 n mile、乘员为 2 名、有效载荷为 4.4 kN。

5）Gabler SDV

德国 Gabler 公司研制出一款可搭载于潜艇的 SDV。该 SDV 是根据海军特种部队的作战需求设计的，形似鱼雷。总体布置为一个防护外壳罩，其长度可伸缩并带有折叠式的侧板，用于将蛙人与水流和外界环境隔离开。该艇可容纳 2 名蛙人及其装备，蛙人在艇内的舒适性得以保障，体力消耗较小。特有的全无磁蛙人支持系统使其满足在淡水或海水中运作的要求。一旦 SDV 从鱼雷管中发射出去，它便能方便地转换为运转模式。

Gabler SDV 的主要特征为：操作简易；防水；坚固的可伸缩铝框架和复合材料夹层结构，使壳体稳定坚固；消磁设计及建造；可将两个相同的 SDV 连在一起，以提高战斗力。

还有几个国家也拥有自己的湿式蛙人输送艇，如德国 Orca SDV、伊朗 A1 Sabehar 小艇、克罗地亚 R-1 和 R-2 Mala SDV 等，研制时间较早，与目前较先进的 SDV 在技术上还有一定的差别，不再一一列举。

8.5.2.3 干甲板掩蔽舱

任何一艘美国潜艇都能够运载蛙人队员。有几艘海军潜艇是经过专门修造来载蛙人的，安装在潜艇上的装备能够更有效地遮蔽并输送 SDV 及蛙人突击队。其中一种装备叫做干甲板掩蔽舱（DDS），能够在 12 h 左右完成安装，也可以空运，增加了特种作战的灵活性。

DDS 总长 11.4 m、宽 2.7 m、排水量 30 t，由三个部分（材料为 HY-80 钢）相互连接组成，外面有一个玻璃纤维整流罩，每个部分各自能承受至少 39 m 水深的压力。最重要的部分是前面的球体，用来治疗受伤潜水员的超气压处理室；中间部分，或者称“转换舱”，操作人员可从这里进出潜艇或进出其他舱室；第三部分是储藏室，由一个圆柱体和半椭球体尾端组成，能够覆蔽 SDV 或不超过 20 名特种部队蛙人。在 DDS 的鳍板后方呈大的管状结构，在尾端打开时，它靠铰链与周围物体相连。

潜艇安装有特殊的配件，通过修改空气系统及其附属系统将干甲板掩蔽舱装置在指挥台后方。当潜艇在水下时，这些修改使得蛙人在潜艇与干甲板掩蔽舱之间的自由进出成为可能，蛙人可由防水的连接通道进入 SDV，然后与 SDV 和/或充气橡胶艇一同离开干甲板掩蔽舱，去执行相应的任务。

8.5.2.4　大型干式蛙人运载器

与湿式蛙人输送艇相比，干式蛙人运载器具有干式航渡、湿式出舱的特点，保证了蛙人在航行过程中的舒适性和体能消耗的减少，更符合作战需求。总体来说，干式蛙人运载器可看作微型潜艇。蛙人进出舱技术一直是设计中的难点，既要保证隐蔽性，又要兼顾运载器的姿态控制。干式蛙人运载器的尺度一般是湿式的两倍之多，因此干式蛙人运载器的成本要远高于湿式蛙人输送艇。

1）美国高级海豹输送系统

干式蛙人运载器的概念最早由美国海军提出，是为了降低海军特战部队从潜艇运送到海岸时的风险。高级海豹输送系统（advanced seal delivery system, ASDS）是一种能够输送特战部队进行秘密任务的远程潜水艇，干式的设计为海豹队员提供了舒适的环境，有利于保存体力、增强战斗效能。ASDS 可以通过 C－5 或 C－17 航空运载器空运或搭载于潜艇平台上运输。

ASDS 的主要性能特征如下：

(1) 主尺度：20 m×2 m×2.5 m。

(2) 质量：55 t。

(3) 航程：125 n miles 以上。

(4) 航速：8 kn 以上。

(5) 推进装置：50 kW 电动机（银锌电池）。

(6) 操作人员：一名驾驶员和一名导航员。

(7) 桅杆：2 根（左舷：潜望镜；右舷：通信＋GPS）。

(8) 声呐：前视声呐，用于探测障碍。

(9) 侧视声呐：用于岩体/海底绘图、水雷探测。

(10) 乘员：最多可搭载 16 名海豹队员，取决于装备负载。

ASDS 配有一名驾驶员和一名导航员，负责与搭载的特种部队协调作战任务计划。驾驶员的任务是操控潜水器、负责调节压载和纵倾、安全驾驶。导航员须要负责生命支持系统、进出舱系统、传感器系统和通信系统。在常规作战中两人有一定的分工，但训练时两人会交叉担任不同的职务，以便遇到紧急情况时灵活应对。

ASDS 尾部包含一个超气压处理室用来治疗受伤人员，中部有一个干式舱能够携带多达 16 名海豹队员，另有一个封闭舱允许海豹队员快速进出舱。其推力由功率为 42 kW 的电动机驱动一个遮蔽的艉部螺旋桨来提供，另有两个艏部推进器和两个艉部推进器来保证良好的操纵性。其主要特点为噪声低、具有陆海空机动性及通过主攻击潜艇进行输送和渗透的隐蔽性。先进的声呐系统和独有的光电系统使海豹队员能完成更高层次的水下形势分析，并允许他们在登陆前对海岸进行监视。

2）瑞典 Sea Dagger ASDV

Sea Dagger 是由瑞典 Kockums 公司（现在属于德国 HDW 公司）研制的装备于特种部队的微型、隐蔽、模块化的水下运载器系列，其共有四个不同功能的模块，各模块都是由三部分组成：艏部、艉部和中体，各模块的区别在于中体。

其中的一个模块为自治式蛙人输送艇（autonomous swimmer delivery vehicle, ASDV）。ASDV 能够搭载、输送、回收作战蛙人，最多可搭载 6 名蛙人，有一个封闭舱室允许 4 人同时进出。该输送艇装备有一套导航设备，包含计算机、陀螺罗盘、速度计、深度计、回声探测器、GPS、导航雷达和光导发光柱；一套通信设备，包括甚低频和低频天线系统、高频和甚高频天线、外部和内部通信、水下电话系统和蛙人通信系统；还配有被动式声呐、侦听声呐和避碰声呐。输送艇外没有搭载武器。

3）意大利微型突击潜艇 MG120/ER

MG120/ER 潜艇是意大利 COSMOS 公司最新推出的用于特种作战的微型潜艇。艇长为 27.5 m、直径为 2.3 m、排水量为 120 t、作战深度可达 150 m、潜航航速为 10 kn 左右。该艇配备了简易的 AIP 系统（不依赖空气的动力系统），可持续潜航 33 h，携带的燃料与补给可提供连续 20 天作业；潜艇有 6 名艇员，另外可搭载 8 名特种部队蛙人队员。

上节提到的 CE2F/X100T SDV 即可由该 MG120/ER 潜艇携带。由于潜艇内部空间有限，设计者在艇外两侧各预留一个长槽，必要时可在此处加挂 2 枚 533 mm 鱼雷或 2 艘 CE2F/X100T SDV，也可以选挂 12 枚水雷或 8 套蛙人队员的潜水套件。MG120/ER 潜艇适合在浅水或狭窄水道中作战，它的噪声很不易被敌方探测到，适宜向敌后渗透。接近目标后，放出 CE2F/X100T SDV 进行登陆，或者施放沉底水雷并在敌军反应之前迅速撤回。COSMOS 公司还为 MG120/ER 潜艇设计了全世界最小的电子战设备，六角形天线兼顾 360°范围，可侦测敌方雷达波，发出早期警报。

8.6 水下监控与检测技术最新进展

8.6.1 水下 IMR 机器人概念

Eelume 意味着海底机器人能力的飞跃。它是一种模块化、灵活的机器人（图 8.16），能够像蛇一样移动或被常规推进器推动。Eelume 设计用于驻留在海底，以便对人类难以维护的海底设备进行快速响应的检查、维护和修理。

1）Eelume 诞生背景

随着科技的不断进步，人类对于能源的需求不断增长，传统的石油和天然气开采也面临

图 8.16　Eelume 水下机器人

越来越大的压力。因此,带动的石油和天然气行业对用于海底安装检测、维护和修理(inspection, maintenance and repair, IMR)的新型创新解决方案的需求也日益增长。

石油和天然气生产的海底装置数量正在增加

现有的海底基础设施正在老化

更复杂的结构部署在海底

该行业对检查和维护提出了严格的要求

信息检索和预防性维护可以减少昂贵的维修费用

图 8.17　新型水下机器人产生背景

目前,海底石油和天然气工业中的 IMR 操作使用从大型水面船舶部署的 ROV 进行。这些业务的主要成本来自水面船舶,水面船舶的租用费用非常高。石油和天然气运营商每年都会遇到与租用水面船舶相关的大量费用,以便为现有的海底设施上提供持续的 IMR 能力。为了降低 IMR 成本,石油和天然气公司因此非常需要减少水面船舶的使用(图 8.17)。

海底常驻是减少对基于水面船舶的 ROV 作业需求的关键,从而降低目前的 IMR 成本。常驻 IMR 解决方案可以永久安装在海底设施上,并根据需求定期进行 IMR。

除了作为海底驻地之外,Eelume 的铰接式结构允许潜水器结合几种更传统的海底潜水器的功能,从而涵盖了广泛的操作场景。

2) Eelume 潜水器的概念

Eelume 的名字来源于鳗鱼,在挪威特隆赫姆 NTNU 和 SINTEF 在蛇机器人研究领域进行了 10 多年的研究。这个概念涉及一种新型的柔性海底潜水器,它包括一系列接头、推进器模块和各种有效载荷模块。该产品的独特之处在于其改变形状的能力。形状改变能力允许潜水器本身充当机器人手臂。它具有灵活性和超级冗余性,以前在石油和天然气业务的商业检查和干预潜水器中没有。

与现有的 ROV 相比,灵活的主体和狭窄的横截面拥有显著的优势,包括在现有 ROV 太大而无法进入的海底安装的受限位置中执行 IMR 的能力。在检查和干预任务期间,潜水器可以通过沿柔性体安装的管道侧向和垂直推进器悬停。

潜水器的狭长机身还允许像巡航 AUV 那样长途运输(假定潜水器是无绳的且由电池供电)。因此,该产品结合了现有 ROV 的 IMR 能力和现有 AUV 的巡航和勘测能力,潜水器的灵活性及其覆盖大范围运营场景的能力使其成为海底常驻 IMR 解决方案的理想选择。

3）Eelume 潜水器原型

第一批 Eelume 原型如图 8.18 所示，并于 2016 年开发并展示，展示的目的是验证并演示潜水器在实际海上环境中的基本功能。

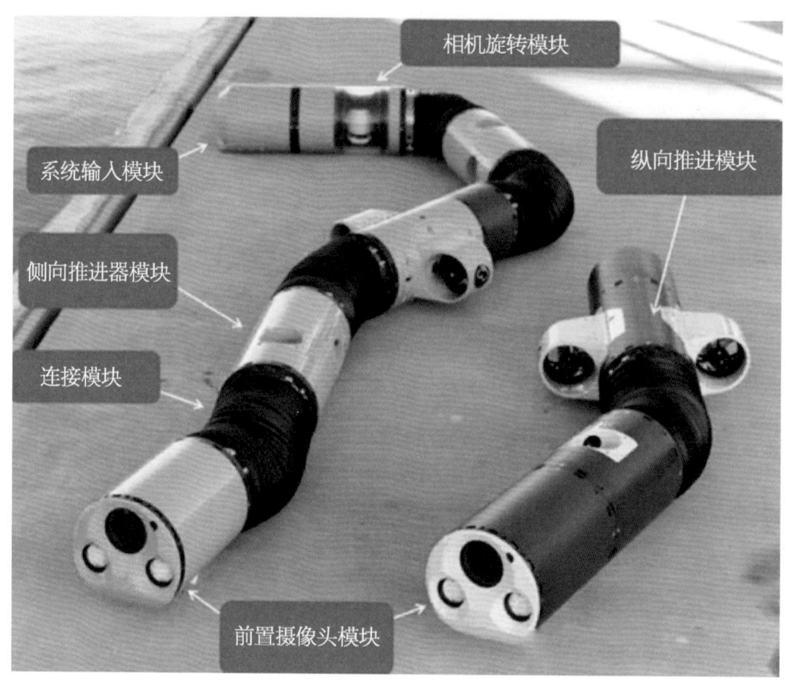

图 8.18　原型模块中两种不同的潜水器配置

该原型的深度等级为 150 m，其主要功能是向运营商提供实况高清视频。潜水器通过系绳连接从顶部操作站供电，该系绳还包含一条通信光纤。

设计者通过模块化概念来提高潜水器的灵活性，并根据不同的操作要求简化潜水器的配置，共开发了 6 种类型的模块，具有相同的机械和电气接口，使模块可以互换。图 8.19 展示了 6 种类型的模块，以及通过这些模块的两种不同组合实现的两种不同的潜水器。

在 2016 年，挪威对原型进行了深入的测试，其中包括多次深度达 150 m 的海上试验，测试取得成功，并验证了潜水器所需的主要功能和基本设计概念。2016 年 11 月在 Trondheim 以外的船上进行了潜水器测试。视觉深度传感器安装在相机视图中，用来观测潜水器是否下潜到目的地（图 8.20）。在 Trondheim LBO 干船坞进行测试期间，潜水器在水下结构之间移动（图 8.21）。潜水器使用 U 形工作模式检查水下结构，尾部的旋转摄像头为头部的移动提供视野（图 8.22）。

图 8.23 右上角的图像显示前置摄像头模块的视图，进入和检查这种狭窄结构的能力要求潜水器具有非常窄的横截面，这个画面因此说明了潜水器的独特能力。

连接模块（joint module）

- 使车身能够改变形状。该模块具有2个自由度（偏航和俯仰），可以绕每个关节轴弯曲±90°。该接头由充油波纹管覆盖，这是一种新颖且坚固的设计理念，非常适合在大海深处进行关节运动。

侧向推进器模块（lateral thruster module）

- 使潜水器能够产生相对于车身横向的推力。

纵向推进器模块（longitudinal thruster module）

- 使潜水器能够在相对于车身的纵向（前/后）方向上产生推力。

前置摄像头模块（front camera module）

- 包含向前指向的高清摄像头和LED灯。

系绳输入模块（tether entry module）

- 包含外部系绳（电源+通信）和车内电子设备之间的接口。

相机旋转模块（camera swivel module）

- 包含安装在定制电动旋转单元上的侧视高清摄像机。旋转机构使照相机能够围绕车身旋转，并且还围绕照相机的视线轴旋转。

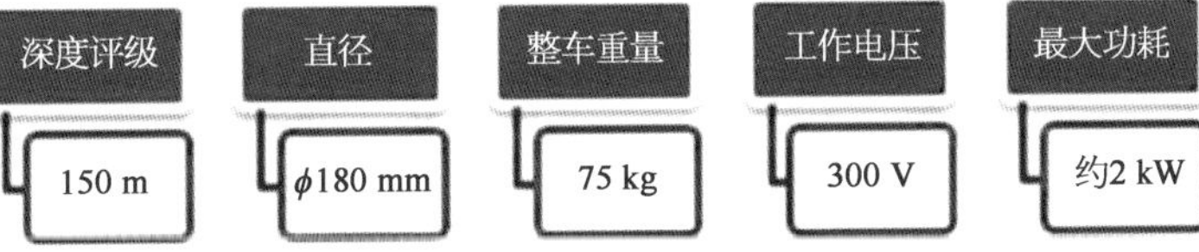

图 8.19　潜水器六模块

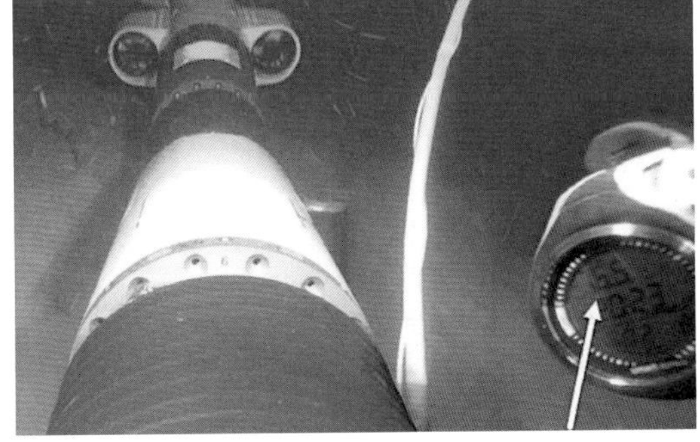

图 8.20　潜水器靠近 76.5 m 深处的海床

图 8.21　潜水器在水下结构之间移动

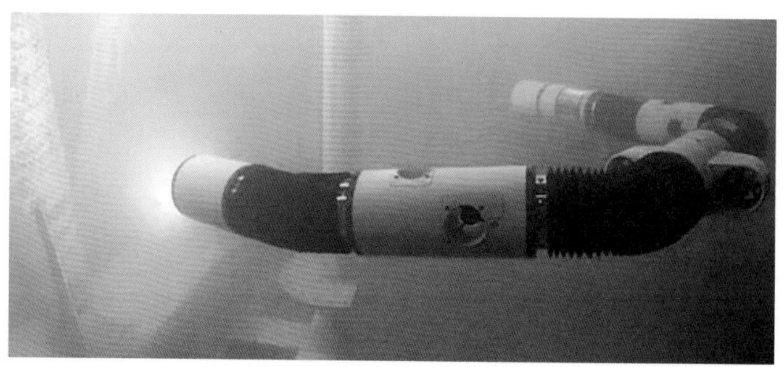

图 8.22 水下结构检查模式

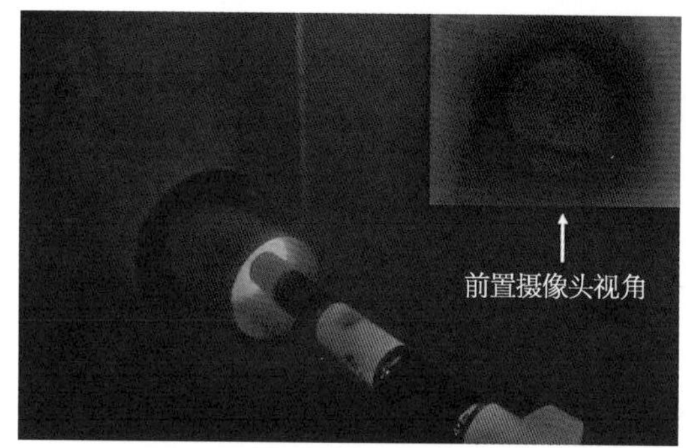

图 8.23 在狭窄的管道结构内检查

图 8.24 水下机器人操作

4) Eelume 概念未来的发展方向

Eelume 的后续版本引入了新功能。第二代车型深度评级为 500 m，并配置为轻型干预。它将能够根据需要操作扭矩工具、清洁工具和其他工具。扭矩工具的操作可以通过利用潜水器的双臂进行，即手臂的一端可以抓住以固定潜水器，另一端操作该工具。

图 8.24 为扭矩工具操作中，抓手的一端抓住以固定潜水器，另一端进行操作。

第三代 Eelume 将能够进行无绳操作。它将配备内置电池和车载处理器，使潜水器能够在各个结构之间自主转换。接近海底平台时，Eelume 将在靠近结构时与无线宽带双向通信进行连接。在这个阶段，操作员可以接管控制。

Eelume 将驻留在靠近海底平台或海底工厂等水下环境中。运营商有时需要临时通知 IMR 功能，特别是在紧急关闭的情况下。通过位于海底平台和设备附近的 Eelume 潜水器，以往等待 ROV 到达现场时的等待时间将不复存在。

海底平台基座将被配置为通过无线接口向潜水器提供动力和通信。开发者的长期计划是让 Eelume 一次保持长达 6 个月的原位待定时间。这需要灵活的设计，包括可交换工具的存储。

网络通信和电力可以通过连接到运营商的海底网络来提供。另外，还有可能利用浮标作为通信网关和电源，理想的方式是通过可再生方法产生能量。

图8.25所示的停靠概念也适用于更传统的鱼雷形巡航AUV。

Eelume提供了其他水下航行器不具备的能力。它可以是待机、自主或由操作员控制，也可以改变其形状以适应当前任务的要求。作为常驻海底机器人，Eelume可以进行日常检查和维护任务，还可以用于紧急干预。Eelume将扩大现有的方法和技术，为运营商降低运营成本和总体拥有成本。

图8.25　多个Eelume潜水器的对接解决方案图

8.6.2　海底无人机在海洋工程中的应用

1）海洋测量

海洋测量数据直接关系到工程设计质量和运营以后的可靠性和完整性。它包括两部分：一是海底测量，二是洋流波浪等数据。

(1) 海洋前期，工程设计需要这些数据来优化海底海面钻井和生产设备布局和管道选线。

(2) 运营以后，系统可靠性和完整性也取决于对海底地质灾害的理解。在海底测量中，收集海量地形地质数据可以帮助我们更好地理解可能出现的地质灾害和风险评估。

(3) 油气设备投产之后仍然需要海底测量探测管道是否有损坏或移动，这对于管道完整性工程有很重要的意义。

2）海底无人机上的设备

海底无人机上通常装备以下设备：

(1) 海底水深测量中，精度和穿透水深取决于设备的频率和功率，一般无人机主要应用于深水测量，水深至少要大于50～100 m才可以应用水下无人机，而浅水测量主要用勘测水准测量(reconnaissance level survey)。

(2) 侧扫声呐(sidescan sonar)主要应用于探测海底沉船异物及帮助确定地质灾害危险。

(3) 地质剖面仪(subbottom profiler)主要可以帮助采集浅表地质岩层数据，确定地质灾害危险。

(4) 海底无人机应用到了惯性导航系统(inertia navigation system, INS)，链接测量船的GPS/USBL(ultra short base line)定位系统，软件可以推算所在地理坐标。

3）海底无人机常用软件和数据处理系统

海底无人机常用到的软件有Fledermause、CARIS、GlobalMapper。

海底无人机收集到的海床数据是最原始的数据，有各种各样的误差，首先是潮水对测量的影响(tidal effects)，CARIS软件可以进行潮水矫正(tidal correction)，另外还有无人机在海底是波浪式前进，也需要进行矫正潮水影响，需要利用一些数据模型或建立零时观测站来推算，模型极其复杂。Global Mapper 是美国地质局开发的地理信息系统，专门用于海洋测量数据，有很强大的三维功能，比 ESRI 的系统更适合于海底测量。

8.6.3 深海“互联网”

由于海水对无线电波有较强的吸收作用，水下通信一直以来是世界性难题。最近，俄罗斯专家研制出一种能将通信信息与声波相互转换的通信系统，为海中活动的潜艇、深海载人潜水器、无人潜航器和潜水员搭建起水下“互联网”。

该系统核心部件是一种采用特殊计算程序的调制解调器，能将语音和数字化信息转换成水下声波向外发送，并将接收的声波“翻译”成语音和数字化信息，完成情报传递。为克服水下复杂环境的干扰、声波间耦合干扰、通信者位置变化等因素导致的信号失真，调制解调器运用了特殊计算方法，用来修正声波信号。

一系列海中测试显示，该系统通信距离可达 35 km，语音通信就像海上打电话一样方便，图片等数字信息传送无失真，系统的 10 个通信频道还可供多个水下战斗单位进行“会议连线”。

8.6.4 混合结构模式水下监控系统

我国国内在“十一五”期间开发了一套适用于 1 500 m 水深的隔水管监测系统。“十二五”期间完成了满足 3 000 m 水深要求的隔水管监测系统，形成工程化样机，并应用于海洋石油 981 等水深钻井平台。海洋石油 981 隔水管监测系统结构如图 8.26 所示。

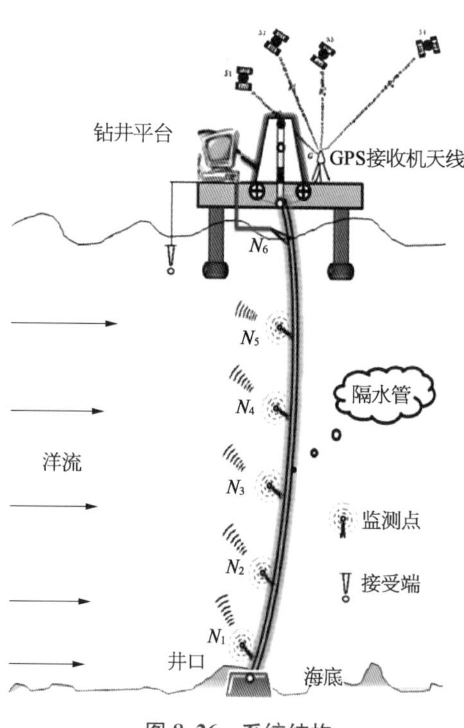

图 8.26 系统结构

近年我国科研工作者提出了建立集中与分布式混合结构模式的水下监控系统，这是一个创新的水下网络系统。其组成与功能如下：

（1）集中式工作站：是一个较大的水下监控、采集、传输的中心，可以派出小型的、可充电的水下无人机。

（2）分布式节点：这是一个加固的、可以大范围分布在水下的小型监测装置，其价格经济、能进行水下各种类型的监测，也能进行无线充电，可在无能源时静默、充电后启动工作。主要功能是监控水下设备、结构并分析油气泄漏状况。

由集中式工作站与水面总控制系统连接、传输与接收相关的信息。核心技术包含：集中式工作站，分布式节点，采集、控制、分析、传输、接收软件系统三大部分的软硬件。目前该系统还在研究试制阶段。

参考文献

[1] Topp D, Jones B A. Operational experience with the ACFM inspection technique for sub-sea weld inspection [J]. Envi-ronmental Engineering, 1994(1): 9-13.

[2] Raine G A, Smith N. NDT of on and offshore oil and gas in-stallations using the ACFM technique [J]. Materials Evaluation, 1996(4): 461-465.

[3] 汪良生,陈永福. 水下交流磁场检测技术[J]. 中国海洋平台,1998(Z1): 3-5.

[4] Sharp J V, Stacey A, Wignall C M. Structural integrity management of offshore installations based on inspection for through thickness cracking [A]//17th International Offshore Mechanics and Arctic Engineering Conference [C]. Lisbon: 1998.

[5] Jones Ian S F. Dimensional images from a high resolution underwater acoustic imager [A]// Offshore Technology Conference [C]. Texas, 2000: 581-585.

[6] Roberts H H, Wilson C, Supan J. Acoustic surveying of ultra shallow water bottoms for both engineering and environmental [C]. Offshore Technology Conference, Texas, 2000: 571-580.

[7] 孙传东,陈良益,高立民,等. 水下微光高速光电成像系统作用距离的研究[J]. 光子学报,2000(2): 185-189.

[8] 陈荣盛,等. 水下目标检测和图像处理系统[J]. 中国海洋平台,1999(3): 45-48.

[9] Framk M Caimi. Laser/light imaging for underwater use [J]. Sea Technology, 1993(5): 22-27.

[10] 杰尔洛夫 N G. 海洋光学[M]. 北京: 科学出版社,1981: 75-80.

[11] Jules S Jaffe. Computer modeling and design of optimal underwater imaging system [J]. IEEE J Oceanic Eng, 1990(2): 101-111.

[12] 刘雪明,张明德,孙小菡. 一种新型水下激光成像系统[J]. 中国激光,2000(3): 206-210.

[13] Thomas J Kulp, et al. Development and testing of a synchronous scanning underwater imaging system capable of rapid two-dimensional frame imaging [J]. Applied Optics, 1993(10): 3530-3536.

[14] 许亮斌,陈国明. 近海水下结构无损检测新技术[J]. 无损检测,2003(7): 360-364.

[15] 李俊萍,李霆. 工程结构损伤识别技术的发展现状[J]. 华北工学院学报,2002(10): 356-360.

[16] 欧进萍,肖仪清,等. 海洋平台结构实时安全监测系统[J]. 海洋工程,2001(5): 1-6.

[17] 张敬芬,赵德有. 工程结构裂纹损伤振动诊断的发展现状和展望[J]. 振动与冲击,2002(4): 22-26.

[18] 聂炳林. 国内外水下检测与监测技术的新进展[J]. 中国海洋平台,2005(6): 43-45.

[19] 滕俊,郭万海,刘冬利. 国外海军水下特种作战研究[J]. 舰船电子对抗,2012(4): 39-42.

[20] 杨海峰,刘建伟. 潜水运动特点及军事前景分析[J]. 军事体育进修学院学报,2011(3): 85-87.

[21] 李敏,李启虎,杨秀庭. 一种水下GPS系统及其在蛙人定位导航中的应用[J]. 声学技术,2008(6): 812-815.

[22] 张瑜,孟庆海. 提高水下GPS定位精度方法研究[J]. 海洋工程,2009(1): 106-109.

[23] 胡明军. 蛙人探测声呐的现状及发展趋势[J]. 四川兵工学报,2010(1): 36-37.

[24] 欧阳文,朱卫国. 蛙人探测声呐系统研究进展[J]. 国防科技,2012(6): 53-57.

[25] 廖小满,徐翔. 多波束侧扫声呐的设计与实现[J]. 电声技术,2012(3): 47-52.

[26] 段昵义,刘宁. 国外蛙人运载器的历史和现状(上)[J]. 鱼雷与发射技术,2004(4): 1-10.

[27] White A. Modular design of Li-ion and Li-polymer batteries for undersea environments [J].

Marine Technology Society Journal, 2009(5): 115 - 122.

[28] Warrod John. Sensor networks for network-centric warfare [J]. Network Centric Warfare Conference, 2000(10).

[29] 胡宝良,续九华.形形色色的无人潜艇[J].环球军事,2003(12): 55.